绿洲水文学

朱国锋 等 著

科 学 出 版 社

北 京

内 容 简 介

绿洲水文学的主要研究内容是探索绿洲地区水资源的形成、分布、利用与管理。绿洲作为干旱区的独特生态现象，其存在与水资源息息相关。绿洲水文学融合气候气象学、农学、生态学等多学科，全面研究绿洲的水循环过程，并关注全球变化和人类活动对绿洲水文过程的影响。通过厘清绿洲水文过程的现状，力求为制定合理的水资源管理、农业和生态环境政策提供科学依据，以实现绿洲的保护和可持续发展。本书总结国内外绿洲水文学的研究成果和最新进展，并结合实际案例，向读者展示绿洲水文学的主要研究领域和热点问题。

本书可为从事绿洲地区水资源管理、水利工程建设、生态环境保护的相关人员提供参考；也可作为高等院校水文、水资源相关专业学生的学习参考用书。

图书在版编目(CIP)数据

绿洲水文学 / 朱国锋等著. 北京：科学出版社，2024. 10. -- ISBN 978-7-03-080102-9

Ⅰ. P941. 73

中国国家版本馆 CIP 数据核字第 2024S627B6 号

责任编辑：林 剑 / 责任校对：高辰雷
责任印制：赵 博 / 封面设计：无极书装

科学出版社 出版

北京东黄城根北街 16 号
邮政编码：100717
http://www.sciencep.com

北京科印技术咨询服务有限公司数码印刷分部印刷
科学出版社发行 各地新华书店经销

*

2024 年 11 月第 一 版 开本：787×1092 1/16
2024 年 11 月第一次印刷 印张：14 1/4
字数：335 000
定价：198.00 元
（如有印装质量问题，我社负责调换）

序

揭示绿洲区水循环及以水循环为纽带的地表过程的变化规律，是绿洲区水资源安全、粮食安全和生态建设的基础。作为人类生存和发展必不可少的资源，水资源的开发利用不仅保障了人类的用水需求，而且有力地支撑了社会进步和经济发展。目前，全球和我国面临的"水短缺、水污染、水生态、水灾害、水管理"问题在绿洲区更加严峻。

自 20 世纪中叶以来，人类经济社会的快速发展、人口的增加和城镇化进程的加快带来了资源消耗加剧、气候变暖、生态环境破坏等一系列全球环境问题。20 世纪 80 年代开始，全球水资源短缺问题日益凸显，干旱半干旱区水资源短缺成为水文水资源学关注的重点问题。随着全球气候变暖的加剧，全球水循环模式和水资源分布变化成为全球变化科学关注的主要问题之一。21 世纪以来，国际水文科学协会（IAHS）倡导并成立了十年水科学计划（2003—2012 年）——资料短缺地区的无测站流域水文预测（PUBs）研究，相关研究推动了水文学由统计分析向过程解析与模拟的转变。目前绿洲水文研究面临一系列关键科学问题，面对水文学研究的发展和全球、区域、国家不同的水文水资源问题所带来的一系列机遇及挑战，需要进一步完善和发展水文学的理论与方法，深入认识不同区域或环境中水问题的复杂性。

《绿洲水文学》是一本系统阐述绿洲区水文研究内容和面临问题的著作。全书内容丰富、结构条理清晰，作者对于绿洲水文的关键问题或现象尽可能从基本理论、观测事实、过程机理和模拟预测四方面进行阐释。同时，该书还加强了对绿洲区生态水文和环境水文等具有绿洲区特色水问题的探讨。水文学是一门综合性很强的学科，既涉及理学基础学科，又涉及人文社会学科，因此水文学本身是一个极其庞杂的体系，不少问题尚缺乏一致的共识，因此在书籍内容的取舍方面确实面临不小的挑战。

　　该书作者以水文学基本概念和学科体系为基础，充分结合近年来全球绿洲区水文的研究热点，使得该书的内容选择相对合理。近年来，国内外在干旱区水文领域已出版了一些专著以及各类调查、监测和评估报告。该书较好地将已有的干旱区水文研究基础与学科前沿进行了融合，使读者能够在系统掌握基础知识的同时，及时了解该领域的最新进展。当然，绿洲水文学是一个不断发展的学科，许多认识、理论和方法都在不断更新。因此，希望作者能够与时俱进，在未来适时对该书进行修订和再版，以更好地不断服务于广大读者。期望经过反复打磨，该书能够在绿洲水文学领域有较大影响力。

2024 年 6 月

前　言

　　水是绿洲的灵魂，是绿洲生态系统得以存在和延续的源泉。水资源是绿洲区社会经济可持续发展最主要的约束因素。如何科学地认知绿洲区的水文现象和基本水文规律、正确应对水资源危机已经成为干旱区绿洲水文学、生态学、地理学和资源科学急需解决的问题。本书主要讨论绿洲水文的研究内容、方法和应用。通过实地观测、实验研究、数学模型等方法，全面了解绿洲水文过程，揭示水量平衡存在的潜在威胁，为绿洲区水资源管理、水环境保护和生态系统修复提供科学依据。

　　近年来，计算机与遥感技术的进一步发展促进了分布式水文模型的发展，精细化观测资料的累积使得人们对生态水文领域的认识不断深化，全球变化科学的进一步发展使得人类得以在更广阔的视角下看待水文问题。本书总结和吸收国内外已有研究成果并力求在此基础上有所发展，兼顾学科基础与学科前沿。本书包括绿洲水文的主要研究领域并尽可能地向读者展示当前绿洲水文的研究热点。

　　在体系结构安排上，本书共分为 8 章，不同章节各有侧重，囊括了绿洲水文的主要研究内容。其中，第 1 章：绿洲水文学概述，由朱国锋负责编写；第 2 章：绿洲水文观测与模拟，由朱国锋负责编写；第 3 章：绿洲水循环与水量平衡，由周俊菊负责编写；第 4 章：绿洲生态水文，由贾文雄和仇栋栋负责编写；第 5 章：绿洲环境水文，由冯浩源负责编写；第 6 章：绿洲水资源评估、开发利用和保护，由童华丽和李瑞负责编写；第 7 章：气候变化与人类活动对绿洲水文与水资源的影响，由童华丽和权红霞负责编写；第 8 章：绿洲水文灾害预防与应对，由朱国锋和权红霞负责编写。

　　在本书编写过程中得到了国家自然科学基金委员会地球科学部、农业农村部种植业管理司、水利部黄河水利委员会、甘肃省科学技术厅、甘肃省农业资源区划办公室和西北师范大学的大力支持，以及秦大河、刘丛强、冯起、

T. C. Rasmussen、S. L. Dingman、何元庆、石培基、康世昌等老师的大力支持。在此，我向他们表示衷心的感谢。同时，也感谢所有为本书付出辛勤努力的同仁们，他们的无私奉献和辛勤工作使得本书得以逐步完善并顺利出版。

在编写本书的过程中，我们深知绿洲水文学涉及地理学、气象学、生态学、农学等多个学科的知识，还涉及人类对自然环境的认知与理解。因此，本书也不可避免地存在一些疏漏之处，希望能得到广大师生和读者的批评与建议。我们希望本书的出版能够引起更多人对绿洲水问题的关注，促进绿洲水文学的研究和发展。同时，我们也期待这部书籍能够为相关领域学者和从业者提供一定参考，为绿洲水资源高效利用、农业发展和生态环境治理提供借鉴。

朱国锋

2024 年 3 月

目　录

第 1 章

绿洲水文学概述

1.1 绿洲水文学的研究对象和任务

1.1.1 绿洲水文学的研究对象

绿洲指在大尺度范围内维持相对稳定的荒漠自然带上，小尺度范围内以具有相当规模的生物群落为基础，构成具有明显小气候效应的异质生态景观。水是生态系统重要的物质基础，是人类赖以生存和发展的最宝贵的自然资源之一。从水文学的角度来看，绿洲的形成通常是由于地下水、泉水或河流等水体出露，这些水体为原本干旱的环境提供了稳定的供水。绿洲在地下水补给、维持区域水循环和增强不同水系之间的水文连通性方面发挥着重要作用。

绿洲水文学主要研究由降水、河流、地下水等构成的水文系统，以及地表或近地表的水体经过蒸发、降水、入渗、地下径流、地表径流以及溶解物或悬浮物在水流中的输送等水循环过程，并与周围环境相互影响形成的绿洲水文现象。其研究对象集中于三部分：①绿洲地区的降水、蒸发、蓄水和径流等水文过程。旨在了解水资源的来源、分布和变化，并研究如何合理利用和管理绿洲地区的水资源，包括水库、灌溉系统、地下水资源等，以满足农业、城市和工业等的用水需求。②绿洲地区水文过程的影响因素。聚焦生态系统与水文过程之间的相互作用，以及气候变化和社会经济活动对水文的影响，包括农田、湿地、水生植被和野生动物，以及降水模式的变化、干旱频率和强度的增加、水质变化等。③绿洲区水质问题。调查绿洲地区的水质，包括水中的污染物、盐分和其他化学物质，以评估水资源的可用性和可持续性。

1.1.2 绿洲水文学研究的任务

在当前全球经济不断发展的大背景下，人类在水资源的合理开发、高效利用、有效保护和综合管理等方面进行了大量的研究和实践探索。如何有效利用水资源并推进节水型社会建设是目前人类面临的挑战之一，开展水生生态系统的保护和修复工作已成为当前水资源研究领域的重要课题。绿洲水文学的研究任务包括多方面，旨在深入了解绿洲地区的水循环过程、水环境现状和演变过程，以及水资源管理和水与生态系统的关系，最后能够为制定有效的水资源管理策略和可持续发展计划提供科学支撑。

1.2　绿洲水文学的研究内容

水文学主要研究地球上水的起源、存在、分布、循环、运动变化规律及其与地理环境、人类社会之间相互关系的学科。水文学作为地球科学的一个分支，除研究水循环自身的机理和规律之外，另一个主要研究内容是水圈与地球表面其他圈层（包括大气圈、岩石圈、土壤圈、生物圈和人类圈）之间的相互作用，涉及水资源、洪水和干旱、地质灾害、生态与环境等方面，这些都与人类生存和发展息息相关。绿洲水文学是水文学的一个特殊领域，主要研究绿洲地区水的来源、运动、循环、时间变化和空间分布，以及水与生态环境的相互作用及水的社会属性，为水旱灾害防治、水资源合理开发利用、水环境保护和生态系统修复提供科学依据。

从绿洲水文学的定义来看，绿洲水文学是一个庞大的学科体系，涉及水循环，水资源的形成、演化和转变，以及社会科学等。按照研究对象分类，绿洲水文学是主要研究绿洲区冰川、积雪、河流、湖泊等不同水体水文过程的科学。与传统水文学的研究对象不同，绿洲水资源主要由高山区冰川积雪融水补给、中山带森林降水和低山区基岩裂隙水组成。绿洲水文学重点研究干旱区的气候水文要素，包括气温、降水、蒸发，以及冰川、积雪变化等；研究绿洲的河流水文过程、湖泊水文过程，以及干旱区山区-绿洲-荒漠三大生态系统的生态水文过程。绿洲水文学的研究内容主要包括以下几方面。

1）绿洲水文系统

绿洲水文系统是在干旱或半干旱地区绿洲区形成的一种特殊的水文生态系统，其维持了绿洲生态平衡并提供了绿洲生态服务。由于干旱和半干旱地区降水稀少，该系统的水源主要来自降水、河流、地下水和人工水源，其中河流和地下水是关键的补给水源。绿洲水文系统具有复杂的空间结构，包括地下水、河流、湖泊、湿地等多种水体。这种系统具有高度的生态价值，为植物和动物提供栖息地和水源，支持农业生产，维护生物多样性及调节气候的功能等。同时也面临着人类活动、气候变化和过度开发所带来的多重压力，我们需要采取合理有效的管理措施来保护和恢复这一脆弱的生态系统。

2）绿洲水循环过程

绿洲水循环过程是绿洲水文系统中的关键过程，它涉及水分在绿洲内从一个地方转移到另一个地方的过程，这个过程包括降水、入渗、地下水补给、河流补给、湖泊补给、湿地补给、蒸发和蒸腾等环节。降水是绿洲水循环的主要环节，主要形式有雨水、雪水、露水等。入渗是指降水、河流水或灌溉水渗透到土壤中的过程，进而补给地下水。地下水补给与河流、湖泊和湿地的相互补给作用，维持着绿洲内部水分的平衡。蒸发是水分从水体表面转化为水蒸气进入大气的过程，而蒸腾则水分从植物体表面以水蒸气状态散失到大气中的过程。这些过程相互影响并维持绿洲内水分平衡，有助于绿洲生态系统的稳定和可持续发展。人类活动、气候变化和过度开发等因素可能破坏绿洲水循环，进而影响绿洲生态系统的稳定性和生物多样性，诸如改变土地利用方式、水资源管理模式、农业灌溉方式，以及工业生产排放等行为对水循环过程会产生深远的影响。例如，森林砍伐、城市扩张导致地表植被减少，减弱了植被对水分的截留作用，增加了地表径流；建设水库、大坝改变了河流的自然流动规律；过度利用地下水导致地下水位降低，减少了对河流和湿地系统的补给。同时，非可持续的灌溉与施肥方式也可能导致土壤盐渍化及地下水污染。此外，不断增长的城市建设用地面积减少了雨水的渗透补给，加剧了城市内涝的风险。

绿洲地区地表水与地下水之间的联系包括地下水的补给、排泄、流动等过程。地表水与地下水的相互作用不仅影响绿洲水资源的分布和利用，还影响绿洲生态环境的稳定。地表水体，如河流和湖泊中的水可以通过渗漏进入地下水层，地下水位的升降会受到地表水体的季节性变化和水位的影响。当地下水位较低时，地表水体可以通过渗漏进入地下水，维持其水位，而当地下水位较高时，地下水可能会向地表水体输送水分。在绿洲区，地表水和地下水较丰富的区域一般会形成丰富的植被，如河湖岸林地。这些植被可以通过蒸腾作用将地下水释放到大气中。人类活动如灌溉、井水提取等会直接影响地下水和地表水之间的关系。过度开采地下水可能导致地下水位下降，从而影响地表水体的补给。另外，灌溉系统和人工水体的建设可以增加地下水的补给。总的来说，地表水与地下水之间的关系在绿洲区起着至关重要的作用，对于维持当地生态系统、支持农业和居民生活用水都至关重要。

3）绿洲农业水文

绿洲农业水文研究专注于如何有效管理有限的水资源，以兼顾和支持农业生产、居民生活、社会经济发展及生态系统的保护。绿洲地区的农业通常依赖灌溉，因此研究灌溉系统的设计、运行和维护，以确保高效利用水资源至关重要，绿洲农业水文研究可以对不同灌溉技术（如滴灌、喷灌和地下滴灌）的效率进行评估，以减少水资源浪费。了解绿洲地区的水资源量，包括地下水和地表水，有利于合理规划农业用水，定期监测水质，特别是灌溉水的质量，确保其不会损害土壤和植物，是灌溉农业的关键问题之一。同时，应进一步研究如何应对干旱灾害，包括储备水资源、种植干旱耐受农作物和提高灌溉效率，考虑气候变化对水资源可用性的影响，调整农业实践和水资源管理策略。绿洲农业水文研究的目的是平衡农业需求和水资源可持续性，以确保在有限的水资源下保证农业生产的稳定性和可持续性。

4）绿洲生态水文

绿洲生态水文重点关注绿洲地区生态系统与水资源之间的相互作用和影响，旨在理解和维护绿洲地区的生态平衡,同时满足农业、人类居住和工业等各种需求。重点关注湖泊、河流和湿地生态系统,研究绿洲地区内湖泊、河流和湿地等水域的生态系统,如洪水调节、生物多样性维护和水质净化。绿洲生态水文研究的目标是确保水资源的可持续利用,同时维护和增强绿洲地区的生态系统。这需要综合考虑水资源管理、生态保护和社区参与等多方面,以确保人类活动和自然生态系统之间的平衡。

5) 绿洲水资源评估与利用

通过对绿洲地区降水、地表水、地下水等各类水资源的定量评估,制定合理的水资源开发利用与管理策略,在满足绿洲地区的农业、工业和生活用水需求的基础上,保护水资源和生态环境。绿洲水资源评估与利用是确保绿洲地区可持续发展的关键因素。水资源的评估首先需要评估绿洲地区的水资源总量,包括地下水和地表水,这可以通过监测降水、温度、蒸发、河流流量和地下水位等数据来实现;其次是了解水质,特别是对于饮用水和农业用水,必须监测水中的各种污染物和盐分浓度,以确保水源的适用性。

从水资源管理方面来看,首先应该注重农业水资源管理。农业灌溉是绿洲地区最大的水资源使用领域,采用高效的灌溉技术,如滴灌和喷灌,可以减少水资源的浪费。其次应注重水源地的保护。地下水是绿洲地区的主要水源之一,但容易被过度开采,必须建立可持续的地下水管理计划,限制过度提取,并采用水资源节约措施。最后制定一系列水资源利用的法律法规以确保水资源的公平分配、合理使用和保护,加强水资源利用规划,确定水资源的合理高效利用,制定透明的水资源分配机制,以确保资源的公平和有效利用。水资源管理是一个复杂的过程,需要综合考虑自然、社会和经济因素。它的目标是确保水资源的可持续供应,同时维护生态系统的健康、满足不断增长的人口需求、应对气候变化和保护未来世代的水资源需求。

6) 气候变化与绿洲水资源

气候变化对绿洲区域水资源的影响是多方面的。全球气候变暖导致该区域降水模式和强度发生变化,降水分布更加不均,极端天气事件增加,干旱期延长,强降雨频发。这不仅影响到水资源的时空分布,还增加了水资源管理的难度。与此同时,气温升高加速了水分的蒸散发失,降低了水体储量,对绿洲区域的农业生产和土壤质量造成负面影响。此外,气候变化导致高山冰川融化,河流补给减少,水资源的可利用量下降,季节性水量分配更加不稳定。绿洲脆弱的生态系统,包括湿地、河流和湖泊等也受到气候变化的严重威胁。总体而言,气候变化增加了绿洲地区水资源管理的复杂性和不确定性,水资源的可持续利用面临更大风险。这需要我们从气候适应性角度出发,采取更加灵活和整合的水资源管理与规划方案,最大限度地降低气候变化带来的负面影响,确保绿洲区域社会经济可持续发展及生态系统健康。综上所述,气候变化对绿洲地区的水资源产生多方面的影响,需要综合考虑水资源管理、生态系统保护和社区适应等方面的措施,以确保绿洲地区的可持续发展和水资源的长期可用性。

7）绿洲水文灾害与防治

绿洲地区在特定气候和地理条件下容易发生水文灾害，如洪水、干旱和地下水污染等。这些水文灾害都可能对绿洲的生态系统、农业、供水系统和社会经济造成严重影响。首先需要评估绿洲地区的洪水风险，包括河流洪水和山洪暴雨等，建设和维护洪水防御设施，如堤坝、水闸和排水系统等，以减少洪水对农田和社区的破坏。建立洪水早期警报系统，以及时通知居民，并采取必要的应急措施。通过合理的土地规划限制容易受洪水影响区域的开发建设，以减少人员和财产损失。建立干旱监测系统，以及时监测干旱迹象并进行预警，制定干旱管理计划，包括储备水资源、实施节水农业措施和制定应急供水计划等。考虑气候变化对水文灾害的潜在影响，制定适应策略，包括更新水资源管理计划和土地规划。强化生态系统的保护，包括湿地、森林和河流等，以增强自然对洪水和干旱的调节功能。提高社区对水文灾害的认识，鼓励采取防治措施，以增强社区的适应能力。

1.3　绿洲水文学的特点

绿洲水文学侧重于研究绿洲独特环境中地表水、地下水、大气降水和土壤水等各种水体之间的水文过程和相互作用。随着气候变化和人类活动影响的深入，水资源短缺、水体污染、水生态恶化及旱涝事件等水问题在世界范围内凸显，水问题已经成为经济社会可持续发展与生态环境保护的关键性障碍。水问题产生的症结是水循环系统、生态环境系统和社会经济系统之间的不协调，其核心是在竞争性用水和用地条件下，社会经济用水用地挤占生态环境用水用地，导致生态环境系统的破坏与退化。反过来，生态环境系统的退化也会影响水循环过程、水化学过程和水沙过程，使之偏离其自然演变规律。与此同时，气候变化导致上述过程及其相互作用的不协调程度进一步加剧。这种变化在干旱区尤为严重，主要集中在内陆河流域周围的绿洲及河道下游荒漠地带。因此，研究干旱地区绿洲水文与生态变化对于理解区域水循环和水资源的形成、演变和转化极为重要。

绿洲水文学作为一门独特的水文学分支，主要关注绿洲地区的水文过程、水资源特征及其与生态环境之间的关系。而绿洲地区由于受到有限的水资源供给、独特的气候条件等影响，绿洲水文学具有独特的特点。

（1）绿洲地区的水文过程在干旱和半干旱气候条件下表现出复杂多样性。这些过程包括降水、蒸发、蒸腾、径流和地下水补给，受气候、地形、土壤类型和植被等多种因素共同影响。受大气环流、地形和季风气候等因素影响，绿洲地区的降水具有较大不确定性。绿洲地区的蒸发和蒸腾过程受气候条件和植被覆盖影响。此外，受水循环其他环节的影响，绿洲地区的地表径流和地下水补给过程也表现出一定的复杂性。

（2）绿洲地区呈现出明显的水资源稀缺性。这主要是受气候条件的影响，绿洲地区的降水普遍较少且时空上分布不均，再加上绿洲地区的高蒸发量，使得绿洲地区的水资源非常稀缺。水资源稀缺对生态系统、农业生产、人类生活和社会经济发展产生重大影响。尤其是绿洲农业通常高度依赖灌溉，降水不足将无法满足农作物的需求，因此，绿洲水文学强调了灌溉系统的设计、运营和维护。

（3）绿洲地区水资源与生态环境之间紧密相关。在干旱和半干旱气候条件下，水资源对生态环境的维持和发展起关键作用，生态环境变化也会对水资源产生反馈效应。近年来，人类活动对绿洲地区水资源与生态环境关系的影响程度也越来越大。绿洲水文学不仅关注农业和城市用水，还强调生态系统的保护，包括湿地、河流和湖泊等生态系统的健康。

（4）绿洲地区水资源的合理利用和管理是实现可持续发展的重要任务。在干旱和半干旱气候条件下，水资源的稀缺性对绿洲地区的生态环境、农业生产和社会经济发展有举足轻重的影响。因此，绿洲水文学研究需要关注水资源利用和管理的问题，为绿洲地区的可持续发展提供科学依据。

（5）气候变化对绿洲地区的影响显著，包括更频繁的干旱事件和降水模式的变化。因此，绿洲水文学需要考虑气候适应策略。由于长期高强度的灌溉和土壤排水，绿洲地区普遍面临地下水和地表水质量下降的问题，对绿洲地区的生态系统、农业、供水和人类健康造成严重威胁。

1.4　绿洲水文学研究目的及方法

1.4.1　研究目的

绿洲水文学的研究目的在于深入了解绿洲地区水资源的特征、动态变化和水文过程，实现水资源的可持续管理，确保有限的水资源满足多样化的需求，维护生态平衡，支持社会经济发展，以及适应气候变化和防治水文灾害。研究的主要目的是评价和管理绿洲地区的全部水资源，以确保绿洲生态系统的持续运作，并考虑各种因素，包括水源（如河流、泉水、地下水）、植被在水分保持和蒸散中的作用、人类活动对水资源的影响以及地表水和地下水系统之间的相互作用。通过研究这些方面，可以全面了解绿洲内部的水循环，确定在绿洲生态系统中水文平衡存在的潜在威胁，并实施有效的水管理策略来保护绿洲及其独特的生态功能。

1.4.2　研究方法

为实现这一目标，绿洲水文学采用了多种研究方法，主要包括实地观测、实验研究、数学模型及遥感与地理信息系统（GIS）技术等。实地观测是绿洲水文学研究的基础，通过对绿洲地区的降水、蒸发、径流、地下水等水文要素的实地观测，获取水文数据，为后续研究提供基础数据支持。实地观测包括定点观测、流域观测和水文实验等。实验研究则通过室内实验和现场实验，研究绿洲地区的水文过程、水文特征及其与生态环境的关系。实验研究可以帮助我们深入了解绿洲水文过程的物理、化学和生物学机制。数学模型在绿洲水文学研究中具有重要地位，通过建立绿洲水文数学模型，对绿洲地区的水文过程进行定量分析和预测，有助于揭示绿洲水文过程的规律性，为水资源管理和生态保护提供科学依据。随着计算机技术、大数据技术和人工智能技术的发展，绿洲水文数学模型可以更好地利用这些技术进行数据处理、模型优化和智能预测。遥感与GIS技术为绿洲水文学研究提供了宏观视角，通过运用遥感技术和GIS技术对绿洲地区的水文过程和水资源进行监测、评估和预测。遥感与GIS技术可以在大空间尺度和长时间尺度上获取绿洲地区的水文数据，这对于研究气候变化对绿洲水资源的影响具有重要意义。

1.5 绿洲水文学研究展望

绿洲水文学近年来已取得了一系列重要成果。首先，在实地观测方面，通过对绿洲地区的降水、蒸发、径流、地下水等水文要素的长期观测，获取了大量关于绿洲水文过程的基础数据，这些数据为后续研究提供了宝贵的基础资料。其次，在实验研究方面，通过室内实验和现场实验，研究了绿洲地区的水文过程、水文特征及其与生态环境的关系。这些实验研究有助于深入了解绿洲水文过程的物理、化学和生物学机制。此外，在数学模型方面，绿洲水文学研究者已经建立了一系列绿洲水文数学模型，对绿洲地区的水文过程进行了定量分析和预测。这些数学模型有助于揭示绿洲水文过程的规律，为水资源管理和生态保护提供科学依据。

随着科学技术的发展和研究方法的创新，绿洲水文学将在绿洲地区的可持续发展中发挥更重要的作用。在数据获取方面，新型遥感技术的发展将使我们能够更大范围、更高精度地监测绿洲地区的水文过程和水资源。在模型优化方面，大数据和人工智能技术的应用将有助于提高绿洲水文模型的预测能力，为水资源管理提供更为精确的决策支持。同时，模型集成和多模型融合方法的发展为绿洲水文学提供更为综合的研究视角。此外，在生态修复方面，生态修复技术的发展为绿洲地区的生态保护提供更有效的手段，实现人类与自然的和谐共生。在气候变化适应方面，绿洲水文学研究将更加关注气候变化对绿洲地区水资源的影响，为应对气候变化提供科学依据。

未来绿洲水文学研究还将与其他相关学科，如气象学、地质学、生态学、经济学等进行交叉融合，形成更为综合的研究视角。例如，研究气候变化对绿洲地区水文过程的影响，揭示气候变化与绿洲水资源之间的内在联系；探讨地质条件、土壤特性与绿洲水文过程的关系，进一步了解地下水与地表水的相互作用；分析绿洲水资源与生态系统之间的相互依赖关系，为保护和恢复生态系统提供依据；研究绿洲水资源与社会经济发展之间的关联，为绿洲地区的可持续发展制定合理的政策和规划。在未来，绿洲水文学研究将重点关注水资源短缺、水质恶化、水文灾害频发等现象，通过发展新技术、新方法和新理念，努力实现绿洲地区水资源的可持续利用、生态环境的保护与恢复以及社会经济的可持续发展。同时，绿洲水文学研究也应加强国际合作，共同推动绿洲水文学的发展，为保护地球水资源和生态环境作出贡献；跨国河流流域的绿洲水文研究、国际绿洲水文数据共享以及绿洲水资源的国际合作管理等方面具有很大的发展潜力；加强政策制定者、科研人员和实践者之间的沟通与协作，将绿洲水文学研究成果应用于实际工作，助力绿洲地区实现可持续发展。

绿洲水文学研究还面临着环境艰苦、观测资料少等挑战，如在沙漠和山区长期观测资料十分稀缺。经过国际水文科学协会努力，在稀缺资料地区的水文研究方面获得了一定的进展，但仍需要进一步探索。

总之，绿洲水文学作为具有重要意义的跨学科研究领域，在当前全球气候变化和人类活动影响日益严重的背景下，其研究现状和展望受到了越来越多的关注。随着科学技术的发展和研究方法的创新，绿洲水文学将在未来绿洲地区的可持续发展中发挥出更为关键的作用。通过实地观测、实验研究、数学模型、遥感与 GIS 等多种方法，绿洲水文学的研究将不断深入探讨绿洲地区的水文过程、水资源特征及其与生态环境之间的关系。此外，绿洲水文学研究还将与其他相关学科进行交叉融合，形成更为综合的研究视角，以应对不断变化的研究需求。而作为绿洲水文研究者，在绿洲水文学研究的道路上，我们应该秉持务实与创新的精神，紧密团结各国科研人员、政策制定者和实践者，共同应对挑战，攻坚克难，为绿洲地区的水资源管理、生态保护和社会经济可持续发展提供科学支持。

第 2 章

绿洲水文观测与模拟

绿洲水文观测是指对绿洲地区各种水文要素进行的系统性监测和记录，这些要素包括水位、流速、流量、水温、泥沙、水质等。这种观测对于理解绿洲的水循环过程至关重要，因为绿洲是干旱区中的湿润地带，其生态系统的稳定性和生物多样性直接受水文条件的影响。通过定期收集水文数据，科学家可以评估水资源的可用性，预测旱情或洪水事件，从而为水资源管理提供科学依据。

绿洲水文模拟是一种利用数学和计算机技术来复现水循环过程的方法。它可以帮助我们了解不同水文过程之间的相互作用，以及它们对环境变化和人类活动的反应。在实际应用中，绿洲水文模拟可以用于评估生态输水的效果，确定最优的生态恢复目标和相应的水量需求，这对于资源稀缺和生态脆弱的干旱地区尤为重要，因为合理的水资源分配对于维持生态平衡和支持社会经济发展至关重要。

绿洲水文观测和模拟不仅有助于提高我们对水循环及其生态系统相互作用的理解，而且对于实现水资源的高效利用、保障生态安全和支持地区发展具有重要的实际意义。

2.1 绿洲水文要素观测

2.1.1 绿洲水文测站与站网布设的基本原则

1. 水文测站和水文观测站网

在流域内一定地点（或断面）按照统一标准对所需的水文要素进行系统观测以获取信息并进行处理，使其成为即时观测信息，这些指定的观测地点称为水文测站。水文测站是进行水文观测的基层单位，也是收集水文资料的基本场所。

水文测站通常观测的项目有水位、流量、泥沙、降水、蒸发、水温、冰凌、水质、地下水位等。根据测验项目，水文测站可以分为观测水位、流量或兼测其他项目的水文站；只观测水位或兼测降水量的水位站；只观测降水量的雨量站；只测水质的水质站；只测地下水的地下水井观测站；只测量河流泥沙的泥沙站；只观测水面蒸发和陆面蒸发的蒸发站等。

单个测站观测到的水文要素信息仅代表该站址处的水文情况，而整个流域的水文情况则需要在流域内的适当地点设立一系列水文测站进行观测，因而这些水文测站在空间上的分布网称为水文站网。

2. 水文测站的布设原则

合理布设的水文测站可以提供准确的水文数据，为水资源管理和工程决策提供科学依据。这些数据对于洪水预报、干旱预防、水利工程设计等都具有重要的参考价值。因此，在布设水文测站时应遵循相关的技术规范以保证监测的准确性和可靠性，提高水文站网的社会效益和经济效益。在布设水文测站时一般需要遵循以下原则。

1）代表性原则

代表性原则是指站点应该选取具有代表性的位置，而不是局限于特定的微观环境。这意味着水文测站应该位于具有一定面积范围内的典型流域或水体上，以反映该地区的水文特征。

2）覆盖面广泛

水文测站应该在流域内布设，以确保对流域内不同地区的水文情况有全面的了解。这可以通过在上游、中游和下游各设置一些站点来实现，同时在不同类型的地形和土地利用类型上设置站点。

3）长期观测

长期观测的数据对水资源管理和气候变化研究至关重要。因此，水文测站的布设应考虑长期观测的需求，以了解水文过程的季节性和年际变化。

4）数据质量控制

水文测站的布设必须考虑到数据的质量控制。要经常进行站点的维护和数据的校准，以确保收集到的数据准确可靠。

5）安全和便捷

水文测站应该建在易到达的位置，以便维护、更换仪器和采集数据。同时，站点的设置应考虑到安全因素，以保护仪器和操作人员的安全。

6）环境保护

在布设水文测站时，应遵循环境保护原则，以降低对周边环境的负面影响，并避免对野生动植物及其栖息的水体生态系统造成不必要的干扰。

3. 水文站网的布设原则

为了保证水文站网的经济效益和社会效益，适应国民经济建设和社会发展对水文站网布设的需求，规划建设水文站网时应坚持流域与区域相结合、区域服从流域的原则，布局合理，防止重复，兼顾当前和长远需求。具体布设原则如下。

1）空间分布均匀

为了全面了解流域的水文过程和水资源分布，水文站网的站点应在结合实际情况的前提下尽可能均匀地设置，以确保在整个地区或流域内有较为全面的覆盖。

2）多层次监测

水文站网可以包括不同层次的站点，如大流域站点、支流站点、小流域站点和局部站点，以便更深入地了解水文过程的复杂性。

3）多元参数监测

水文站网应该监测多种水文参数，包括降水、河流流量、水位、水质、蒸发、土壤湿度等，以提供综合的水文数据。

4）实时数据传输

现代水文站网通常采用实时数据传输技术，以确保数据及时可用，这对于洪水预警、水资源管理和灾害监测非常重要。

5）数据一体化

水文站网应使用一体化的数据管理系统，以便在不同站点和参数之间共享和整合数据，这有助于更好地理解水文过程的相互关系。

6）长期观测

水文站网的运营应该是长期的，收集足够长时间范围内的数据，以便研究季节性变化、年际变化及气候趋势。

7）数据质量控制

水文站网需要建立严格的数据质量控制程序，包括站点维护、仪器校准和数据验证，以确保数据的准确性和可靠性。

8）数据共享和开放性

水文站网的数据应遵循开放共享的原则，并积极与其他机构和研究者共享，以便于水资源管理、科学研究和政策制定。

2.1.2　降水观测

降水观测是指对天空中降落的液态（如雨）和固态（如雪、雹）的水量进行观测和记录。计量单位统一采用 mm，通常测计至 0.1mm。降水观测包括空旷地降水量和降雪量的测定及林内降水量的测定。

1. 空旷地降水量的测定

观测降雨最常用的仪器是口径 20cm 的标准雨量筒和自记雨量计。标准雨量筒的构造如图 2-1 所示，由承雨器、漏斗、储水瓶和雨量杯组成。用标准雨量筒进行观测时需采用定时观测，通常在每天的 8:00 和 20:00 将储水瓶中的水倒入雨量杯中直接读取降水量，雨量杯的最大刻度可达 10mm，精度为 0.1mm。雨季时为更好地掌握雨情变化，可根据实际情况酌情增加观测次数。在安装标准雨量箱时，承雨器口一般距地面 70cm，并保证承雨器口处在水平状态，否则会造成较大误差。每日 8:00~次日 8:00 的降水量为当日降水量。

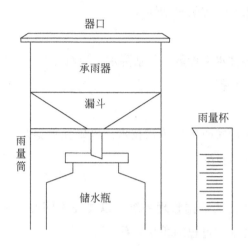

图 2-1　标准雨量筒构造示意图

　　自记雨量计是能够自动记录降雨过程的仪器，常见的有虹吸式自记雨量计、翻斗式自记雨量计和称重式自记雨量计。称重式自记雨量计能够测量各种类型的降水，虹吸式自记雨量计和翻斗式自记雨量计基本上只限于观测降雨。翻斗式自记雨量计和称重式自记雨量计可以将雨量数据转化为电信号保存在存储介质中，从而实现数字化雨量监测。翻斗式自记雨量计是目前国内外最常用的雨量监测仪器。

　　当监测范围较小时，一般将标准雨量筒（或雨量计）水平放在空旷地上进行测定。当在林区监测林外降雨时，也可用架在林冠上面的雨量筒（或雨量计）测定，为了减少林分对降雨的干扰，雨量筒应放置在距离林缘等于树高的 1~2 倍处。测定径流场的降水量时，雨量测点应布置在径流场的附近。

　　在水文分析与研究中需要掌握全流域（较大面积）的平均降水量。为了测定流域的平均降水量，首先要根据流域面积确定最低限量的降水量观测点。选择观测点时，应充分考虑观测点所在地的海拔、坡向等地形条件。降水量观测点的数量一般根据流域面积大小和精度的要求而定，在山区由于地形条件复杂，要增加观测点（表 2-1）。

表 2-1　降水量观测点布设的区域数量设置

项目	面积/km²							
	<0.2	0.2~0.5	0.5~2	2~5	5~10	10~20	20~50	50~100
观测点/个	1	1~3	2~4	3~5	4~6	5~7	6~8	7~8

当地形变化显著以及有大面积森林时，降水量观测点的数目应增加。在开阔的平原条件下，降水量观测点按面积均匀分布；在森林流域，降水量观测点应设置在空旷地上；如果在流域内只设置一个降水量观测点，应设在区域的中心；如果在流域内设置两个降水量观测点，则一个设在流域的上游，另一个设在下游。

2. 空旷地降雪量的测定

降雪量的测定是一个精确且需要细致操作的过程。通过收集单位面积上的降雪，并将其融化成水，然后用量测水的厚度的方法进行测定。为此，应事先选择好观测场地，在观测场地内安置 lm×1m 的测雪板。降雪后可在测雪板上用钢尺测量积雪厚度，并取单位面积上的雪样，将其带回室内融化成水，用量筒测定融雪水的体积，并将其换算成单位面积上的水的厚度，即为降雪量。在降雪量较大的地区，为了掌握降雪动态，可以在选择好的观测场地上方一定高度处安置激光测距仪，并将激光测距仪与数据存储器连接，可以长期监测地面积雪的动态。

3. 林内降水量的测定

在林冠的拦截作用下，林内降水量的分布极不均匀，用承雨口直径只有 20cm 的雨量计测量林内降水量时会出现很大误差。因此，林内降水量必须用特殊的方法测定。

1）网格法

林内降水量分布不均，可通过增加林内观测点的方法提高观测精度。在林内按一定的间距（3~10m）布设雨量筒，测定各观测点的林内降水量，并在雨后将各观测点的雨量值进行平均，可得林内降水量。

2）受雨器法

在林内布设受雨器收集林内降水，将收集的林内降水倒入一个容器或量水计，并在降水后用量筒测量容器中的水量或直接在量水计中读取受雨器中的水量，用读出的水量除以受雨器的面积，可得到林内降水量。受雨器可以是长方形、梯形、圆形等面积容易求算的形状，可以用铁皮、塑料布等隔水材料制作。由于在计算时需要按受雨器的水平面积计算，因此在安装过程中需尽量保证受雨器水平放置（如沿坡面布设）。

2.1.3 地表水观测

地表水观测是指监测自然界中地表水体的水文特性和水质情况的活动。这些观测对于水资源管理、环境保护、自然灾害预警和科学研究至关重要。地表水观测不仅有助于预防自然灾害，还可以为水资源管理者、科学家和政策制定者提供重要的信息，以支持可持续的水资源管理和环境保护措施。其主要观测内容有水位、流量、泥沙和水质等。下面将对以上观测内容进行详细介绍，水质监测详细内容请参阅本章水质监测部分。

1. 水位观测

水位观测是用于测量河流、湖泊、水库和其他水体水位高度的方法，通常用于水文学、洪水预警、水资源管理和环境监测等领域。以下是一些常见的水位观测方法：①浮标式水位计观测法。这是一种常见的水位观测方法，它使用浮标测量水面的高度，一个浮标通常连接一个测量杆或线，它随着水位的升降而上下移动。浮标上标有刻度，允许观察员读取水位高度。这种方法适用于小型河流、湖泊和水库。②压力传感器水位计观测法。这种水位计使用压力传感器来测量水面下的水压力，然后将其转换为水位高度。传感器通常位于水面下，通过电缆与数据记录器连接。这种方法适用于各种水体，包括深水体。③测深仪观测法。测深仪是一种手持式或潜水式设备，可以直接测量水深。测深仪通常使用声波或超声波来测量水底到水面的距离，然后计算出水位高度。这种方法适用于小型水体和需要定期测量的应用。④毛细管测量法。这是一种传统的水位观测方法，它使用毛细管原理来测量水位高度。一根细长的毛细管被放置在水中，水位高度将上升到毛细管内，然后通过读取毛细管内水的高度来确定水位。这种方法适用于小型水体，但需要较长的时间来获得准确的测量结果。⑤雷达水位计观测法。雷达水位计是使用雷达技术来测量水面与水位计之间的距离。它发射雷达信号并测量信号返回的时间，然后计算出水位高度。这种方法适用于大型水体，可以远程监测水位。⑥GPS 水位计观测法。这种方法使用全球定位系统（GPS）来测量水位高度。将一个 GPS 接收器安装在水体边缘，测量接收器与水面之间的距离。这种方法适用于一些特定的水文研究和环境监测应用。⑦激光测距水位计观测法。这种水位计使用激光测距技术来测量水面到仪器之间的距离，然后计算出水位高度。这种方法通常用于需要高精度测量的应用。无论选择哪种水位观测方法，都需要确保设备的准确性和可靠性，以便获得精确的水位数据。

水位资料是最重要的基本水文信息之一，被广泛应用于各种水利水电工程的规划设计、施工和管理运用过程中，更是防洪、抗旱供水、排水等的重要依据。此外，在水文测验中，通过建立水位-流量关系，可以推算流量、输沙率和计算水面比降等。以上这些为研究河流泥沙、冰情等问题提供了重要的基本资料。

2. 流量观测

流量即单位时间内通过一定横截面的水量。根据流量测验原理不同，有不同的流量测验方法：①流速面积法。流速面积法是通过实测断面上的流速和过水断面面积来推求流量的一种方法。根据测定流速采用的方法不同，又分为流速仪测流法（简称流速仪法）、测量表面流速的流速面积法、测量剖面流速的流速面积法、测量整个断面平均流速的流速面积法。其中，流速仪测流法是指用流速仪测量断面上一定测点的流速，推算断面流速分布。目前使用最多的是机械流速仪，还有电磁式流速仪、多普勒点式流速仪。②水力学法。水力学法是测量水力因素，然后选用适当的水力学公式计算出流量的方法。水力学法又分为量水建筑物测流、水工建筑物测流和比降面积法三类。其中，量水建筑物测流又包括量水堰、量水槽、量水池等方法，水工建筑物测流又分为堰、闸、洞（涵）、水电站和泵站等方法。③化学法。化学法又称为稀释法或示踪法。该法是根据物质不灭原理，选择一种适合于该水流的示踪剂，在测验河段的上断面将已知一定浓度的指示剂注入河水中，在下游取样断面测定稀释后的示踪剂浓度或稀释比，经水流扩散充分混合后稀释的浓度与水流的流量成反比，由此可推算出流量。④直接法。直接法是指直接测量流过某断面水体的容积（体积）或质量的方法，又可分为容积法（体积法）和重量法。直接法原理简单、精度较高，但不适用于较大的流量测验，只适用于流量极小的山涧小沟和实验室测流。

在以上介绍的流量测验方法中，目前全世界最常用的方法是流速面积法，其中流速仪测流法被认为是精度较高的方法，是各种流量测验方法的基准方法，应用也最广泛。当满足水深、流速测验的设施设备等条件，测流时机允许时，应尽可能首选流速仪测流法。在必要时，也可以多种方法联合使用，以适应不同河床和水流条件。

3. 泥沙观测

河流中的泥沙按运动与否和运动形式可分为悬移质、推移质和河床质，故泥沙观测又可分为悬移质泥沙观测、推移质泥沙观测和河床质泥沙观测。

1）悬移质泥沙观测

常用的悬移质泥沙观测方法有两种，即直接测量法和间接测量法。

（1）直接测量法。在一个测点 (i, j) 上，用一台仪器直接测得瞬时悬移质输沙率。该方法要求水流不受扰动，仪器进口流速等于或接近天然流速。测点的时段平均悬移输沙率为

$$\bar{q}_{ij} = \frac{1}{t} \int_0^t \alpha \, q_{ij} \mathrm{d}t \tag{2-1}$$

式中，q_{ij}、$\bar{q}_{ij}$ 分别为测点瞬时输沙率、时段平均输沙率；α 为一个无量纲系数，随泥沙粒径、流速和仪器管嘴类型而变，是瞬时天然输沙率与测得输沙率的比值；t 为测量历时。在实际测量泥沙时将断面分割成许多平行的垂直部分块，计算每部分块的输沙率，然后累加得到断面输沙率。

通过测验，断面的输沙率为

$$Q_s = \sum_{j=1}^m \sum_{i=1}^n \bar{q}_{ij} \Delta h_i \Delta b_j \tag{2-2}$$

式中，$\bar{q}_{ij} \Delta h_i \Delta b_j$ 指每部分输沙量。

（2）间接测量法。在一个测点上，分别用测沙、测速仪器同时进行时段平均含沙量和时段平均流速的测量，两者乘积为测点时段平均输沙率。

通过测验，断面的输沙率为

$$Q_s = \sum_{j=1}^{m} \sum_{i=1}^{n} \overline{C}_{sij} \overline{V}_{ij} \Delta h_i \Delta b_j \qquad (2\text{-}3)$$

式中，$\overline{C}_{sij}$、$\overline{V}_{ij}$分别为断面上第（i, j）块（点）的实测时段平均含沙量、时段平均流速。

2）推移质泥沙观测

由于推移质泥沙颗粒较粗，其中部分泥沙处在河流底部，一旦淤积沉淀就难以再启动悬浮，这部分泥沙常常淤塞水库、灌渠及河道，不易被冲走，它是河道冲淤变化的泥沙的重要组成部分，对水利工程的管理运行、防洪及航运等的影响很大。为了研究和掌握推移质的运动规律，为修建港口、保护河道、兴建水利工程、大型水库闸坝设计和管理等提供依据，开展推移质泥沙观测具有重要意义。推移质泥沙观测主要有以下方法：①器测法。器测法是指应用推移质泥沙采样器测量推移质的一种方法。推移质泥沙采样器都具有固定宽度的口门，放入河底后，能稳定地贴紧河底。推移质泥沙通过口门进入采样器的泥沙收集器，经过预定的时间后，提起采样器，根据口门宽度、采样历时和采集到的推移质质量，计算出断面上该点的河底单位宽度、单位时间的推移质输沙率。再根据采样器效率、断面上各测量点推移质输沙率，推测出整个断面的推移质输沙率。②坑测法。坑测法是在河床上设置测坑测取推移质的一种方法。在天然河道河床上设置测坑或埋入槽型采样器来测定推移质，这是目前直接测定推移质输沙率最准确的方法，主要用来率定推移质采样器的效率系数。③沙波法。沙波法通过施测水下地形以了解沙波的尺度和运动速度而推求推移质输沙量。这种方法先在水流稳定的条件下测绘一个相对较短较直的河道区域，测量沙丘形状的平均参数，然后测定沙丘迁移的平均速度，再推算推移质输沙率及输沙量。④体积法。通过定期施测水库、湖泊等水域，根据其容积变化计算出淤积物的体积，扣除悬移质淤积量，进而求出推移质淤积量。应用该方法时必须先通过实测或推算求得淤积物干密度。这种方法适用于淤积物中主要是推移质的区域，如一些水库或湖泊。⑤间接测定法。间接测定推移质的方法主要有紊动水流法、水下摄影、水下电视、示迹法、岩性调查法、音响测量法等，但这些方法都有很大的局限性，效果也不理想，故不在此对其进行详细介绍。

3）河床质泥沙观测

河床质是指部分河床因受泥沙输移影响而存在的颗粒物质，分为沙、砾石和卵石3种。河床质泥沙测验采取测验断面或测验河段的河床质泥沙进行颗粒分析，取得泥沙颗粒级资料，供分析研究悬移质含沙量和推移质输沙率的断面横向变化。同时，河床质泥沙观测数据是研究河床冲淤变化，用于研究推移质输沙量理论公式和河床糙率等的基本资料。

2.1.4　地下水观测

地下水资源观测较地表水复杂，地下水本身量和质的变化、引起地下水变化的环境条件和地下水的运移规律不能直接观察。同时，地下水的污染以及地下水超采引起的地面沉降是缓变型的，只有积累到一定程度，才会造成不可逆的破坏。因此，合理开发保护地下水就必须依靠长期的地下水观测，及时掌握动态变化情况。地下水主要观测内容有水位、水量、水温和水质。

1. 水位观测

地下水水位一般用地下水水面相对于某一基面的高程表示，可以是井口地面高程，也可以是国家基准面的高程。采用井口地面高程时应尽可能和国家基准面的高程接测。在没有井口地面高程时，可以用相对于测井口地面高程的地下水埋深表示。地下水位要依靠人工测量地下水埋深，此测量值被认为是最准确的地下水位值，并用以校准地下水自记水位计的水位基准值。在人工观测站，仅使用人工观测方法测量地下水位值。人工监测地下水位时，要求测量两次，两次测量地下水埋深的间隔时间不应大于1min，两次测量值之差不能超过2cm，取其平均值为监测值。如果两次测量数据之差超过2cm，应进行重测。人工观测地下水位时，由于水面在地下深处，不可能像地表水那样直接看到水面读取水尺水位，必须使用地下水位测量工具或仪器，通过使用相应的测具和仪器接触或感应地下水水面，从而测得埋深。按使用测具和仪器的不同，人工测量地下水位分为以下几种方式：①用测钟（盅）测量地下水位；②用悬锤式（地下水）水位计测量地下水位；③用钢卷尺水痕法测量地下水位；④用测压气管法（压力法）测量地下水位；⑤测量自流井地下水位的方法。

2. 水量观测

地下水以人工抽出和自动出流（泉水）方式流出地面，分别以管道和渠道流量测验方式进行水量测量。以泉水方式流出地面时，出水量的测量和渠道流量测验方式相同。以水泵抽出地面时可以按管道流量的测验方式进行测量。这两类流量测量的方法和使用仪器都有规范规定，也比较成熟。地下水以地下暗河方式流出地面后形成地表河流，其在岩洞的地下部分也具有河流的性质，可以用河流流量测验方法进行流量测量。测量地下水出水量时，基本上都先测量流量，再计算总水量。由于地下水的流量较小，以渠道流量测量时适于用堰槽法，主要使用薄壁堰。流量较大时使用流速仪面积法等流量测量方法。测量水泵抽取的地下水量时，适于用水表法、工业管道流量计、孔板流量计、电量（电功率）法等方法，也可以应用堰箱或末端深度法测量。

3. 水温观测

地下水水温观测是对地下水的温度进行监测和记录的过程。地下水水温在测井中测量时需要使用自动水温监测仪器，或者使用专用的人工测温仪器。在地下水出流地面的水流中测量地下水水温可以使用一般的水银温度计。《地下水监测规范》（SL 183—2005）要求在井中地下水水面以下 1m 处测量地下水水温，或者在出流泉水和正在开采地下水的出水水流中心处测量地下水水温。测温仪器应在指定位置放置 5min 后再读取数据。《地下水监测工程技术规范》（GB/T 51040—2014）要求在井中地下水水面以下 3m 处测量水温，在地面地下水水流中心测温时，温度计的放置时间为 10min。

2.1.5　水质监测

水质监测指监察和测定水体中污染物的种类、各类污染物的浓度及变化趋势、评价水质状况的过程。监测范围十分广泛，包括未被污染和已受污染的天然水（江、河、湖、海和地下水）及各种工业排水等。主要监测项目可分为两大类：一类是反映水质状况的综合指标，如温度、色度、浊度、pH、电导率、悬浮物、溶解氧、化学需氧量和生化需氧量等；另一类是一些有毒物质，如酚、氰、砷、铅、铬、镉、汞和有机农药等。为客观地评价江河和海洋水质的状况，除上述监测项目外，有时需进行流速和流量的测定。

目前，我国水环境水质监测技术已取得了较快发展，水质监测技术以理化监测技术为主，包括化学法、电化学法、原子吸收分光光度法、离子选择电极法、离子色谱法、气相色谱法、电感耦合等离子体原子发射光谱法（ICP-AES）等。其中，离子选择电极法（定性、定量）、化学法（重量法、容量滴定法和分光光度法）在国内外水质常规监测中普遍被采用。近几年来生物监测技术、遥感监测技术也被应用到了水质监测中。

1. 传统理化监测

在地表水水质监测中，由于监测仪器比较简单，因此，物理监测指标数据往往比较容易获得。常用的物理指标监测仪器有测定水浊度所用的浊度仪，测定色度所用的分光光度计，测定电导率所用的电导率仪等，还有多功能的水质监测仪实现了同时测定多项物理指标的效果。

化学指标的监测是地表水监测的重点。随着国家对有毒有机物污染监测的重视，我国监测站在仪器的引入及研发方面取得了一定的进步，一些监测站已经引进了大中型实验室监测仪，可现场监测 Zn、Fe、Pb、Cd、Hg、Mn 等重金属及卤族元素、铵态氮、亚硝态氮、氰化物、酚类、阴离子洗涤剂及 Se 等物质。

2. 生物监测技术

生物监测技术是水环境监测的重要手段之一，它是利用生物个体、种群或群落对环境污染变化所产生的反应来揭示环境的污染状况，具有敏感性、富集性、长期性和综合性等特点。在实际监测中已经应用的生物监测技术主要包括生物指数法、种类多样性指数法、微型生物群落监测方法、生物毒性试验、生物残毒测定、生态毒理学方法等，涉及的水生生物涵盖单细胞藻类、原生生物、底栖生物、鱼类和两栖类等。

3. 遥感监测技术

内陆水体水质遥感监测技术是一种基于经验、统计分析和水质参数的光谱特性、选择遥感波段数据与地面实测水质参数数据进行数学分析的技术，它是利用建立水质参数反演算法实现的。水质遥感监测技术可以反映水质在空间和时间上的分布情况和变化，发现一些常规方法难以揭示的污染源和污染物迁徙特征，而且具有监测范围广、速度快、成本低和便于长期动态监测的多方面综合优势。

2.2　生态水文过程观测

生态水文过程监测通过为生态水文过程集成模拟、水生态服务功能评价、生态用地评价、生态需水评价、水土资源的联合配置、水利工程群的生态调度等提供长期、连续的基础数据，从而为识别气候变化和人类活动影响下生态水文整体演变机理、辨析环境变化下生态水文要素的变化规律、制定生态水文的综合调控方案、评估调控方案实施效果提供数据支撑。

生态水文过程监测包括宏观模式和数据精度两方面。从宏观角度，构建合理的生态水文集合监测模式。在构成上，生态过程、水文过程和能量过程监测要求布点合理、功能明确、配合协调；在监测尺度上，要合理控制生态水文监测的范围，使不同时空尺度的监测要素进行有机结合和同化；在空间布局上，要合理规划各要素过程的监测空间体系，点面结合、结构清晰、统一安排。在整合优化站点布局和增强生态水文相互作用观测的基础上，使监测网络覆盖关键水源区、典型生态区及重点大气强烈运动区，消除监测盲区，为生态水文相互作用的机制识别提供支撑。在数据精度方面，通过常规监测手段和现代化监测手段的有机整合，充分提高生态水文监测的信息化程度。通过强化现有气象台站、水文台站以及生态监测的信息采集能力和数据传输能力，保证观测结果和信息的获取及实时在线传输，使各用户能及时有效地共享信息，从而减少误差。

2.2.1　植物水文过程观测

植被和水文过程在时间（分、秒、小时、日、月及年际尺度）与空间（点、坡面、流域及全球）尺度相互影响、相互作用。水分的可利用量和植物的生理生态活动息息相关，其控制植被的物质（碳、氮）循环与功能（光合、生产力等）。同时，植被通过冠层截留、蒸腾等作用直接或间接调控生态系统的水热平衡。植被对水文过程的影响和调控成为生态水文观测研究的主要内容，主要表现在植被对降水再分配，以及水分在土壤中的下渗、产流与传输过程，以及蒸散发等方面。

1. 植被对降水再分配过程

降水进入陆地生态系统，首先受到植被冠层的影响，植被对降水进行截留再分配，将降水分配为林冠截留、穿透雨和树干茎流三部分，降水最终进入土壤。陆地生态系统林冠截留、穿透雨和树干茎流可以通过野外观测实验来测量。植被冠层对降水的再分配现象可以显著改变降水在地表的空间分布格局，从而影响入渗、径流、蒸散等一系列水文过程，继而影响陆地生态系统的水循环和水量平衡。该过程具有减少林内土壤蒸发、改善土壤结构、减少地表侵蚀、调节河川径流和林内小气候等功能，在涵养水源、水土保持、水质改善、消洪减灾等方面发挥着重要的生态环境效益。

1）林冠截留的测定

目前对林冠截留的测定方法主要有实地观测法与模型模拟法。实地观测法利用测得的林外降水量、穿透雨量和树干茎流量等参数，利用水量平衡原理，计算林冠截留量，具体公式如下：

$$I = P - T - F \tag{2-4}$$

式中，I 为林冠截留量；P 为降水量；T 为穿透雨量；F 为树干茎流量。以上测定量的单位均为 mm。其中，林外降水量的实地测定一般要求在集水区外空旷地，安装一个虹吸式雨量计，要求器口水平，用于连续测定林外降水量。具体要求和过程请参阅本章降水观测部分。

一般用于模拟林外降水量的模型主要有经验、半经验半机理以及理论模型 3 种，它们是通过对林冠截留的各种影响因子与林冠截留量的关系研究推导而出的。经验模型主要以数量统计和概率论为手段，基于实测数据构建线性函数、对数函数或指数函数等其他简单函数方程式。半经验半机理模型是建立在林冠截留理论分析的基础上，依托经验模型中的一部分实测数据得到的影响因子并添加一些假设，对经验模型进行部分简化而构建的模型。半经验半机理模型参数来自实测地的观测数值，因而具有一定的经验性，同时模型的基本形式是理论的，虽然模型并没有彻底地摆脱经验模型的缺陷，但其实用性非常高。其中运用较为成熟的半经验半机理模型主要有 Rutter 模型和 Gash 模型。Rutter 模型主要是通过大量具有物理意义的参数来推导冠层数量平衡过程，该模型的应用限制性较大；Gash 模型是 Cash 在 Rutter 模型的基础上，引入一些简单的经验公式，对 Rutter 模型进行简化后形成的，但由于未考虑森林密度这一影响因子，模型在模拟开阔的森林区域时，常出现高估林冠截留量的现象。为了解决这一问题，1995 年，Gash 引入冠层覆盖度（C）这一参数对原模型进行了改进，形成了 Gash 模型。理论模型是在较多的假设条件下，在理想的基础上根据林冠对降水的分配规律及光线传播模型，依托相关数理方法建立起来的模型。

林冠截留受很多因素，如林分郁闭度、密度、当日风向、风速和湿度等的影响，然而这些因素对降水的影响，目前还没有定性的研究。在实际研究过程中，蒸散占有相当大的比例，湿润林冠的蒸发率要远远大于干燥林冠，许多研究者只考虑降水量和截留量、穿透雨量和树干茎流量直接的关系，忽略了在此阶段的蒸散发。此外，由于树干茎流量在截留中占的比例不大，因此常被大部分研究者忽略。

2) 穿透雨量的测定

穿透雨量是指林外雨量（又称林地总降水量）扣除林冠截留量和树干茎流量之后的雨量，是森林降水再分配的重要组成部分。森林的水源涵养效能在很大程度上取决于实际进入林内的穿透雨量。因此，准确测量穿透雨量对于评估森林生态系统的水文功能和生态服务价值具有重要意义。穿透雨的收集一般是在林内设置若干标准雨量桶或集水槽，自动观测降水过程中穿透雨量的变化趋势和空间分布特征。在实际操作中，为得到精度较高的观测结果，减少空间差异对穿透雨量测定结果的影响，可以选择增加测量容器个数或增加承接容器面积的方法。例如，在林内选择林木生长健康、冠层分布相对均匀的位置，在林冠投影范围内以其中一株林木为基准样木，平行等高线在距离基准样木 1m 处布置一个翻斗式雨量桶，垂直等高线在距离基准样木 2m 处再布设一个翻斗式雨量桶。设定雨量桶采集器的数据记录时间间隔为 15min 一次。结合林内气象站雨量桶收集的降水数据，共有 3 个雨量桶观测穿透雨量数据。

3) 树干茎流的测定

树干茎流是指通过树木的木质部传输水分和溶解的矿物质的过程，这个过程对于植物的生长和发育至关重要，因为它为植物提供了所需的水分和养分。对树干茎流的研究有助于了解植物对水分和养分的需求，以及气候变化对植物生长的影响。树干茎流量的测定则是选取若干具有代表性的树种（混交林）和树龄（纯林）进行。一般根据树种的基径大小进行分级，然后在每个径级内选择若干个体进行测定。对具有明显主干且主干较粗的乔木和灌木而言，常用的方法是在植物树干接近根部的位置安装用聚乙烯管、金属箔片等材料制成的导水槽，将导水槽呈螺旋状环绕于树干下部，并用硅胶固定和密封。然后用导管连通导水槽最底端，使降水过程中产生树干的茎流能自动汇集到地面上的集水器或自记式雨量计中，以实现动态观测。然而，对于干旱半干旱地区的荒漠灌木而言，由于降水量小，灌木分布往往呈斑块状稀疏分布，降水再分配的研究一般只针对个体尺度进行。实际操作中，对于具有多分枝结构的灌木而言，可以使用 Serrato 和 Diaz 的方法测定树干茎流量，即采用有机玻璃制作的容器，其规格为 60cm×60cm×10cm，底部中心留有圆孔。同时，使用全自动气象仪器设备测定大气降水、空气温湿度、太阳辐射、风速和风向。此外，可以采用平均标准木法，结合灌丛的枝条总数对灌丛个体水平的茎流量进行估计。也可参照乔木的方法按基径大小进行分级，然后在每个径级内分别选定标准枝测定，最后采用加权平均的方法获得树干茎流量。

2. 水分在土壤中的下渗、产流与传输过程

林地土壤层不仅是联系地表水和地下水的纽带，也是森林生态系统水文的主要储蓄库，其同样具有入渗、蓄纳等主要作用。林地土壤入渗包括两个过程：一是经森林冠层和枯落物截留后到达地面的净降水，通过表层的土壤孔隙进入土壤中的过程；二是水分从表层土壤沿土壤孔隙向深层渗透和扩散的过程。森林土壤由于受到树木根系以及土壤内微生物的影响而呈现相对疏松的结构，其孔隙度特别是非毛管孔隙度要明显高于其他土地类型，因此森林土壤较其他土地利用类型表现出更高的土壤水分入渗能力。影响林地土壤入渗的因素，除土壤性质、地形因素外，不同林地类型同样会影响土壤入渗特征，其基本规律为：阔叶林的土壤入渗性能大于针叶林土壤入渗性能，大于荒地土壤入渗性能。

测定林地土壤入渗的方法有很多种，如双环法、单环法、圆盘入渗仪法和 Hood 入渗仪法等，都被广泛应用于测定土壤入渗性能。另外，为了比较不同群落类型土壤水分入渗特性的差异，还可以利用环刀法来测定天然林、人工林、林窗草地、草地、林缘灌木林、山前灌木林 6 种群落类型的森林土壤入渗过程。此外，人工降雨方法也常被用于研究典型林地的入渗特性，以分析雨强、土壤前期含水量、土壤物理性质及坡度等因素对入渗的影响。这些方法为了解土壤入渗特性提供了重要的科学依据。

3. 蒸散发过程

森林生态系统的蒸散发具体包括树木冠层和枯落物层的截留蒸发、土壤蒸发和上层乔木与下层灌木的蒸发。一般情况下，森林蒸散随着降水量的增加而增加，而土壤蒸发则随着降水量增加而减少。

植物蒸散发的测定主要方法有器测法、剪枝称重法、水量平衡法、遥感监测法等。

1）器测法

直接测定植物蒸散发的仪器有 Li-1600、Li-6400 和各种茎流计。Li-1600 和 Li-6400 通过直接测定单个叶片在一定时间内的蒸腾量，利用叶面积指数推算整棵植物的蒸散发量。茎流计是利用热脉冲原理测定树干茎流量，利用树干茎流量推算蒸散发。它通过向树干中的导管注入一个小的热脉冲测定这个热脉冲沿导管上升的比率，从而获得植物木质部的茎流速率（茎流密度），树干茎流量等于茎流速率与树干中导管面积的总和。

2）剪枝称重法

在植物上剪下一枝条，用高精度天平称出枝条的质量后再将枝条挂回原处，几分钟后将剪下的枝条重新称重，两次称重的数值差就是该枝条在这段时间内的蒸腾量，利用该枝条的蒸散发可以计算整株植物体的蒸散发。如此反复，可测定植物在一天中不同时刻的蒸散发。

3）水量平衡法

水量平衡法是将蒸散发作为支出项，利用水量平衡原理进行计算的方法。该方法是在

野外林地中建立水量平衡场，保证水量平衡场四周及底部与周围环境没有水量交换，测定水量平衡场的径流量 R（地表径流、壤中流、地下径流）、降水量 P 及土壤水分变化量 ΔW，则林地的总蒸散发 E 可以用式（2-5）表示：

$$E = P + \Delta W - R \tag{2-5}$$

利用水量平衡法计算出的蒸散发是林木蒸散发和林地土壤蒸发的总和，林木的蒸散发应等于总蒸散发减去林地土壤蒸发。

4）遥感监测法

虽然当前的遥感技术不能直接测量蒸散发，但它能够获取蒸散发计算中所需的参数，如辐射信息（太阳辐射、地表反照率、净辐射）、地表植被覆盖的信息（植被类型和覆盖度、叶面积指数、冠层结构等）、下垫面的水分状况和温度信息，从而为常规的蒸散发估算提供依据。

2.2.2 土壤水文过程观测

土壤水文过程观测是对土壤水文性质，即对影响土壤下渗、产流、蒸散等各个水文过程的土壤物理和化学性质的各种土壤水文参数在不同时空尺度的差异性研究。特别是定量化研究观测，可以辨识不同尺度上影响水文过程的主要土壤水文性质因子，通过分析土壤水文异质性对流域水文过程的影响机制，可以更加准确地描述和模拟水文过程。土壤水文过程的观测对水循环、土地退化与生态恢复、养分循环、土壤污染运移和农业水肥优化等具有重要意义。

1. 土壤下渗的测定

1）双环刀法

目前，主要采用双环刀法测定土壤下渗。如图2-2所示，测定内环中每渗透1cm深的水量所需时间，直到连续3次时间相同时，认为达到了稳渗状态，此时单位时间内渗透到土壤中的水量为稳渗速率，单位为 cm/s。

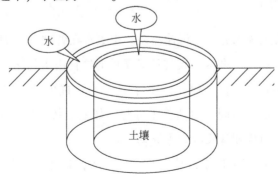

图2-2 双环刀法测定土壤下渗

2) 圆盘入渗仪法

如图 2-3 所示，圆盘入渗仪由蓄水管、恒压管和圆盘组成。恒压管是依托托马斯瓶原理起恒压作用的。当土壤表面有积水面时，入渗的初始阶段受土壤毛细管特性控制，随着时间的延长，水源大小和几何形状以及重力均会影响水流速率。对于均质土壤，入渗速率最终会达到稳定值，这一稳定流速是由毛细管特性、重力、积水面大小及水压大小控制的。圆盘入渗仪法利用初始入渗速率和稳定入渗速率来区分受毛管力及重力控制的土壤入渗流。此外，通过选择水压大小，可以计算出与入渗过程有关的土壤空隙的大小。

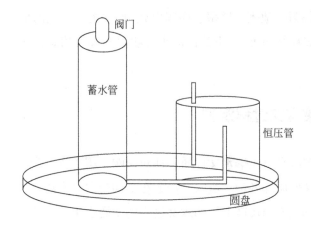

图 2-3　圆盘入渗仪示意图

3) Guelph 入渗仪法

Guelph 入渗仪是一种以 Mariotte 原理制作的"定位"入渗仪。该仪器利用恒定水头原理，测定现场原位土壤的渗透系数。测定深度为土壤表层之下 15 ~ 75cm。将入渗仪置于钻孔中，水从入渗仪的储水管经支撑管缓慢流入钻孔并渗入土壤中，至某时刻达到饱和状态，储水管中水流的下降速率也将达到一个恒定值（可测量出）。根据这些测量数据，以及钻孔直径和钻孔内水位，可以计算出土壤的渗透系数。

2. 土壤水势的测定

土壤中的水分随着土壤水势梯度传输流动。土壤水在各种力（如吸附力、毛管力、重力等）的作用下，与同温度、高度、大气压等条件的纯自由水相比（即以自由水作为参照标准，假定其势值为零），其自由能必然不同，这个自由能的势能之差即土壤水势。引起土壤水势变化的原因或动力不同，包括若干分势，如基质势、压力势、溶质势和重力势。一般而言，土壤中的重力势和基质势为主导动力。

常见的土壤水势测定方法是张力计（图 2-4）法，具体做法为：将充满水的张力计（陶瓷头处于饱和状态）放置在土壤中，在土壤基质势的作用下，水分通过陶瓷头进入土壤。若土壤水基质势与张力计内的压力势相等，则水分停止运动。该方法安装及观测较为简便容易，并且成本较低，易大面积应用。土壤水势还可以用露点水势仪换算测定。

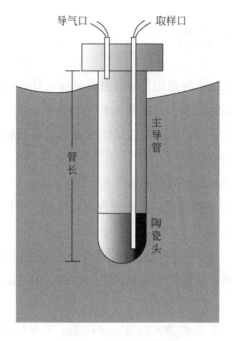

图 2-4　张力计示意图

3. 土壤蒸发量的测定

测定土壤蒸发量的仪器为土壤蒸发器和大型蒸渗仪。

土壤蒸发器的测定基本原理是通过直接称重或静水浮力称重的方法测出土体质量的变化，据此计算出土壤蒸发量的变化。器测法主要适用于单点土壤蒸发量的测定，对于大面积范围内的土壤蒸发量的测定，由于受复杂的下垫面条件（包括植被、土壤自身）的影响，该方法受到极大的限制。

蒸渗仪是以水量平衡原理为基础测定土壤蒸发量，是在一定体积的容器中装入原状土，并将装有供试土壤样品的容器埋入土壤中，容器上部保持水平。在容器的底部安装排水管收集从供试土壤样品中渗透下来的水量（$V_{排出}$），在供试土壤样品中安装测定土壤含水量的仪器（TDR、张力计、中子仪），测定土壤含水量的变化量（ΔW），同时用雨量计测定观测期间的降水量（P），则土壤蒸发量（$E_{土}$）可以用式（2-6）计算：

$$E_{土} = P + \Delta W - V_{排出} \tag{2-6}$$

2.3 新观测技术的应用

2.3.1 遥感技术的应用

遥感技术是一种可以从远距离感知目标反射或目标自身辐射的电磁波、可见光、红外线，对目标进行探测和识别的技术。把遥感技术应用于水文科学领域称为水文遥感。水文遥感具有以下特点：①动态遥感；②从定性描述发展到定量分析；③遥感、遥测、遥控的综合应用；④遥感与 GIS 相结合。

遥感技术在水文水资源领域的应用有以下几方面。

（1）流域调查。根据卫星图片可以准确调查流域范围、流域面积、流域覆盖类型、河长、河网密度和河流弯曲度等。

（2）水文水资源调查。使用不同波段、不同类型的遥感资料，可以判读各类地表水，如河流、湖泊、水库、沼泽、冰川、冻土和积雪的分布；还可以分析饱和土壤面积、含水层分布以估算地下水储量。

（3）水质监测。包括分析识别热水污染、油污染、工业废水及生活污水污染、农药化肥污染以及悬移质泥沙、藻类繁殖等情况。

（4）旱涝灾害的监测。包括洪水淹没面积范围的确定及决口、滞洪、积涝的情况，泥石流及滑坡的情况等。

（5）河口、湖泊、水库的泥沙淤积、河床演变和古河道的变迁等。

（6）降水量的测定及水情预报。通过气象卫星传感器获取的温度和湿度间接推断降水量或根据卫星相片的灰度定量估算降水量，根据卫星云图和天气图进行洪水与旱情监测及预报。

此外，还可以利用遥感资料分析处理测定某些水文要素，如水深、悬移质含沙量等；利用卫星传输地面自动遥控水文站资料。这些技术具有投资低、维护量少、使用方便的优点，且在恶劣天气下安全可靠，不易中断，更适合大面积人烟稀少的地区。

2.3.2 激光雷达技术的应用

激光雷达是以发射激光束探测目标的位置、速度等特征量的雷达系统。其工作原理是向目标发射探测信号（激光束），然后将接收到的从目标反射回来的信号（目标回波）与发射信号进行比较，进行适当处理后，就可获得目标的有关信息，如目标距离、方位、高度、速度、姿态，甚至形状等参数。在水文测量中，激光雷达可以用于获取水深、水位、河床形态等信息。通过对激光雷达数据的处理，可以进一步得到河流水位变化、洪水漫滩范围、海岸带漫水等重要水文信息。

（1）河流水面高程测量。激光雷达通过扫描水面来获取水面高程数据，并通过对数据进行处理来得到河流水位的变化。激光雷达测量水面高程的方法主要有两种：一种是测量水面与地面之间的距离，另一种是测量水面两侧与水面垂线的夹角。通过测量水面的高程及水面位移，得到水体的流速、流量等水文参数。

（2）测量河床形态。河床的形态特征是影响河流水动力学、河床稳定性和河岸生态等方面的重要因素。利用激光雷达测量河床形态可以获取河床高程、宽度、深度等数据，从而评估河床形态变化和河岸漫滩的变化。

（3）测量海岸带漫水现象。海岸带是地球重要的生态系统之一，通过激光雷达技术的应用，可以更加精确地测量海岸线周围的漫水范围，评价海岸带的生态环境。激光雷达还可以通过在不同的时间段内对海岸线的测量，在诸多实验中指导协调沿海栖息地的保护工作。

（4）测量洪水漫滩范围。激光雷达技术可以对洪水发展的实时演变进行监测和评估。利用激光雷达扫描技术，建立三维地形模型，可以清晰地显示河道及周边地貌，对河床、河道大小等进行高精度测量。通过对激光雷达数据的处理，可以建立数字高程模型（digital elevation model，DEM），再将 DEM 与水位数据结合，就可以得到洪水的漫滩范围，从而指导应急救援及堤防建设等工作。

激光雷达技术在绿洲水文中的应用广泛且重要。在绿洲这样的特殊地理环境中，激光雷达技术可以有效地获取水深、水位、河床形态等信息，对于绿洲水文的研究和理解具有显著的帮助。以黑河流域为例，科研人员利用机载激光雷达遥感技术开展了黑河生态水文遥感试验，该试验旨在提升对流域生态和水文过程的观测能力，并建立国际领先的流域观测系统，以提高遥感在流域生态–水文集成研究和水资源管理中的应用能力。其中，在中游人工绿洲–河岸生态系统–湿地–荒漠复合体内，科研人员选择了盈科灌区、大满灌区和平川灌区作为试验区，使用激光雷达技术获取了关于这些区域的高精度遥感产品。

总体而言，激光雷达技术在水文测量中不断得到发展和应用，已经成为水文测量领域中不可或缺的工具。激光雷达技术对于复杂水体系统的测量和研究，具有快速、精确和详细等优点，可有效地提高测量工作的效能和准确性。

2.3.3 同位素技术的应用

具有相同质子数，不同中子数的同一元素的不同核素互为同位素。同位素可分为稳定同位素和放射性同位素两类；稳定同位素是指迄今为止尚未发现有放射性衰变（即自发地放出粒子或射线）的同位素；反之，则称为放射性同位素。同位素技术在绿洲水文中的应用广泛且重要。这项技术因其独特的示踪、整合和指示功能，已成为绿洲水文学研究中的重要工具。同位素技术在水文水资源领域中的应用如下。

1）研究水体蒸发

同位素具有不同种类，针对水循环的不同阶段用不同的同位素研究。一般用氢氧同位素研究水循环的雨水蒸发阶段。根据同位素因温度的变化在水体中分解和融合的过程对同位素进行追踪，观察同位素的体积和质量变化，分析水体蒸发和降雨过程中大气中水含量的变化。降雨是水文领域的关键研究部分，在没有同位素技术前，人们仅仅能推测降雨时间，无法计算降水量。同位素比水分子轻，对温度的感应能力又比水分子灵敏，有利于研究人员分析地表水和大气中水分相互转换的形式，为计算水蒸发提供确切的数字，弥补之前研究降水量和蒸发量在水循环中的作用时的资料信息不全问题。

2）分析径流的流向

地球上的水资源分布不均匀，对降雨是否渗入地表面及地表面下淡水的可用量一直没有切实有效的办法进行统计。地表下水流的流向、含量受地势、温度等因素的影响。以中国为例，中国的北方地区气候干燥，降水量少，地表层的降雨吸收迅速，因此地表层下水流的渗入情况无法了解。根据同位素的变化情况和所在位置，利用稳定性同位素的质谱分析法或者放射性同位素的盖革计数器和闪烁计数器，可以深入了解地下水的运动机制、分布情况和地下水的存在年龄，评价地下水的属性，分析地下径流的流动方向，判断地下水中可利用的淡水含量，为南水北调寻找更有利的路线，帮助研究人员考察地下径流的流动在水循环中的意义，发现更多的淡水资源。

3）用于地下水测年

地下水年龄及其分布的研究，有利于评价地下水的运动机制以及如何合理开发利用地下水资源。许多同位素方法可以用来估算地下水的平均滞留时间。稳定同位素的季节性变化使其能够计算地下水的年龄，而放射性同位素则是依靠放射性衰变存在的半衰期测定地下水的年龄。

此外，基于稳定同位素技术的荒漠绿洲湿地水分来源及植物水分利用策略研究也取得了新的进展。这对于理解在干旱区，湿地作为荒漠绿洲核心地理单元，不仅在涵养水源、净化水质、蓄洪抗旱、调节气候和维护生物多样性等方面发挥重要作用，而且对于优化水资源管理和保护生态环境具有重要的指导意义。总的来说，同位素技术已经成为绿洲水文测量领域中不可或缺的一种技术，它为复杂水体系统测量和研究提供了快速、精确、详细的方式，能够有效地提高水文测量工作的效能和准确性。

2.4　绿洲区水文过程模拟

2.4.1　绿洲水文过程定义

绿洲水文过程指绿洲地区的水文要素在时间上持续变化或周期变化的动态过程。绿洲水文过程主要涉及地下水补给、排水、农业耗水与回归水等方面。首先，需要建立科学的监测网络，确定绿洲内需监测的水文要素，以获取必要的实测数据。绿洲扩张对地表主要水文过程有直接影响，包括土壤水文属性如土壤质地、容重、有机质、孔隙度等的改变。因此，深入研究绿洲水文过程对于理解水资源的合理配置、精确农业与经济可持续发展等具有重要意义。

2.4.2　绿洲区水文过程模拟的步骤

水文过程模拟即利用物理、数学的方法对水文现象做出合理的概括并建立模型，进行计算处理。在实际应用中，水文过程模拟如流域水循环关键要素大气水、降水、蒸发的预报与估算的技术与方法，以及模拟降雨-径流过程的水文模型，模拟河道、海岸水流传播的水动力模型，甚至模拟水体的水质模型等，被广泛应用于各种复杂的水文现象和过程研究。

首先，通过模拟绿洲的水文过程，可以科学评估生态输水的效应，确定绿洲恢复的最优目标及其对应的生态输水量，这是绿洲水资源高效利用及生态保护的关键。其次，模拟研究还可以帮助我们更好地理解绿洲与周围环境的相互作用关系。例如，新疆阜康荒漠生态系统国家野外科学观测研究站建成了"绿洲-荒漠共生关系实验模拟平台"，这个平台能够满足绿洲区不同灌溉情景下水盐动态长期变化、绿洲边缘荒漠植被变化与地下水位关系、沙漠内部自然植被与降水变化关系的研究需求，为回答绿洲-荒漠生态系统共生关系的关键科学问题提供了重要基础设施支撑。此外，模拟研究还可以预测未来的水文情况，为决策提供依据。例如，基于 ALARO-SURFEX 耦合模型的研究发现，绿洲灌溉和扩张产生的强烈蒸散发在白天谷风的作用下，随着海拔升高、地表温度降低、水汽冷却，使得海拔 1000～2500m 的山区降水增加 5～20mm，加速了山地-绿洲-荒漠复合生态系统水循环过程。

1. 收集基础数据

水文过程模拟的第一步是收集所选研究区域的基本数据，对该区域进行基本情况概述，包括研究区域的地理要素、水文气象要素、河网信息、地表高程信息、土地覆被信息和社会经济要素等。

基础数据的收集有以下方法：①实地观测法。即通过本章所介绍的水文基本要素的观测方法进行实地数据收集，该方法是最基本、最直接的水文数据收集方法。②自动站法。即通过布设在水体中的传感器不间断地记录水文数据，并将其上传到远程服务器。这种方法具有快速、高效、准确的特点，大大提高了数据收集的效率和精度。③卫星遥感法。通过利用人造卫星在轨运行的高分辨率传感器，可以获取大范围、连续的水文数据。利用卫星遥感技术，可以实现对全球范围内水文特征的监测和分析，提高了水文数据的时空分辨率。

2. 建立和改进模型

水循环过程十分复杂，用数学的方法描述和模拟水循环的过程，是研究水循环规律的有效手段。20世纪中叶，随着计算机的出现，系统科学与计算机技术的结合形成了现代意义上的水文模拟，于是产生了水文模型的概念。水文模型是对流域水文系统模拟的必然结果，是进行流域水文模拟、水文水资源研究等的重要工具。

建立和改进水文模型具体包括模型选择、模型率定、模型验证和模型评价。通常地，模型选择依赖于研究目的和模型使用条件等，即依赖于研究目的和用途、数据资料获取情况、模型结构、模型参数以及使用者的个人偏好。模型率定和模型验证是模型评估中不可缺少的组成部分。当模型在率定和验证过程中能够表现出良好的性能，即适用于该研究区域时，则可以将该模型直接应用于该研究区域；如果不适用于该研究区域，则需要重新进行模型选择、模型率定和模型验证。模型评价还包括模型不确定性分析、模型适用性评价等方面。

1) 模型选择

水文模型是对现实水文过程认识和概化的数学描述，是研究水文规律和水资源合理配置的一种工具。目前，可供使用的水文模型很多，有简单的集总式水文模型，也有较为复杂的半分布式、分布式水文模型。集总式水文模型不考虑水文现象或要素的空间分布，将整个流域作为一个整体进行研究，模型中的变量和参数通常采用平均值；而分布式水文模型则考虑水文现象或变量要素的空间分布，具有分散输入、分散或集中输出的特点。与集总式水文模型相比，分布式水文模型是在更精细的时间和空间尺度上对客观水文过程的定量描述，所以在应用上显示出其明显的优越性。分布式水文模型可以解决更为复杂的水文问题，如流域条件变化及气候变化响应的模拟、空间异质性模拟、污染物和沉积物的运移模拟等。然而，分布式水文模型往往超出了目前常规水文要素观测的内容与精度，同时大量参数的累计误差通常会降低模拟精度。因此，并不是模型越复杂模拟效果就越好。例如，当分析降水的时空变化、模拟径流洪峰时刻、评估气候变化和人类活动对水资源的影响时，分布式水文模型可能会比集总式水文模型更有优势；然而，当研究侧重于径流预测，或者仅有短期的径流数据时，从技术和经济角度来看，集总式水文模型可能更适用，并可能取得和分布式水文模型同样的效果。

如何选择合适的水文模型，是需要解决的首要问题。Carpenter 和 Georgakakos 认为，模型的选择不仅依赖于研究目的，而且依赖于模型使用者的偏好程度。王旭东等认为，模型选择应该考虑以下几个关键因素。

（1）模型的输出信息是否满足决策需求。大多数水文模型都有其研究问题的侧重点，需要考虑模型的输出信息是否满足决策需求。

（2）模型的适用性。任何模型都有一定的假设和概化，因而有各自的适用范围，应充分了解模型的结构特点，确定其适应性。同时，模型预测的精度至关重要，在其他因素相同的条件下，应该选择具有最小误差的模型；模型的简易性考虑的是待评估参数的数量以及应用该模型向公众或用户做出解释的难易程度，在其他因素相同的条件下，应该选择最简单的模型。

（3）模型的当前状态。需要确认模型是试验性的公共软件还是完全商业化的软件，哪些区域已经成功地使用了此模型，修改漏洞和扩展模型功能时需要做些什么。

（4）模型的数据需求。不同模型具有不同的原始数据需求。不能奢求任何一种信息采集方案都可以完全满足流域水文模型的数据需求。不顾现有数据基础和信息采集设施现况，盲目进行流域水文模型的开发是不理智的。

（5）模型对不同数据源获取信息的能力。大多数流域水文模型软件具有数据自动输入功能，以尽量减少数据手工输入的工作量。对于空间数据手工的输入，需要确定该系统是否具有格式转换、投影转换、插值和预测功能，有无电子表格数据格式输入功能等。

（6）模型对用户的要求。用户必须具备相关专业知识和技能才能成功运用模型。

（7）采用该模型软件的开支及可获得的技术支持情况。确定最初的开支，以及维护、培训和支持的开支；确定安装系统、学习系统和运行系统花费的时间；确定在线资料、文本和源代码文档是否可供下载和使用；等等。

只有全面考虑、综合比较，才能选择出真正适合于研究流域的水文模型，使水文模型在提高流域管理水平方面真正发挥作用。

2）模型率定

无论选择哪种模型，都包含很多表征物理过程的未知参数。通常，模型中包含两类参数：一类是具有物理意义的参数；另一类是过程参数。具有物理意义的参数是指能够通过直接测量得到的用来表征流域特性的参数，包括河长、河道坡度、雨量站权重、流域面积、不透水面积占流域面积的比率等，这类参数一经确定就不再修改。过程参数是指不能通过直接测量得到的用来表征流域特性的参数，这类参数随流域降雨径流特性以及下垫面条件的不同而不同，包括各土层最大蓄水容量、自由水库最大容量、蒸散发系数以及各种水流的出流、消退系数等。这类参数在模型中不具有明确的物理意义，可以通过物理成因分析推导或计算。理想条件下（有大量的实验或观测数据），模型参数可通过实验得到或者根据流域特性直接确定，或者根据先验信息给出参数分布区间，然而大量研究证实，即使在空间上和时间上进行高密度观测实验，获得的参数值在模型模拟应用中的效果也不是很理想，且由于缺乏对参数空间异质性的了解以及高额的实验费用，目前很多水文模型参数仍然是通过估计得到的。也就是说，使用模型模拟径流过程之前，必须对模型参数进行赋值，评估这些参数，使模拟径流过程和实测径流过程达到最佳拟合，这一过程称为"模型率定"。

3）模型验证

模型验证是模型率定之后模型分析的重要内容。当在一个流域上使用某一模型时，首先要对模型进行率定，求出其最优参数；其次需要使用部分资料开展模型的检验。当模拟拟合效果比较好或在预定误差范围之内时，模型才可以被应用。

克莱姆斯（Klemes）于1986年提出了概念性水文模型的验证框架，如表2-2所示。

表2-2 水文模型验证分类

流域	稳定条件		瞬变条件	
	A流域	B流域	A流域	B流域
A流域	简单样本等分法	代理流域法	差异样本等分法	代理流域差异样本等分法
B流域	代理流域法	样本等分法	代理流域差异样本等分法	差异样本等分法

其中简单样本等分法是将流域实测时间序列数据分成两部分，分别用于模型率定和模型验证，然后比较结果。差异样本等分法与简单样本等分法基本相同，但数据划分有所不同。在模型验证期的条件与率定期的条件有所差异的情况下，模型可以预测输出变量值的有效性。代理流域法使用两个流域的数据序列，其中一个流域的数据序列用来进行模型率定，另一个流域的数据序列用来进行模型验证。代理流域差异样本等分法是根据雨强或其他变量将每个流域的实测数据序列分成两部分，使用某一流域其中一部分数据序列进行模型率定。

模型验证除了要对用来表征模型模拟性能的目标函数进行计算外，还需要对模型残差进行分析。残差分析是用来检验残差特性是否与模型假设中的要求相一致，尤其要对残差序列是否服从某一假定分布等进行检验。一般对残差序列同方差性和残差序列正态分布进行检验。

残差序列同方差性可以通过图解法检验。在图解法中，通过判断残差与重要变量如时间（t）、输入变量降水量（P）、蒸发量（E）及输出结果径流量（R）的关系，进而分析残差的同方差性。如果模型残差与这些重要变量的散点示意图呈现不明显的趋势性，则说明残差具有同方差性。如果具有明显的趋势性，则说明残差具有异方差性。

可以采用不同的方法进行残差序列的正态分布检验。其中一种方法是 Kolmogorov-Smirnov 非参数检验方法，具体表述如下：①令 $F(x)$ 为零假设条件下确定的理论累积分布函数。②令 $F^e(x)$ 为基于 n 个观测值的样本累积密度函数。对于任何一个观测值 x，$F^e(x)= k/n$。式中，k 为观测值的数量，$k \leqslant n$。③确定最大偏差值 D，$D = \max |F(x)-F^e(x)|$。④如果对于某一显著性水平，观测值 D 大于或等于 Kolmogorov-Smirnov 的统计量的临界值，则拒绝原假设。

此外，还可以通过绘制残差序列图（即分位数图）来判断残差是否服从正态分布：在残差图中，横坐标为样本值，纵坐标为标准正态分布的分位数。观察图上的点是否在一条直线附近，如果没有明显偏离标准正态分布，则可以粗略认为残差近似服从正态分布。

3. 模型模拟

1）集总式水文模型
集总式水文模型是指把整个系统（集水区、亚集水区、蓄水层等）作为一个整体来建模，即将流域内的结构设想为有水文逻辑关系的元素排列，其中各元素有一定的物理概念（或经验关系）。20 世纪 50 年代中期，人们开始了对集总式水文模型的研究。60～80 年代，随着科学技术的进步，其进入了重要发展时期。这一时期涌现了许多知名的流域水文模型，代表性的模型有美国的 Stanford IV 模型和 HEC-1 模型、日本的水箱模型、我国的新安江蓄满产量模型和陕北的超渗产流模型。下面以日本的水箱模型为例，对集总式水文模型进行详细介绍。

水箱模型是根据降雨过程计算流域出口断面径流过程的一种流域降雨径流模型。该模型由日本水文学家菅原正已博士于 20 世纪 40 年代提出。水箱模型的基本结构如图 2-5 所示，其参数一般包括孔高、出流系数和下渗系数，这些参数需要根据经验或实测径流资料确定。

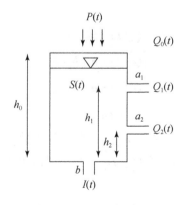

图 2-5　水箱单元结构示意图

水箱模型所描述的水文物理过程为：降雨（P）时，一部分水量下渗，用于补给流域蓄水量（S），超出流域总蓄水量的部分则发生地表产流（Q_0），而下渗的水遇到不透水层或者弱透水层时则产生饱和水带，从而发生出流（Q_i），另一部分水则继续下渗（I），当这部分水量进入另一个水箱时，则发生与上述水量类似的过程，于是就有了一层又一层的水箱。

对于时段 t：

$$h(t) = S(t-1) + P(t) \tag{2-7}$$

$$S(t) = h(t) - Q_0(t) - Q_1(t) - Q_2(t) - I(t) \tag{2-8}$$

当 $h(t) \leqslant h_2$ 时：

$$\begin{cases} Q_0(t) = 0 \\ Q_1(t) = 0 \\ Q_2(t) = 0 \\ I(t) = bh_1 \end{cases} \tag{2-9}$$

当 $h_2 < h(t) \leqslant h_1$ 时：

$$\begin{cases} Q_0(t) = 0 \\ Q_1(t) = 0 \\ Q_2(t) = a_2(h(t) - h_2) \\ I_{(t)} = bh_t \end{cases} \tag{2-10}$$

当 $h_1 < h(t) \leqslant h_0$ 时：

$$\begin{cases} Q_0(t) = 0 \\ Q_1(t) = a_1(h(t) - h_1) \\ Q_2(t) = a_2(h(t) - h_2) \\ I(t) = bh_t \end{cases} \tag{2-11}$$

当 $h(t) > h_0$ 时：

$$\begin{cases} Q_0(t) = h(t) - h_0 \\ Q_1(t) = a_1(h_0 - h_1) \\ Q_2(t) = a_2(h_0 - h_2) \\ I_{(t)} = bh_0 \end{cases} \tag{2-12}$$

式中，h_0 为水箱高度；h_1、h_2 为孔高；a_1、a_2 为出流系数；b 为下渗系数；S 为水箱蓄水量；P 为时段降水量或其他水箱下渗量；Q_1、Q_2 为时段出流量；I 为时段下渗量。

2）分布式水文模型

分布式水文模型从水循环过程的物理机制入手，将产汇流、土壤水运动、地下水运动及蒸发过程等联系在一起，并考虑了水文模型的空间变异性，是不同于概念性水文灰箱模型的一种白箱模型。在众多的水文模型中，分布式水文模型较其他水文模型能更准确地描述水文过程，并能直接有效地利用 GIS 和卫星遥感提供的大量空间信息。

针对流域下垫面和气象条件的空间变异性，分布式水文模型利用 GIS 技术，根据流域地形、地貌、植被、土壤、土地利用及气象等要素的空间分布特征，确定基本水文计算单元，并构建流域的空间拓扑结构。此外还根据河网和汇流特征，构建分布式单元和河网之间的水力联系。在基本水文单元中，构建基于水动力学过程的水文模型，采用水动力学方法进行河网汇流计算，由此构建分布式水文模型。

图 2-6 为分布式水文模型的结构示意图。该模型充分利用了流域地形地貌的基本特征，以山坡单元为基本水文模拟单元，通过计算河网汇流得到流域的径流过程。

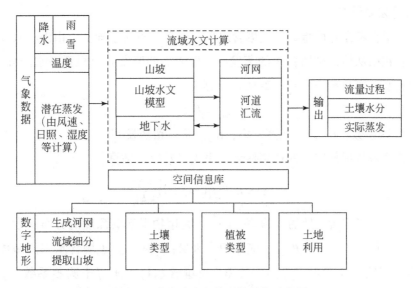

图 2-6　分布式水文模型的结构示意图

在山坡单元的产汇流计算中，沿垂向将山坡分为植被层、非饱和含水层和潜水层。在植被层中，考虑降水截留和截留蒸发。在非饱和带用 Richards 方程来描述土壤水分的运动，降雨下渗是上边界条件，而蒸发和蒸腾是其中的源汇项。在潜水层中，考虑其与河流之间的水量交换。

A. 植被的降水截留

植被对降水的截留能力随植被种类和季节的变化而变化。截留能力可视作叶面指数的函数，表示为

$$S_{C0} = \eta L_t h_0 \qquad (2\text{-}13)$$

式中，S_{C0} 为截留能力，mm；L_t 为包括叶、茎、树干在内的广义叶面积指数（叶、茎、树干的总面积除以树冠的水平投影面积）；当冠层为阔叶时，$\eta = 1$，当冠层为针叶时，$\eta \geqslant 2$；一般取 $h_0 = 1\text{mm}$。

降雨首先须达到饱和植被的最大截留量，而后超过的部分才能到达地面。实际的降水截留量由降雨强度和植被的饱和差来确定，植被的饱和差为

$$S_{Cd} = S_{C0} - S_C \tag{2-14}$$

式中，S_{Cd} 为植被的饱和差；S_C 为植被中现有的截留水量。

B. 融雪计算

融雪计算采用基于气温的经验模型，即

$$M = M_f(T - T_b) \tag{2-15}$$

式中，M 为单位时间融雪水深，mm/h；M_f 为融雪因子，mm/(℃·h)；T_b 为融雪开始气温。

融雪因子随季节而变，因而在模型中是一个需要率定的参数。

C. 实际蒸发量计算

实际蒸发量在考虑叶面指数、土壤含水量及根系分布的基础上，由潜在蒸发量计算而来。实际蒸发包括从植被截留蓄水的蒸发、土壤表面的蒸发和由根系吸水经叶面的蒸腾。从植被截留蓄水的实际蒸发由式（2-16）计算：

$$E_{canopy} = K_c E_p \tag{2-16}$$

式中，K_c 为作物系数；E_p 为潜在蒸发率；E_{canopy} 为截留蒸发率。

植被蒸腾率由从根部取水的速率估计，用式（2-17）估算：

$$E_{tr}(z) = K_c E_p f_1(z) f_2(\theta) \frac{LAI}{LAI_0} \tag{2-17}$$

式中，$E_{tr}(z)$ 为根部深度 z 处的蒸腾率；$f_1(z)$ 为植物根系沿深度的分布函数，概化为一个底部在地表的倒三角分布；θ 为土壤体积含水量；$f_2(\theta)$ 为土壤含水率的函数，土壤含水量大于等于田间持水量时，$f_2(\theta) = 1.0$，土壤含水量小于等于凋萎系数时，$f_2(\theta) = 0.0$，而其间为线性变化；LAI_0 为植物在一年中的最大叶面指数。

对于裸地，蒸发率为

$$E_s = E_p f_2(\theta) \tag{2-18}$$

式中，E_s 是土壤表面的蒸发率；在地表蓄水的情况下，$f_2(\theta)$ 取为 1。

D. 非饱和带的土壤水分运动

地表以下、潜水面以上的土壤通常是非饱和土壤，称为非饱和带。降雨下渗和蒸发蒸腾都需通过非饱和带。非饱和带的土壤水分运动在水文过程中发挥着十分重要的作用。垂直方向的土壤水分运动用一维的 Richards 方程来描述，即

$$\frac{\partial \theta(z,t)}{\partial t} = -\frac{\partial q_V}{\partial z} + s(z,t) \tag{2-19}$$

式中，θ 为土壤的体积含水量；s 为源汇区，在此为植物的蒸发蒸腾量；q_V 为土壤水通量，由达西定律计算：

$$q_V = -K(\theta)\left[\frac{\partial \psi(\theta)}{\partial z} - 1\right] \tag{2-20}$$

式中，$K(\theta)$ 为非饱和土壤的导水率，$\psi(\theta)$ 为土壤吸力，它们都是关于土壤含水量的

函数；z 为土壤深度，z 坐标以向下为正方向。

降雨（融雪）下渗可作为上边界条件来处理，而土壤中的蒸发和蒸腾是源汇项。非饱和带的下边界是潜水层。在潜水层的上方由于毛细管作用，土壤水分几乎始终保持田间持水量，非饱和带的下边界条件为恒定的土壤含水量。非饱和带的最下层与潜水面之间的水量交换（水通量）可由达西定律计算，这样潜水位的变化可以在非饱和带的计算中更新。在降雨初期，接近地表的上层先饱和。此时，沿山坡斜面，在重力作用下土壤水渗出产生壤中流，壤中流用式（2-21）计算：

$$q_{sub} = K_0 \sin\beta \tag{2-21}$$

式中，q_{sub} 为壤中流的流速；K_0 为饱和土壤的导水率；β 为山坡的坡度。

E. 山坡汇流计算

用上述一维的 Richards 方程可以算出山坡的超渗产流和蓄满产流。坡面产流被截留在地面凹部，超出部分流入河道。在较短的时间间隔内，坡面流可按恒定流来计算，此处用到曼宁（Manning）公式表示：

$$q_s = \frac{1}{n_s} (\sin\beta)^{\frac{1}{2}} h^{\frac{3}{5}} \tag{2-22}$$

式中，q_s 为单宽流量；n_s 为坡面的 Manning 系数；h 为扣除地面截留后的净水深。

F. 地下水和河流之间的转换

饱和含水层与河道的水量交换按达西定律计算。由于所有山坡均由河道连接，每个山坡内的地下水位都可通过河道来调节。在山区，地下水大多流入河道；而进入平原区后，河道则补充地下水。这种地下水与河流的交换在流域水循环中发挥着重要作用。

G. 河网编码及汇流计算

运用相关的方法如 Pfafstetter 编号方法等对河网进行分级编码，而后对其进行汇流计算。

河道的侧向入流是位于同一汇流区间的所有山坡的产流的总和，并假设其沿河道均匀分布。汇流区间位置由其到达该子流域出口的流动距离来确定。河道汇流过程采用运动波方程来描述，即

$$\begin{cases} \dfrac{\partial A}{\partial t} + \dfrac{\partial Q}{\partial x} = q \\ Q = \dfrac{S_0^{1/2}}{n_r p^{2/3}} A^{5/3} \end{cases} \tag{2-23}$$

式中，q 为侧向入流，$m^3/(s \cdot m)$，包括山坡地表入流和地下水入流；x 为沿河道方向的距离，m；A 为河道断面面积，m^2；S_0 为河道坡度；n_r 为河道曼宁糙率系数；p 为湿周长度，m。

4. 分析模拟结果

绿洲水文过程模拟是一种模拟绿洲地区水循环、水资源利用情况的方法。通过该模

拟，研究人员可以了解绿洲地区水资源利用过程中的关键因素、制定可持续发展的管理策略。分析绿洲水文过程模拟的结果需要综合考虑以下几方面。

1）水循环过程

绿洲地区水循环过程包括降水、蒸发、下渗等。模拟结果可以展示不同时段内各个过程的变化情况，这有助于研究人员了解绿洲环境中水循环的动态变化趋势。

2）水资源利用

绿洲地区的水资源利用包括灌溉、生活用水、生态建设等多方面。通过模拟结果可以对水资源利用情况进行分析，从而评估当前的水资源利用效率和可持续性，并提出改进措施。

3）模型验证

模拟结果需要与实际观测数据进行比对，从而验证模型的准确性和可靠性。模拟结果与实际数据相符合的部分可以为研究人员提供更精确的模型参数和边界条件。

综上所述，分析绿洲水文过程模拟结果需要对水循环、水资源利用和模型验证等方面进行综合考虑，并结合实际情况提出可持续的管理策略。

2.4.3 绿洲区水文模型的应用和发展前景

1. 绿洲区水文模型的应用

水文模型的应用从洪水预报、水资源评价与管理，到水利工程规划与设计，最终到预测人类活动与气候变化对水循环的影响，可以说水文模型的作用正像计算机在水文科学中的作用一样，可谓无处不在、无时不在，是水文科学的重要内容和水文科学发展的重要标志。绿洲区水文模型的应用主要是用于研究和管理绿洲地区的水资源，包括水文过程、水量分配、水资源评估以及环境保护等方面。

（1）水资源管理。水资源管理需要对河流水文过程进行细致全面的了解，从而制定合理的水资源管理方案。河流水文模型可为水资源和水能资源的可持续利用提供科学的依据，为水资源的合理开发和利用提供基础数据。绿洲地区常面临水资源短缺和水平衡问题，水文模型可以帮助研究人员了解水文过程、水量平衡问题和水资源利用情况，从而制定合理的水资源管理策略。

（2）灌溉规划。绿洲地区通常依赖灌溉维持农业生产，水文模型可以模拟绿洲地区的降水、蒸发、土壤水下渗等水文过程，帮助农业管理者制定适宜的灌溉计划，提高灌溉效率。

（3）水文灾害分析。水文灾害是水管理中一个重要的参数。水文模型可以对旱灾、涝灾等水文灾害进行监测、分析和预测。通过对水文灾害的监测、分析和预测，水资源管理者可以制定防灾措施，对水文灾害进行调控和管理，保护人民的生命和财产安全。

（4）水源保护决策分析。水源保护是保障供水安全的关键环节。利用水文模型可以对水源保护措施的效果进行评估和分析，从而在实施保护措施时进行结果预测并做出相应的调整。绿洲地区的生态环境脆弱，水文模型可以帮助评估水资源开发对生态环境的影响，优化水资源利用方案，保护绿洲地区的生态系统。例如，区域水资源管理者可以通过在水源周围的绿化工程中使用水文模型来确定最佳种植策略，以最大限度地保护水源。

（5）地下水资源评估。绿洲区通常依赖地下水进行灌溉和生活用水，水文模型可以帮助评估地下水资源的储量、补给量和可持续利用能力。通过模拟地下水位变化和水质变化等情况，为决策者提供有关地下水资源管理的数据和建议。

（6）河流生态环境分析。水文模型可以监测出河流的流速、流量、水位等参数，从而对河流的生态环境进行分析和评估。例如，研究河流的生态水位、流量和水面波的影响，可以更好地维持生态环境的平衡和稳定。

2. 绿洲区水文模型的发展前景

水文模型成为近年来具有吸引力的水文学研究热点之一的原因有以下几方面：一是GIS 技术的不断完善，使得描述下垫面因子复杂的空间分布有了强有力的工具；二是计算机技术和数值分析理论的进一步发展，为用数值方法求解描述复杂的流域产汇流过程的偏微分方程组奠定了基础；三是雷达测雨技术和卫星云图技术的进步，为提供降水量的实时空间分布创造了条件。

1）GIS 技术与水文模型的结合

GIS 是一种在计算机硬件和软件的支持下，基于系统工程和信息科学理论，进行管理和综合分析且具有空间分布性质的地理数据系统。与流域产汇流有关的地理数据主要有地面高程和反映土壤、植被、地质、水文地质特性的参数等，其中最常使用的是 DEM，因为 DEM 不仅表达了地面高程的空间分布，而且据此可以自动生成流域水系和分水线、自动提取地形坡度和其他地貌参数，将 DEM 与表达土壤、植被、地质、水文地质特性参数的空间分布叠加在一起，还可以描述这些下垫面参数与地面高程之间的关系。

GIS 是用数字化方法描述具有复杂空间变化的水文过程的必要技术支撑。加强水文学与 GIS 技术的结合，不断扩展 GIS 技术在水文学理论与应用中的领域，是水文学家的一项重要任务。GIS 技术是划分子流域的强有力工具。现有的 GIS 软件已经能自动形成网格和不规则三角形网格，根据网格型 DEM 可以自动生成流域水系和分水线，自动按分水线划分子流域，并能自动提取每个子流域的地形地貌特征值，还能自动绘制泰森多边形和等流线等。如果将划分的子流域分布图与土壤、植被、地质、水文地质和土地利用图叠加，还可以提取各子流域或子区域的土壤、植被、地质、水文地质和土地利用特征。目前，由GIS 构建的数字化平台已成为反映水文现象时空分布和探讨降雨径流形成机理的新研究手段。

近年来，GIS 技术在水文模型开发中得到了广泛的应用。借助 GIS 强大的空间数据分析处理功能，水文模型的研究手段发生了根本性的转变。GIS 不仅可以管理空间数据，用于模型的输入、输出，而且还可以将水文模块植入 GIS，用户只需要根据 GIS 开发的界面操作，不需要涉及水文模型本身。就目前的研究及应用来看，GIS 与水文模型的结合主要表现为 3 种方式，即 GIS 软件中嵌入水文分析模块、水文模型软件中嵌入部分 GIS 工具（松散型结合），以及两者相互耦合嵌套。

分布式水文模型开发中，地形是十分关键的因素，GIS 用于分布式水文模型，可以用来获取、操作和显示这些与模型有关的空间数据和计算成果，使模型进一步细化，从而深入认识水文现象的物理本质。通过 GIS 可以提取流域的基本特征，包括下垫面特征、水系、河网等，并可以依据河网等级对流域进行任意子流域划分或者进行网格化划分，这不仅可以与传统的概念性流域水文模型结合，管理提供基本的数据信息，并实现输入输出功能，更重要的是为分布式水文模型研制提供了平台。由于 GIS 可以实现不同数据的可视化结合、数据转换，并可以减少模型输入时的数据误差，因此将 GIS 用于分布式水文模型。

2）遥感技术与水文模型的结合

遥感技术是 20 世纪 60 年代以后发展起来的新兴边缘学科，是一门先进的、实用的探测技术。在水循环领域，作为一种信息源，遥感技术可以提供土壤、植被、地质、地貌、地形、土地利用和水系水体等许多有关下垫面的信息，也可以获取降雨的空间分布特征、估算区域蒸散发、监测土壤水分等，这些信息是确定产汇流特性和模型参数所必需的。流域水文模拟的结果在很大程度上依赖于输入数据，只有获得详细的地形、地质、土壤、植被和气候资料，对大范围流域气候变化和土地利用产生的水文影响研究才有可能。通过遥感技术，能够弥补传统监测资料的不足，在无常规资料的地区，遥感监测获取的数据可能是唯一的数据源，这大大丰富了水文模型的数据源。国外早期的研究主要是利用遥感资料提取流域地物信息、估算水文模型参数等，如进行土壤分类、应用一些经验性的模型估算融雪径流、损失参数等，后期集中在遥感信息水文模型的开发和研制。国内在这方面的研究也非常深入，主要集中在利用遥感数据来获取流域水文模型的输入参数以及进行相关参数的校准。

准确掌握降水的空间分布是开发分布式水文模型的重要条件。传统的定点测雨的雨量站难以给出复杂多变的降雨空间分布，而测雨雷达不同，它可以直接测得降雨的空间分布，提供流域或区域的面降雨量，并具有实时跟踪暴雨中心走向和暴雨空间变化的能力。尽管在科学水平较高的情况下，测雨雷达的精度还有待提高，但它仍然是测雨技术必然的发展方向之一。雷达测雨是遥感测雨技术中的一种，应用卫星遥感测雨技术也在研究中。大力发展雷达和卫星遥感测雨技术势在必行，雷达和卫星遥感测雨技术的进步，将会有力地推动分布式水文模型的研究和应用。

3) 其他问题研究

水文尺度问题自 20 世纪 90 年代初被正式提出后,在水文科学中一直受到国内外学者的广泛关注和重视。水文科学的理论研究与实践证明,不同时间和空间尺度的水文系统规律通常有很大的差异。不同尺度的水循环机理是不同的,水文模型的结构也不尽相同,如何考虑流域水文过程的时空不均匀性和变异性是尺度问题的关键,影响这种不均匀性和变异性的主要因素有流域地形、植被覆盖、土壤及降雨、蒸发等,而采用新技术(如 GIS、遥感)获取更多的信息源是水文模型发展的一个趋势。尺度问题受到这些信息源的时空分辨率影响。因此,对尺度问题的研究可以确定采集信息源的分辨率,如 DEM 的空间分辨率、遥感数据源的时空分辨率等,而分辨率的不同直接影响水文模型的模拟精度。不同的尺度对数据源的时空分辨率有不同的要求,但就具体的一般流域尺度而言,如果流域的时空不均匀性和变异性大,对反映这些特性的信息源的精度就有更高的要求,同时涉及计算机的处理能力问题。由于水文变量时空分布的不均匀性和水文过程转换的复杂性,水文尺度问题和不同尺度之间水文信息转换的研究还存在很多困难,尺度问题还远未得到解决。因此,在分布式水文模型开发中,无论是从宏观综合还是微观研究,尺度问题始终是关注和研究的焦点。

没有足够的输入数据,限制了分布式水文模型模拟的精度。大气环流模型的不断开发,为水文模型提供了可选择的数据源。水文模型和大气环流模型中模拟的资料互相应用,可以取得较好的结果。而大气环流模型不适合模拟边界层的变量,如蒸散发和径流,不包括陆地水循环中水的水平运动,对蒸散发的模拟完全是根据垂直方向的水量平衡。因此,加强水文模型与大气环流模型的耦合研究,仍然是今后水文模型研究的焦点。

水循环深刻地影响着全球生态系统的结构和演变,影响着自然界中一系列物理、化学和生物过程,也影响着人类社会的进步和人民的生产生活,在地圈-生物圈-大气圈的相互作用中占有重要的地位。因此,水文模型不仅在水循环研究领域有着重要的地位,在与水循环有关的其他系统的模拟研究中也发挥着重要的作用。目前,水文模型除了在水资源评价、地表水污染和水环境预测中有较好的应用外,在农业灌溉、水土流失、地下水污染、土地利用变化影响、生态系统健康评价以及气候变化影响等方面的研究及应用都有待加强。加强水文模型与其他系统模型的耦合研究,充分利用水文模型的研究成果是值得研究的工作。另外,水循环过程的物理规律是对水文过程进行准确描述的基础,而目前还未被完全掌握,这也限制了水文模型的发展。因此,充分利用新技术和新手段,加强水文物理规律研究仍是今后水文模型研究的重点内容之一。

2.4.4 绿洲区水文模拟研究的不确定性分析

水文模型是对于高度复杂的水文过程进行概念化和抽象化的过程,采用相对简单的数学公式或物理方程描述各种水文过程往往存在失真现象，这必然导致水文模拟存在极大的不确定性。水文过程受到不同因素的共同作用，使得水文现象中的不确定性较为显著，由此水文过程的状态始终表现为不稳定、无序、模糊或混沌等现象，即所谓的水文现象自然不确定性。即使模型是完美的，预测值误差仍然是无法避免的。由于水循环现象本身的复杂性和人类认识的不足，在应用流域水文模型进行模拟时，各种不确定性因素普遍存在。因此，水文模型的不确定性一直是模型研究过程中不可忽视的问题。

一般来讲，水文模拟的不确定性主要来源于四方面：一是水文模型结构本身的不确定性问题；二是实测数据的不确定性问题；三是水文模型参数的不确定性问题；四是水文模型初始条件和边界条件的不确定性问题。这四方面的不确定性相互作用和影响，在水文模拟过程中相互叠加，最终导致模拟结果存在很大的不确定性，其相互关系如图 2-7 所示。通过模型不确定性来源的分析，可得出各种不确定性因素的特点以及模型模拟结果的机制，为流域水文模型不确定性分析提供坚实的基础。

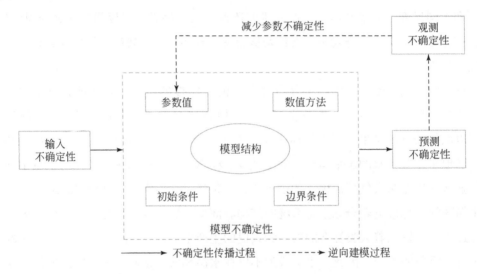

图 2-7　模型不确定性来源与传播过程

资料来源：宋晓猛等，2011

1）水文资料或信息的不确定性来源

（1）部分水文要素的观测无可靠信息来源。例如，流域土壤含水量的分布情况等，对于流域分布式水文过程模拟，土壤含水量的空间分布信息直接影响流域水量的模拟精度，但目前的技术手段方法仍无法精准估计土壤含水量，其数据和信息的不确定性为水文模拟带来了很大的不确定性。此外，在获取气象数据时，由于绿洲地区的气象站点数量有限，分布不均匀，气象数据的空间分辨率和时空覆盖范围可能存在偏差。此外，气象数据的测量设备、记录和传输过程中也可能存在误差。

（2）水文变量空间分布特征与数学期望的代表性问题。例如，雨量的空间分布比较复杂，单纯根据雨量站点的观测资料进行雨量空间分布插值分析，其代表性问题仍然是个不确定性的源头。

（3）水文变量随机分布特征的均化问题。水文变量的时程变化是连续的，而在模型计算采样方面是离散的，进而导致时段内的均化，给模型计算带来众多误差。

2）模型结构的不确定性来源

（1）模型假设的适用性。绿洲水文模型通常基于一些假设，如土壤均质性、植被均一性等。然而，现实中的绿洲环境可能存在不均质性和非线性特征，这些假设的适用性可能存在不确定性。

（2）模型输入的空间分散性和不均性。流域水文模型输入是流域上各点的降雨过程，输出是流域出口断面的流量或水位过程，这种具有分散输入和集中输出的模型与模型结构并不匹配。

（3）水文模型直接的确定性联系很复杂，而模型采用简化的数学物理方程近似模拟其联系，使得模型之间各种计算过程的相互联系存在很大的不确定性。

（4）水文模型研制过程中，缺乏更全面的综合考虑，如全球变化、人类活动，使得变化环境下的水文模拟更加复杂，因此需要考虑引起环境变化的因素的影响。

3）模型参数的不确定性来源

模型参数的不确定性影响成为诸多影响中重要的因素之一。然而模型参数的不确定性来源也很多，成为影响模型参数不确定性分析和估计的重要因子，为此需要讨论参数不确定性来源。

（1）参数空间的不确定性。在水文模型中，参数通常是通过对已有数据进行拟合或估计得出的。然而，不同的参数拟合方法或估计方法可能导致出现不同的参数值，即参数空间尺度存在不确定性。

（2）尺度效应。绿洲水文过程通常涉及多个空间和时间尺度。参数值在不同尺度上可能具有不同的取值范围，因此参数在不同尺度下的选择也会导致参数的不确定性。

（3）不确定性传递。模型参数的不确定性可能会传递到模型输出，进而影响模拟结果的可靠性，这种不确定性传递是绿洲水文模拟中不可忽视的一部分。

（4）参数化方法。不同的参数化方法可能会导致对同一参数的不同估计结果，如采用不同的拟合或优化算法，或者使用不同的思路和假设进行参数估计。不同参数化方法之间的差异会引入参数的不确定性。

（5）流域水文模型模拟结果往往很大程度上取决于模型参数估计的好坏，其影响往往成为模型性能指标的关键所在，这也是为何早期的水文模型不确定性研究常常集中在模型参数不确定性对模型模拟的影响方面。

因此，进行绿洲区水文模拟研究时，需要充分考虑以上各种不确定性因素，采取适当的方法和技术来降低不确定性因素的影响，提高模型的精度和可靠性。

第 3 章

绿洲水循环与水量平衡

绿洲的水循环与水量平衡是绿洲生态系统中至关重要的组成部分。在绿洲中，水循环包括水的蒸发、降水、地下水补给和植被蒸腾等过程。这些过程共同实现了绿洲内部水资源的循环利用。水量平衡则是指绿洲内水的输入与输出之间的平衡关系，确保水资源的供应能够满足需求。绿洲通常依赖于降水、地下水和人工灌溉等方式来维持水量平衡，同时通过合理管理水资源和利用土地来保持生态系统的稳定性。水循环和水量平衡的良好状态对于维持绿洲内植被生长、动物生存以及人类生活都至关重要。通过科学的水资源管理和生态保护措施，可以有效地推动绿洲生态系统的可持续发展。

3.1　绿洲水循环概述

3.1.1　绿洲水循环定义及基本过程

1. 定义

地球上的水循环，又称水循环，是自然环境中主要的物质循环和能量流动的基本过程之一。水循环是指地球上的水连续不断地变换地理位置和物理形态的运动过程，具体指自然界的水在水圈、大气圈、岩石圈、生物圈四大圈层系统中，通过各个环节连续运动和往复循环的过程。而绿洲水循环则是发生在绿洲地区的水循环过程，是绿洲地区的水在四大圈层系统中通过各个环节循环往复地运动的过程。绿洲地区的水在四大圈层系统中具有重要作用，在水的作用下地球各圈层之间的关系变得更为密切，水循环则是这种密切关系的具体标志。

水循环分为大循环和小循环两种。大循环是海陆间循环，小循环包括陆上内循环和海上内循环。绿洲处于内陆地区，研究其水循环主要是研究陆上内循环。降水和灌溉用水是绿洲平原区水循环的基本输入，蒸发、地下水开采和径流排泄是绿洲平原区水循环的基本输出。其水循环符合内陆水循环的特点，其不能通过地表径流汇入河海，有部分水分在内陆盆地里降水降落形成地表径流和地下径流，不能回归到海洋。

水循环运动影响全球的气候和生态，不断塑造着地表形态和环境，这不仅给人类和各种生物带来了生命源泉与生存环境，还为人类生存发展提供各种各样的有力保障。在大陆上的内流区绿洲区内，就长时间平均状态而言，降水量基本和蒸发量相等，使得绿洲区成为一个独立的循环系统。尽管不与海洋相通，但借助于大气环流运动，在高空进行水分输送，也可能有地下水径流交换，所有绿洲区仍有相对较少的水量参与海陆间大循环。这决定了绿洲区水循环以陆上内循环为主，少量参与海陆间大循环。绿洲水循环以山地径流形成区和平原径流散失区为主。

2. 基本过程

绿洲地处内陆干旱区，研究绿洲的水循环基本过程可在已有内陆水循环过程的研究基础上进行。水循环基本环节主要包括水汽输送、降水、径流、入渗和蒸发蒸腾等。

1）水汽输送

水汽输送是指大气中的水汽因扩散而由一个地方向另一个地方运移，或者其在低空与高空之间的输送过程。根据水汽运移的方向可将水汽输送分为水平输送和垂直输送。水汽在输送的过程中，水汽的含量、运动方向与路线，以及水汽输送强度等随时会发生改变，从而对沿途的降水有很大影响。例如，西北内陆区地处季风边缘区，常年受西风带的控制，其中夏季受季风水汽和陆地内循环水汽的影响，冬季受蒙古—西伯利亚高压挟带水汽的影响。

根据我国西北地区自然边界的基本走向，将不规则的九边形作为水汽输送量计算的边界，采用最邻近边界 20 个站次探空观测、一天两个时次（8:00、20:00）、7 个层位面（地面、850hPa、700hPa、500hPa、400hPa、300hPa、200hPa）的高空资料，计算了 1981～1986 年各边界水汽输送量，对内陆上空的年平均水汽输送进行计算，得出水汽输入量为 4490km^3，而输出量为 4349km^3，净输入量为 141km^3，按内陆河区内总蒸发水量计算，进入水汽循环的水量约为 400km^3，则有 541km^3 的水汽量。根据多年平均降水量等值线图，每年西北内陆河区降水量为 550km^3，与该区的水汽净输入量接近。通过上述研究，得到了我国西北内陆河区水汽输送参与全球水循环及内陆陆地水循环概念框图（图 3-1）与水循环过程图（图 3-2）。

2）降水

输送入境的水汽与当地水汽在合适的条件下才能形成降水。我国绝大部分绿洲都分布在内陆干旱地区，少部分分布在东部河套平原地区。

总的来说，内陆干旱区的降水都比较少。由于西北内陆河区受到地形和地理位置影响，高山降水明显多于平原，盆地周边多于盆地腹地，迎风坡多于背风坡，高山区成为西北干旱区的"湿岛"，在高山地区形成多降水中心，成为河流的发源地和干旱区的水源地。尽管山地面积仅占区域面积的 1/3，但平均每年降落在山区的降水量有 400mm；而内陆盆地成为低降水极值中心，如塔里木盆地的腹地——塔克拉玛干沙漠和位于黑河下游的内蒙古额济纳旗，多年平均降水量不足 50mm，成为我国最干旱的区域。尽管其降水少，但由于面积较大，降水总量约有 150mm。而东部河套平原绿洲区的降水较西北干旱区绿洲会更加多一些，年降水量在 150~400mm。后套绿洲年降水量在 130~250mm，西套绿洲年降水量在 187~231mm，黄河贯穿而过，多年平均径流量 $2.5\times10^{10} \sim 3.0\times10^{10}\,m^3$。

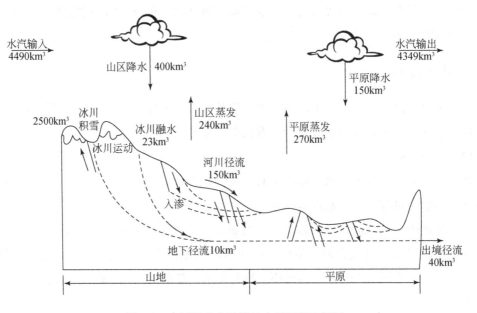

图 3-1　中国西北内陆陆地水循环概念框图

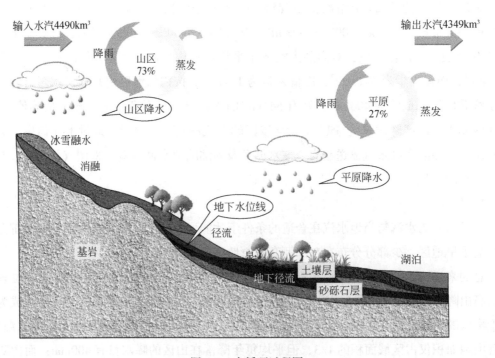

图 3-2　水循环过程图

3）径流

山区降水有 25% ~40% 转化为河水、泉水和湖水，并与冰雪融水径流汇合成为山区河川径流，产流量同时受山区河谷及沼泽的调节作用影响；形成于山区的河川径流，最终成为西北内陆河流域人类直接可开发利用的地表淡水资源。总体而言，西北内陆区的地表径流集中在人口稀少的山区，山溪径流从河源到出山口，径流量沿程逐渐增加。据统计，我国西北内陆区每年向平原地区输送的地表径流约 150km^3。山区径流流入平原后不仅得不到补给，而且受山前平原水文地质条件影响，河水大量入渗，同时被沿途的植物吸收和人类引用消耗，径流量不断减少。平原地区的河水渗漏与降水入渗在一定程度上补给了平原地区的地下径流。除此之外，在黄河中游和额尔齐斯河下游，有约 40km^3 的多年平均地表径流量流出西北内陆区。

4）入渗

在干旱内陆河流域的平原地区，渗入地下的一部分地表水和降水进入内陆盆地的地下水循环，并经历多次地表水和地下水转化。而在内陆河流域的山区，大部分降水和坡面径流转化成为土壤水，可直接满足植物生长，剩余部分渗入地下，形成山坡壤中流，并汇流进入河谷和山间盆地，成为山区地下水。少量山区地下水进一步入渗进入基岩形成裂隙水，参与深层地下水循环；大部分山区地下水则沿山溪出流，作为河流径流的一个重要补给来源，构成河川径流的基流部分。在内陆河流域的山前平原，山前的侧向径流将河谷潜流与平原地区的降水入渗补给一起，形成平原地区的地下水资源，约有 10km^3。平原地区地下水，除侧向径流、河谷潜流和降水入渗外，还有河道、水库、渠道、湖泊、农田灌溉与排水入渗，形成由地表水转化而来的地下水补给；加上山前侧向径流、河谷潜流和平原降水入渗补给，构成平原地区的地下水径流，成为在内陆盆地里自行调节可利用的宝贵地下水资源。

5）蒸发蒸腾

蒸发是绿洲水循环中最重要的过程。水面、地下水和地表蒸发，可使大量的水分散失在开敞的大气水循环中；另外，植物根系可从土壤中吸收水分，并通过蒸腾作用将其汽化。据估算，每公顷林地或农田可蒸腾水量为 20 ~50t/a。这种蒸发、蒸腾损失在内陆地区占总降水量的 80% 以上，因此也是内陆生态系统中水循环的积极因素。山区蒸发和林草植被蒸腾散失的水量约占降水量的 60%，约有 240km^3，而平原蒸发蒸腾的水量达 270km^3。

3.1.2 绿洲水循环特点

绿洲水循环的特点主要是降水不足且分配不均，地下水是绿洲水循环的主要水源。绿洲地区蒸发旺盛是绿洲水循环的一个重要特点。以下以西北干旱内陆平原绿洲为例来分析绿洲水循环的特点。

干旱区内陆河流域平原绿洲水资源主要为山区下泄的地表径流和少量山前侧向补给的地下水。平原绿洲所引用的水资源最终均以各种形式蒸发、蒸腾而被消耗掉（图3-3）。从水资源被引用到水资源被消耗，其间发生着大气水、地表水、土壤水、地下水之间的复杂的"四水转换"关系。

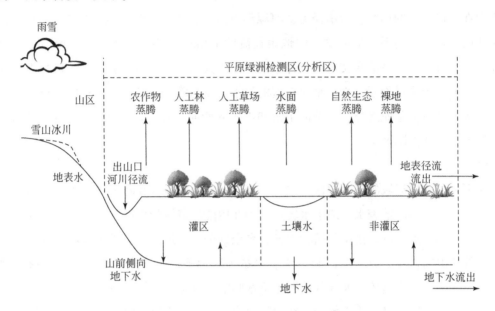

图 3-3　干旱区平原绿洲水循环示意图

从总体上分析，干旱区内陆河流域平原绿洲水循环有如下特点：①由于降水稀少，且大部分直接消耗于蒸腾，极少参与其他"三水"转化环节。②各种形式的蒸腾是平原绿洲区水资源最终消耗的途径。内陆干旱区蒸发强烈，蒸腾消耗量最大，且蒸腾组成复杂，其中生态蒸腾消耗占有很大比例。因此，各类下垫面的蒸发规律及蒸腾量研究，将是内陆干旱区水资源利用及合理配置研究的重点。③农业灌溉用水总量大，地表水与地下水转化量及其复杂性均较大。④"四水转换"关系以垂直方向的水分迁移转化为主，水平方向的水分迁移转化或扩散水量不大，且过程较为缓慢。⑤干旱平原区绿洲的耗水可分为农区耗水和非农区耗水。农区耗水主要包括各种种植作物和农田周边伴生植被的蒸发蒸腾、防护林及人工林地的蒸发蒸腾、人工草场耗水等。非农区耗水主要为自然生态耗水及裸地潜水蒸发等。此外，在农区和非农区均存在水面蒸发（河、渠、水库、积水洼地等）。⑥灌区水循环中的主导过程为河道耗水及径流沿程变化过程；人工渠道与地下水和水库的调节输水过程；农田和各类天然植被的耗水过程；退排水与盐分运移过程等。

而绿洲是干旱荒漠中有稳定水源、植物繁茂、生物活跃，具有一定的空间规模，且明显高出周边环境的高效生态地理景观区。因此，可根据干旱区平原绿洲的水循环特点归纳出绿洲水循环的共性特点：降水稀少且分配不均，水资源最终均以各种形式蒸发、蒸腾而被消耗，其中生态蒸腾消耗占有很大比例。绿洲灌溉区灌溉量大，地表水与地下水有着复杂的转换关系。地下水为绿洲地区的主要水源，绿洲地区通常位于山地或高原地带，地下水的补给源丰富，水文地质条件适宜地下水的形成和储存，且绿洲地区通常位于干旱或半干旱地带，降水量有限，地表水资源不足以满足人们的需求。因此，地下水成为主要的水源之一。

3.1.3　绿洲水循环研究意义

没有绿洲就没有内陆干旱区的社会经济发展。面向 21 世纪，内陆干旱区社会与经济的可持续发展和生态环境的保护及改善，其核心是水资源问题。由于水土资源不合理开发利用，典型区域生态环境的严重恶化已向人们敲响了警钟。

从理论上来说，研究绿洲水循环有以下意义：①细化了水循环研究的分支学科，完善了绿洲地区水循环研究。针对水循环的研究多从较大的尺度来研究，研究绿洲地区的水循环，从较小的尺度入手，对于水循环的研究更加深入，也更加全面。②可以为制定更多水文计划、建立更多水文模型提供科学依据。研究绿洲水循环，可以更好地为绿洲地区制定水文计划，建立更符合绿洲地区的水文模型。③可以促进绿洲水文学和相关学科的交叉融合，为绿洲水循环科学的创新和发展提供新的视角和方法。例如，通过研究绿洲水循环与生态系统、地下水、土壤等要素的耦合关系，可以拓展绿洲水文学的研究广度和深度，为解决复杂的水问题提供新的思路和手段。

从实践上来说，研究绿洲水循环有以下意义：①可以增加绿洲水资源的利用程度。研究绿洲水循环，清楚了解绿洲水循环的具体过程、变化规律及未来趋势等，可以对绿洲地区的水资源现状了解得更加透彻，针对现状来更好地利用绿洲水资源。②为净化绿洲水质提供指导意见。了解绿洲水循环的收入及支出来源，可针对性地解决问题，如绿洲水源盐度较高，以及环境污染带来的水质变差等问题。③为当地生产生活问题提供解决措施。绿洲地区的人们日常生活离不开绿洲水资源，包括平时的生活用水以及农业灌溉。研究绿洲水循环的过程可了解水资源的来源，据此制定合理的用水计划来保证各类用水需求。绿洲地区是农业生产的重要区域，研究绿洲水循环有助于科学合理地配置灌溉水资源，提高农业生产效率和质量。④为当地气候变化适应提供依据。绿洲地区常常受到气候变化影响，如干旱、洪水灾害等的影响。研究绿洲水循环有助于了解当地水资源的变化规律和趋势，为绿洲地区的气候变化适应提供科学支持。

除此之外，内陆干旱区水资源有多大的承载力、水资源如何合理配置、威胁绿洲安全与发展的荒漠化与盐碱化如何防治、提高水资源的利用率的潜力估计及其主要的措施与途径等，都是摆在人们面前需要回答的问题。而要回答这些问题，必须加强包括内陆干旱区水文过程（重点是水分转化规律）和作物耗水，尤其是生态耗水等在内的基础性研究。因此，研究绿洲水循环具有重要意义。

3.2 绿洲水循环的关键要素

3.2.1 绿洲降水

1. 绿洲降水的特征

我国大部分绿洲处于干旱区与半干旱区，而干旱半干旱区的平原部分又是我国降水量较少的地区，除新疆北部准噶尔盆地、甘肃河西走廊东段等山麓地带年降水量为100～200mm外，其余广大地区均不超过100mm。水汽来源比较复杂，主要有两方面：东部地区主要受从东南沿海进入大陆的海洋季风的影响。另外，有关研究表明，由于青藏高原的存在，盛夏期间印度洋和孟加拉湾的水汽亦可随太平洋暖温气团北进，沿青藏高原的东缘输入干旱区的东部，增加一部分水分来源。西部地区的水汽主要由经欧洲大陆长途跋涉进入新疆的盛行西风提供。因此，绿洲区的降水最主要的特征就是降水量小，降水量年内分布不均，集中在6～8月。

但从目前的研究来看，绿洲区的气候正在趋向于暖湿化。以民勤绿洲为例，选择民勤周边6个国家标准气象站的年降水数据进行分析。在1990～2018年，除凉州气象站年降水量变化趋势不明显外，其他5个气象站年降水量均处于增加趋势。其中，巴彦浩特年降水量增加速率为7.3mm/10a，在2011年之后，年降水量大部分年份均高于2000～2018年平均降水量，并且在2018年达到一个相对高值；巴丹吉林年降水量增加速率为6.4mm/10a，并且在2006年之后降水量变化幅度较大；民勤年降水量平均增加速率为7.5mm/10a，2018年年降水量达到极值；永昌年降水量平均增加速率为13.1mm/10a；金川年降水量增加速率为4.2mm/10a。综上所述，民勤及周边气象站降水量大部分处于增加趋势，在全球气候变暖背景下，处于生态环境脆弱的荒漠区表现为暖湿化趋势。因此，未来绿洲地区的降水量可能会有增加的趋势。

在全球气候变暖的背景下，大部分干旱区绿洲气温也趋于升高，如新疆塔里木盆地绿洲地区。气象数据显示，新疆塔里木盆地绿洲地区的气候趋于暖湿化，年均气温逐渐升高，降水量有所增加，这种趋势对当地的农业生产和生态环境产生了一定影响。甘肃省的一些绿洲地区也呈现出气候趋于暖湿化的特征，气温逐渐升高，降水量有所增加。

2. 绿洲降水的水文意义

在绿洲地区，雨水起着积极的作用——滋养植物和土壤。降水的形式、总量、强度、过程及其空间分布，对河川径流的形成和变化有着直接的影响。在沙漠地区，植物只有在降雨后才能繁殖。在寒冷的冬天,雪可以保护动植物使其免受霜冻。

降水可以在绿洲地区起到净化灰尘和美化环境的作用。雨水可以形成地表水流,当流经地面时会带走有害物质和灰尘。然后,地表水将流入水库和河流。在降水量少的情况下,水库或河流可以依靠自身的自我恢复能力来净化这些有害物质。如果降水量太大,将导致地表水流带来过多的有害物质和粉尘,这将超过河流水库净化能力的负荷,导致有害物质污染水库和河流,这将对水质产生重大影响,并导致水质发生变化。但是,如果降水量太少,也会造成很大的危害。空气中有害颗粒的增加,不仅会造成数千次干旱,不利于农作物的生长,还会对人体健康产生不利影响。尤其在炎热的夏季,温度升高,水温也升高,氧含量降低,这会增强细菌的有氧呼吸,进而导致大量有机物分解,氧含量不足,从而形成恶性循环。

绿洲降水的季节分布,包括以雨或雪的形式出现,具有重要的水文和气候影响,对土壤形成和植被产生重大影响。绿洲降水对土壤增湿(耕地的自然灌溉)、河流补给(干旱地区的人工水库充水)、形成"温暖"的积雪以保护植物和某些动物免受霜冻(雪)、补充河流使其通航等有着重要作用。此外,绿洲降水能够决定绿洲的生态水文。多数植物生长量与供水量成正比。土壤湿度过低或过高均会限制生长。水为植物制造碳水化合物、维持细胞质水合作用所需,又是植物养分的运输工具。植株内缺水会影响细胞分裂,进而影响植物生长。土壤有效水分的增加促进植物养分的吸收,有利于植物提高水分利用率。

3.2.2　绿洲蒸散发

1. 绿洲蒸散发特征

荒漠绿洲是内陆河流域水文过程的主要地区,引用地表水或抽取地下水维系着绿洲灌溉农业生产,田间水分主要消耗于蒸散和入渗(补给地下水)。确定荒漠绿洲蒸散过程是研究其水文与生态相互作用、水循环及绿洲生态系统管理中最重要的环节。

大部分绿洲处于干旱区,以西北干旱区为例,从数量值来看,近60多年西北干旱区年实际蒸散发为586.9mm,其中夏季最大,冬季最小。从空间上看,西北干旱区西南部和东部的实际蒸散发较高,西北部和中部的较低。从趋势来看,近60多年西北干旱区实际蒸散发呈现微弱的上升趋势,其速率为0.24mm/10a。实际蒸散发在春季和冬季呈上升趋势,在夏季和秋季呈下降趋势。从影响因素来看,60多年来,西北干旱区的年平均气温呈上升趋势,而相对湿度、日照时数和风速均呈下降趋势,其中平均温度、相对湿度和日照时数均与实际蒸散发呈正相关关系,而风速与实际蒸散发呈负相关关系。平均气温、相对湿度、日照时数和风速均对实际蒸散发有影响。

总体来说,西北干旱区实际蒸散发在近60多年呈增加趋势,其变化主要受气温、相对湿度和风速的影响。由整个西北干旱区的蒸散发特征我们可以推断出其间的绿洲地区实际蒸散发也呈增加趋势。

2. 绿洲区蒸散发分割

1）土壤蒸发

土壤是一种多孔介质，具有吸收和保存水分的能力。保存在土壤中的水分一部分在重力作用下向深层运动，一部分被植物体吸收利用，还有一部分在太阳辐射作用下散失到大气中。土壤中的水分离开土壤表面向大气中逸散的过程就是土壤蒸发。土壤蒸发是土壤失去水分的过程。根据蒸发过程中土壤含水量的变化，土壤的蒸发过程大体上分为三个阶段。

A. 第一阶段

当土壤含水量大于田间持水量时，土壤十分湿润，土壤中存在重力水，土层中的毛细管处于连通状态。表层土壤蒸发消耗的水分，可通过毛细管作用由下层土壤得以补充，土壤表层可保持湿润状态，此时的蒸发速率稳定，其数值等于或接近土壤蒸发能力，即充分供水条件下的最大蒸发速率，此时土壤蒸发速率只受控于近地面的气象条件。

B. 第二阶段

当土壤含水量小于田间持水量时，土壤中毛细管的连通状态逐渐遭到破坏，部分毛细管断裂，通过毛细管作用上升到土壤表层的水分逐渐减少。在此阶段中，土壤蒸发的供水条件不充分，随土壤蒸发过程中持续土壤含水量逐渐降低，上升到土壤表层的毛管水越来越少，表层土壤逐渐干化，蒸发强度逐渐降低。在第二阶段中，蒸发量和蒸发强度主要取决于土壤的含水量，气象因素退居次要地位。

C. 第三阶段

当土壤含水量减少至毛管断裂含水量时，土壤蒸发进入第三阶段。此时土壤蒸发在较深的土层中进行，水分只能以薄膜水或气态水的形式向土层表面移动，蒸发出的水汽以分子扩散作用通过土壤表面的干油层进入大气，其速度极为缓慢。此时，不论气象因素还是土壤含水量对土壤蒸发的作用都不明显，蒸发量小而稳定。

绿洲地区的土壤蒸发是指土壤表面的水分受到太阳照射和高温的影响而蒸发的过程。绿洲地区通常位于干旱或半干旱地带，气候干燥，阳光充足，这些条件都会导致土壤蒸发的加剧。

在绿洲地区，由于降水量有限，土壤中的水分很容易被太阳能和高温蒸发掉。尤其在干旱季节，土壤表面的水分很快就会被蒸发干燥，这对植物生长和农作物种植都会造成一定的影响。

为了减少土壤蒸发，绿洲地区的农民通常会采取一些措施，如覆盖土壤表面，使用覆盖物或者植被来减少土壤表面的直接暴露，以减少土壤水分的蒸发损失。此外，也会采取节水灌溉措施来保持土壤的湿润，促进植物的生长和农作物的种植。

2）植物蒸腾

在绿洲地区水蒸气循环过程中，植物蒸腾和地表蒸发的循环水分不容忽视。植物蒸腾和地表蒸发的贡献与时间变化相似，与温度变化有较高的一致性。绿洲地区植物蒸腾的贡献始终大于沙漠和山区植物蒸腾的贡献。

在绿洲地区，循环水分的贡献主要来自植物蒸腾、地表蒸发和平流蒸汽，平均贡献分别为21%、7%和72%。沙漠地区对循环水分的贡献相对较低，植物蒸腾、地表蒸发和平流蒸汽的平均贡献分别为10%、5%和85%。在山区，循环水分的贡献随着海拔高度的降低而增加，植物蒸腾、地表蒸发和平流蒸汽的平均贡献分别为11%、6%和83%。绿洲地区植物蒸腾的贡献较高，说明水资源短缺的内陆河流域人工绿洲的合理开发具有重要意义。

3）蒸散发的估算方法

目前估算潜在蒸散发量的方法大体可分为3种：彭曼-蒙蒂斯（Penman-Monteith）组合法、辐射能量法和水平衡法。在估算潜在蒸散发的方法中，联合国粮食及农业组织（FAO）于1998年修正的彭曼-蒙蒂斯公式能够反映气候要素的综合影响，适用于不同气候类型区潜在蒸散发量计算及气候变化情景下水文水资源响应研究，它从能量平衡和空气动力学理论出发，采用水气压、净辐射和在一定温度条件下的空气干燥度以及风速来确定潜在蒸散量，物理学意义明确。辐射能量法是一种用于估算蒸散发（植物蒸腾和土壤蒸发）的方法。这种方法基于地表的辐射能量平衡，通过测量或估算太阳辐射和大气辐射以及地表的能量平衡来估算植物蒸腾和土壤蒸发的水分损失。水平衡法是一种通过考虑水分平衡来估算植物蒸腾和土壤蒸发的方法。这种方法基于水分的输入和输出，通过测量或估算降水、蒸发、蒸腾、土壤含水量等水文要素来估算水分的变化和蒸散发的水分损失。

目前，通过遥感技术和模型算法相结合估算区域蒸散发已成为一种常用的方法。根据不同机理，蒸散发模型主要分为经验统计模型、能量平衡模型、互补相关模型、基于彭曼-蒙蒂斯公式的估算模型。经验统计模型主要是基于蒸散发与遥感参量的相互统计关系提出的；能量平衡模型是基于能量平衡原理提出的；互补相关模型是基于实际蒸散发与潜在蒸散发的互补关系提出的；基于彭曼-蒙蒂斯公式的估算模型是在空气动力学原理和湍流扩散理论的基础上提出的，主要通过遥感技术估算出潜热输送的表面阻抗，然后通过彭曼-蒙蒂斯公式计算蒸散发。

3. 蒸散发的影响因素

蒸散发的影响因素可分为土壤蒸发的影响因素与植物蒸散发的影响因素。

1）影响土壤蒸发的因素

土壤蒸发的影响因素包括土壤含水量、地下水位、土壤质地与结构、土壤颜色、土壤表面特征和植被。

A. 土壤含水量

土壤含水量是决定蒸发过程中水分供给量的重要因素。当土壤含水量大于田间持水量时，土壤的供水能力最大，土壤的蒸发能力也大，基本上能够达到自由水面的蒸发速度，此时的蒸发可视为充分供水条件下的蒸发。在特定气象条件下充分供水时的蒸发量称为蒸发能力，又称最大可能蒸发量或潜在蒸发量。蒸发能力的大小取决于气象条件。当土壤含水量降低到田间持水量以下、凋萎含水量以上时，土壤蒸发随着土壤含水量的逐渐降低而减小，此时的蒸发为不充分供水条件下的蒸发。不充分供水条件下的蒸发量是气象条件和土壤水分条件共同作用的结果。

B. 地下水位

地下水位通过控制地下水面以上土层中含水量的分布影响土壤蒸发。地下水埋深越浅，在毛细管作用下水分越容易到达地表，蒸发量越大，甚至能达到与水面蒸发量相同的程度。如果地下水埋深小于水在毛细管中的上升高度，即在毛细管作用下地下水可源源不断地到达地表，此时土壤蒸发则持久而稳定；当地下水埋深很深时，地下水在毛细管作用下很难到达地表，此时地下水对土壤蒸发的作用较小。因此，地下水对土壤蒸发的影响取决于地下水埋深。

C. 土壤质地与结构

土壤质地与结构决定了土壤孔隙的多少和土壤孔隙的分布特性，从而影响土壤的持水能力和输水能力。具有团粒结构的土壤，毛细管处于不连通的状态，毛细管的作用小，水分不易上升，故土壤蒸发小；无团粒结构的细密的土壤（黏土）则相反，毛细管作用旺盛，容易蒸发。砂土孔隙大，毛细管孔隙少，蒸发量较黏土少。

D. 土壤颜色

土壤颜色不同，吸收的热量也不同。土壤颜色影响土壤表面的反射率，即影响土壤表面吸收的太阳辐射量。土壤颜色通过影响蒸发面的温度影响蒸发量。一般情况下土壤颜色越深，温度升高越快，蒸发量也越大；反之，则蒸发量越小。

E. 土壤表面特征

土壤表面特征通过影响风速、地表吸收的太阳辐射、地面温度等因素对土壤蒸发产生影响。例如，地表有覆盖物的土壤蒸发小于裸露地；粗糙地表的土壤蒸发要大于平滑地面。因此，在干旱地区对土壤表面进行有效覆盖，是减少土壤无效蒸发、保水蓄墒的有效措施。坡向不同，地表吸收的太阳辐射不同，地表温度也不同，因此阳坡土壤蒸发明显大于阴坡。

F. 植被

有植被覆盖时，土壤的直接蒸发将显著减小，因为植被通过遮挡阳光和通过蒸腾作用吸收热量，使土壤不易受热，降低土壤的温度；植被的叶片和枝条会对风产生阻力，降低近地面的风速。因此，有植被的地面温度较裸露的地面温度低、风速小、土壤蒸发少。

综上所述，如果土壤蒸发能力很强，但供水不足，那么实际的蒸发量就会受到供水条件的限制；反之，如果供水充足但蒸发能力弱，那么蒸发量也会受到限制。土壤蒸发取决于两个条件：土壤蒸发能力和土壤的供水条件。土壤蒸发取决于以上两个条件中较小的一个，并且大体上接近这个较小值。

2）影响植被蒸散发的因素

植被蒸散发是一种生物物理过程，是水分通过土壤–植物–大气系统的一种连续运动变化过程，既服从物理蒸发规律，又受植物生理作用调节，同时还受气候因素的影响和土壤供水能力的限制。因此，植被蒸散发受植物的生理条件、气候因素和土壤含水量的影响。

A. 植物的生理条件

植物的生理条件主要指植物的种类和不同生长阶段的生理差别。不同植物叶片的大小、质地，特别是气孔的分布、数目及形状有很大的差别。气孔大、数目多的植物蒸散发大，如阔叶树的蒸散发较针叶树大，深根植物的蒸散发较浅根植物均匀。同一树种在不同的生长阶段蒸散发也不一样，春天的蒸散发大于冬天。旱生植物叶片小、气孔少，接受的太阳辐射少，蒸散消耗的水分少，适宜生长在干旱地区；而湿生植物叶片较大、气孔多，蒸散消耗的水分也多，只能生长在湿润地区。

B. 气候因素

气候因素主要包括温度、湿度、日照和风速。当气温在 4.5℃ 以下时，植物几乎停止生长，蒸散发极少；在 4.5℃ 以上时，蒸散发随着气温升高而递增的规律类似于水面蒸发，每增加 10℃ 蒸散发约增加 1 倍；超过 40℃ 时植物的气孔失去调节功能而全部打开，散发大量的水分，植物体也因严重脱水而使其生理活动受到限制。土壤温度较高时，从根系进入植物的水分增多，蒸散发增加；土壤温度较低时，蒸散发减小。蒸散发随着光照时间和光照强度的增强而增加。气孔在白天开启，夜晚关闭。因此，蒸散发主要发生在白天，白天的蒸散发约占 90%。风能加速植物的蒸散发，但它不直接影响蒸散发，而是移走从叶片蒸发出的水汽，使叶面和大气之间保持一定的水汽压差，从而加速蒸散发过程。

C. 土壤含水量

土壤含水量是植物蒸散发的水源，但蒸散发与土壤水分的关系受植物生理机能的制约。当土壤含水量高于毛管断裂含水量时，植物的蒸散发随着土壤含水量的变化幅度较小；当土壤含水量降低到凋萎含水量以下时，植物将不能从土壤中吸取水分以维持正常的生理活动而逐渐枯萎，蒸散发也随之停止；当土壤含水量在毛管断裂含水量与凋萎含水量之间时，蒸发量随着土壤含水量的减少而减少。当土壤长时间积水时，土壤中的根系因无法正常呼吸而停止吸收水分，蒸腾作用也随之停止，在土壤含水量适中的情况下，蒸散发会保持在一个相对稳定的水平。综上所述，植被蒸散发受植物的生理条件、气候因素和土壤含水量等多方面的影响。这些因素相互作用，共同决定了植被的蒸散发。

3.2.3 绿洲地表水

1. 绿洲地表水特征

1）径流特征

径流是指下落到地面上的降水，由地面和地下汇流到河槽并沿河槽流动的水流的统称。径流量一般是指河流出口断面的流量或某一时段内的河水总量。此出口断面常指水文站或取水构筑物所在的断面。其中来自地面部分的称为地面径流；来自地下部分的称为地下径流，也称为地下水；水流中挟带的泥沙则称为固体径流。

一般来说，绿洲地区的地表水径流特征表现为以下几方面。

（1）降雨径流特征：绿洲地区的降雨通常比较集中，雨量较大，而且地表径流较少，因为大部分降水都会被土壤吸收或者蒸发。由于土壤的含水量有限，一旦超过土壤的渗透能力，就会形成地表径流，导致洪水的发生。

（2）山洪特征：绿洲地区通常位于山地或高原地带，当雨量较大时，山洪很容易发生。山洪特征表现为季节性，突发性强，水量集中流速大，冲刷破坏力强，常对地表造成严重侵蚀和破坏。

（3）河流水文特征：绿洲地区的河流水文特征受到季节性降雨的影响较大，通常表现为季节性的水位波动明显，雨季水位上涨，干旱季水位下降。此外，由于地表径流的水量相对较少，河流的流量也会受到季节性降雨的影响而波动较大。

2）渠系特征

农田灌溉常利用江河之水，通过地面上所开之"沟"，引入农田。水渠是人工开凿的水道，有干渠、支渠之分。干渠与支渠一般用石砌或水泥筑成。

人工渠系是干旱区内陆河流域绿洲特有的廊道景观，也是现代绿洲灌溉农业赖以生存和发展的基础。干旱区内陆河流域纵横阡陌的人工灌溉渠系网络代替了原有的自然河流系统，对流域景观结构和土地利用方式产生了重要影响。利用高新技术建立更加合理高效的现代灌渠体系是提高干旱区绿洲农业用水效率的重要手段。

3）湖泊与水库特征

湖泊和水库通过蓄水量的变化调节和影响径流的年际和年内变化。在洪水季节，大量洪水进入水库和湖泊，水库和湖泊的水量显著增加；在枯水季节，水库和湖泊中蓄积的水慢慢泄出，其泄水量减少。因此，如果流域中有水库或湖泊，能够削减洪水，使洪水过程线变得平缓。虽然绿洲发生洪水的现象较少，但湖泊和水库仍能够调节地表径流。

干旱区湖泊作为区域水资源循环的主要环节，其变迁敏感地记录着气候波动和人类活动变化。过去2000年人类轻度利用自然时期，干旱区湖泊水生生态系统状态稳定，而近

200 年来受气候变化和人类活动的强烈影响，其水生生态系统的稳定状态被打破。其中，干旱区绿洲湖泊水生生态系统各要素波动幅度及频率呈增加趋势，出现了诸如水位下降、水体咸化、富营养化及生物多样性降低等生态问题。

2. 径流补给来源

1) 绿洲区径流的潜在补给来源识别
绿洲区的径流潜在补给来源主要包括以下几方面。

（1）降水：降水是绿洲区域径流的主要补给来源。降水通过雨水径流或者渗入土壤后形成地表径流或者地下径流，最终汇入河流、湖泊或地下水体。

（2）冰雪融水：在高山或寒冷地区的绿洲区域，冰雪融水是重要的径流补给来源。随着气温升高，冰雪融化产生的水流经过地表或地下径流进入水系。

（3）地下水补给：地下水是绿洲区域径流的重要补给来源之一。地下水在地下水位高于地表时，会向地表水体或河流补给水分，形成地表径流。

（4）农田灌溉水：在绿洲农区，灌溉水也是一种重要的径流补给来源。在农田灌溉过程中，一部分水分会形成地表径流，进入河流或湖泊。

（5）山坡径流：在山地绿洲区域，陡坡上的雨水径流也是一种重要的径流补给来源。陡坡上的雨水会形成地表径流，迅速流入河流或其他水体。

明确径流潜在补给来源对于绿洲区域的水资源管理、生态环境保护以及灾害风险评估等具有重要意义。

2) 径流分割
要确定径流来源，首先要判断径流的主要补给方式和影响因素。对于一条具体的河流，补给方式决定了河流水量的多寡和年内分配情势，有助于了解河流水情及其变化规律，也是河水资源评价的重要依据。主要的补给方式包括降雨、冰川融水、湖泊和沼泽水、地下水及混合供应。

A. 降雨

降雨是大多数河流的供应源，常出现在夏季和秋季。热带、亚热带和温带河流主要由雨水补给。在雨季，河流进入洪水期；在旱季，雨水补给河流的主要水文特征与河水波动以及流域内降雨的多少、分布密切相关。我国东部季风区是雨水补给河流的典型区域。东部季风地区的河流洪水期与夏季和秋季的多雨相吻合，而干旱期与冬季和春季的少雨相吻合。

以降雨为主要补给的径流主要由以下几个阶段构成。第一阶段降雨过程，降雨的多少和它在时间、空间上的分布，决定着径流量的大小和变化过程。第二阶段蓄渗过程，降雨全部消耗于植物截留、土壤下渗、地面填洼及流域蒸发。当降雨强度逐渐加大超过下渗强度时，开始形成坡面上的细小水流，此时进入第三阶段的坡地漫流过程。此阶段各处开始时间不一致，首先开始于流域内透水性差的地方和坡面陡峻处，然后扩大范围以至遍及全流域。坡面水流逐渐填满大小坑洼，注入小沟、溪涧而进入河槽，形成第四阶段的河槽集流过程。进入河槽的水流沿河槽纵向流动，在流动过程中沿途汇集了各干、支流的水，最后流经出口断面，这是径流形成的最终环节。

B. 冰川融水

冰川融水主要存在于夏季。冰雪融化后河流的水文状况主要取决于流域内冰川和积雪的储量和分布以及流域温度的变化。在高温干旱的年份，大量冰雪消融，形成大量冰川融水，而在低温湿润的年份，较少的冰雪消融，形成少量的冰川融水。

起源于中国祁连山、天山、昆仑山、喀什昆仑山和喜马拉雅山的河流都获得不同程度的冰川融水供应。例如，青藏高原的一些河流的冰川融水占总径流补给总量的60%以上。天山，祁连山等山区河流以及塔里木、柴达木和河西走廊地区的河流主要由山区融化的冰雪提供。山区冰雪融化所供给的河流水量相对稳定，这是因为雪和冰的融化与温度密切相关，并且这些区域的年际温度变化较小。

C. 湖泊和沼泽水

湖泊和沼泽对河流径流具有明显的调节作用，因此受湖泊和沼泽补给的河流具有水量变化缓慢、变化量小的特点。

D. 地下水

地下水是河水补给的一种常见形式。在中国西南的喀斯特地区，地下水占河水的补给比例特别大。河流补给的地下水量取决于流域的水文地质条件和底切河床的深度。地下水分为上层滞水、潜水和承压水。潜水被浅埋，与降水密切相关。承压水丰富，变化缓慢。河流越深，越多地穿过含水层，可获得更多的地下水补给。基于地下水补给的河流水量分布和年际变化非常均匀。但是，地下水与河流补给之间的关系更为复杂。例如，一些地下水单向补充河流；一些河流在洪水时期补充地下水，而地下水在干旱时期补充河流；一些河流和地下水是相辅相成的。

E. 混合供应

实际上，河水补给的来源很多。大多数河流主要由雨水和地下水补给。一些大河发源于高山和高原，中下游流经温暖潮湿的地区。这样，雨水、冰川融水和地下水都进入了河流。除上述补给来源外，部分河流还同时受湖泊和沼泽补给。

3. 径流补给来源变化的影响因素

在气候变化和人类活动的共同影响下，流域水循环和水量平衡要素在时间、空间和数量上发生了不可忽视的变化，深刻影响着水安全和社会安全，乃至地球生态环境系统安全。其中，径流是地表水循环过程的重要环节，是气候和下垫面等多要素影响下的复杂水文过程的综合表征，变化环境下的水循环响应直接表现为径流变化。气候变化与人类活动共同影响，会导致径流补给来源发生变化，从而使径流发生变化。

气候变化从时间方面来说，近60年来，绿洲地区的气候趋向于暖湿化，如近年来民勤荒漠绿洲多年平均降水量在118mm，降水量有逐年增加趋势，2018年降水量达180mm，达到60年极值。降水量增加，那么绿洲地区的径流补给降水所占的比例也会增加。从空间方面来说，东北绿洲地区气候较为湿润，降水量更多，径流补给来源主要是降水。而西部干旱绿洲地区的径流补给来源以地下水和冰川融水为主。

人类活动方面，人为的调水活动及修建水库等行为会影响径流补给来源。例如，三峡水库是我国最大的水利工程，修建后对长江流域的径流补给来源产生了深刻影响。一些研究表明，水库的蓄水会影响下游地区的径流补给，导致生态环境和水资源的变化。人为调水或修建水库可能会导致绿洲地区的地表径流发生改变，从而影响绿洲地区的水循环过程。

4. 径流产汇流过程

1) 产流过程

所谓产流，是流域上各种径流成分的生成过程，也就是流域下垫面（地面及包气带）对降雨的再分配过程。不同的下垫面条件具有不同的产流机制，不同的产流机制又影响着整个产流过程的发展，呈现不同的径流特征。

地表径流产流不只是一个产水的静态概念，还是一个具有时空变化的动态概念，包括产流面积在不同时刻的空间发展及产流强度随着降水过程和土壤入渗的时程变化。地表径流产流是地表的供水与下渗、蒸发等消耗综合作用后的地面积水。

2) 汇流过程

所谓汇流，是流域上各种径流成分从其产生的地点向流域出口断面的汇集过程。流域汇流过程又可以分为两个阶段：由净雨经地面或地下汇入河网的过程称为坡面汇流；进入河网的水流自上游向下游运动，经流域出口断面流出的过程称为河网汇流。

5. 灌溉渠系补给来源及耗散过程

1) 补给来源

补给来源有降水补给、河流补给、冰雪融水补给以及人工灌溉。

绿洲都有各自的山地集水区，河流的水源补给冰雪融水所占的比例较大，一般占总补给量的20%，最高可达总补给量的70%，形成巨大的"天然水库"，对平原供水发挥着重要的调节作用，保持年际相对稳定。

2) 耗散过程

绿洲处于干旱区，干旱区温度高，风速大，蒸发旺盛，大量水分由于蒸发而耗散。西北干旱区是我国水土流失的重灾区，水土流失导致土壤肥力减退、水分流失，以及人为不当的灌溉导致水分耗散。

3.2.4 绿洲土壤水分

1. 绿洲土壤水分特征

土壤水分是限制干旱半干旱地区植被生长和分布的主要因素，绿洲荒漠区植被生长所需水分主要来源于大气降水和灌溉水，此外，地下水和大气凝结水也是土壤水分的主要来源。土壤水分除了受降水强度、土壤蒸发、风等气象因素以及地形地质的影响外，还受地下水埋深、植被类型等要素的影响。

例如，对民勤绿洲区不同土地利用类型下土壤剖面平均水盐含量进行统计分析，发现湿地的土壤含水量最高，为20.58%，耕地次之，为13.37%，接下来依次为盐碱地（11.39%）、林地（9.78%）、撂荒地（7.22%）、草地（5.95%）和荒漠（5.35%）。湿地在干旱区分布极少，其土壤含水量最高，主要是因为湿地地势低洼，附近人为的大水漫灌造成局部积水，排水不畅导致土壤含水量较高；耕地次之，可能是由于受灌溉影响，且农田土壤以砂壤土为主，经过长时间的下渗及储蓄，土壤含水量较高；盐碱地表面虽然无植被生长，但是其土壤质地黏重，持水性强，且土壤表层的钙积层阻碍了水分的蒸发，导致其土壤含水量高；林地土壤含水量较高是因为林地表层覆盖有较厚的腐殖质，土质为壤质砂土，持水性较好，枯枝落叶也增加了土壤的保水能力；撂荒地大多分布于绿洲-荒漠过渡带，其在生态质量上低于绿洲，高于荒漠，称为"生态裂谷"，而且由于人类活动过度破坏，地下水开采严重，潜水位下降，导致植被退化严重，土壤含水量低；草地的土壤含水量低，主要是因为随着人口的不断增加，大面积的草地被开垦成耕地，但由于土地质量低，耕种几年后又被弃耕，于是表面生长了低植被覆盖度的盐生草，在蒸发的作用下土壤含水量较低；荒漠地表裸露，无植被覆盖，土壤蒸发作用剧烈，导致土壤含水量很低。

2. 绿洲土壤水分运移

1）林地土壤水分运移

森林土壤水分运动包括水分的入渗、再分布、深层渗漏形成壤中流等。任何一场降雨，至少有一部分甚至全部分水分沿着土壤孔隙入渗到土壤内部形成土壤水。土壤水分是森林植被赖以生存的主要条件，同时是造林工程建设中应该考虑的重要因素之一。森林对环境的影响首先是通过水分循环来实现的，作为能量流动和养分传输的主要载体，森林土壤水分是生态系统研究的基本组成部分。因此，森林土壤水分在流域水文学研究及应用领域中占有十分重要的地位，是水分循环中的一个重要环节，对整个流域径流产生以及洪水预报、流域水循环的计算都具有相当重要的作用。森林土壤水分与人类生存有着密切的关系，深入系统研究林地土壤水分运动规律具有深远的意义。

A. 下渗过程

下渗的物理过程是在重力、分子力和毛管力的综合作用下进行的。下渗过程就是这 3 种力的平衡过程。整个下渗过程按照作用力的组合变化和运动特征，可以划分为 3 个阶段：渗润阶段、渗漏阶段和渗透阶段。

渗润阶段：降水初期土壤相对较干燥，落在干燥土面上的雨水首先受到土粒的分子力作用，在分子力作用下下渗的水分被土粒吸附形成吸湿水，进而形成薄膜水。

渗漏阶段：当表层土壤中薄膜水得到满足后，影响下渗的作用由分子力转化为毛管力和重力。在毛管力和重力的共同作用下，下渗水分在土壤孔隙中做不稳定运动，并逐步填充毛管孔隙和非毛管孔隙，使表层土壤含水量达到饱和。

渗透阶段：在土壤孔隙被水分充满达到饱和状态后，水分主要在重力作用下继续向深层运动，此时下渗的速度基本达到稳定。水分在重力作用下向下运行，称为渗透。

森林植被以其独特的方式对土壤入渗性能产生直接和间接的影响。在各种有利因素的作用下，林地土壤入渗性能相对较高。直接影响主要表现为森林植被及林下动物活动可明显增加土壤中的大孔隙，从而大大提高土壤的入渗性能。

首先，森林植物在生长发育过程中，根系在土体内形成，当根系在土体内发育时，根尖向四周的土体产生轴向压力，在根尖后呈圆柱体扩大。在根系腐烂后，这些大孔隙便留在土体内，其粗度、深度和分布取决于树木的生长状况，显著地增加了土壤的入渗性能。其次，林地的枯枝落叶层经分解释放出养分后归还给土壤，对土壤结构产生巨大的影响：一方面，枯枝落叶层为土壤中的各种生物提供了食物，而这些生物（如蚂蚁、蚯蚓等）的活动在土体内产生了大孔隙，从而增加了土壤的入渗能力；另一方面，枯落物分解后形成腐殖质或非腐殖质，吸收黏粒或被吸收，形成微团聚体，使矿质土壤颗粒团聚成具有大量孔隙和不易被破坏的团粒结构，从而使土体变得疏松透水。研究发现，林地土壤团粒含量为 46.2% ~73%，远远大于农田。黄土高原表土容重最低值和大于 0.25mm 的水稳性团粒含量最高值均在林区。黄土高原林地枯枝落叶层下毛管孔隙变化为 31.5% ~46.2%，一般高于耕作层（0.5% ~0.21%）。林地枯枝落叶层的容重可降至 0.18 ~0.21g/cm³，大大提高了土壤的入渗性能。

间接影响主要表现在林冠和地被物对降雨的作用上。一般有以下两种效应：首先是对降雨的拦截作用。林冠拦截降雨的实质是森林植被巨大的枝叶表面能吸附降水，从而使大气降雨到林冠层后，被细分成林冠雨量、滴下雨量、干流量和林冠拦截量；其次是地被物具有与林冠层一样的截留现象，二者的实质是一样的。不过，绿洲地区的森林分布较少，绿洲区研究土壤水分运移具体看草地及农田。

B. 土壤水分的再分配

在地表停止供水和地表积水消耗完以后，水分入渗过程结束，但土壤剖面中的水分在水势作用下仍继续向下运动。原先饱和层中的水分逐渐排出，含水量逐渐降低，而原干燥层中的水分逐渐增加，这就是土壤水分的再分配。

对于均质土壤，渗透停止后，土壤剖面中的水分在重力势能和基质势梯度的作用下进行再分配，剖面上部的水分不断向下移动，湿润锋以下较干燥的土壤不断吸收水分，湿润锋不断下移，湿润带厚度不断增加。

再分配过程中土壤水的运动速度取决于再分配开始时上层土壤的湿润程度和下层土壤的干燥程度（水势梯度）以及土壤的导水性质。

若开始时上层土壤含水量高而下层土壤又相当干燥，则吸力梯度较大，土壤水的运动速度快；反之，则吸力梯度小，再分配主要在重力作用下进行，速度慢。再分配速度总是随着时间增加而减小，同时湿润锋的清晰度也越来越低，并逐渐消失，最终趋于均一。而林地相比于草地、农田来说，植被覆盖度高，存在冠层截留作用，能够有效阻止雨滴直接击打土壤表面，减少了降雨对土壤的冲击力和侵蚀力。同时，在森林内部形成了一个相对稳定的微气候环境，在这种环境下，森林内部的蒸发量较大，能增加大气中水汽含量，并促进云和雨的形成。但到达林地土壤地表的降水再分配过程相对较缓慢，太阳辐射较少到达地表，蒸散发强度较低，土壤中的水分会逐渐下渗积累。因此，林地上层土壤含水量较高，下层土壤含水量也较高，上下层吸力梯度小，再分配主要在重力作用下进行，速度慢。

不同的土壤水力特性不同，土壤水分的再分配速度也有差别。较细的土壤非饱和导水率小，随土壤含水量减少的速度较慢，水分再分配速度慢，持续的时间较长。粗质土壤非饱和导水率大，且随土壤含水量的减少而迅速降低，土壤水分再分配过程持续的时间较短。林地的土壤较细，且黏性较大，土壤非饱和导水率较小，水分再分配速度慢，持续的时间较长。

2）草地土壤水分运移

A. 下渗过程

以黑河上游典型草地来研究草地土壤水分与产流入渗的特征。

在黑河流域上游典型草地利用人工降雨实验，对草地降雨—产流—入渗过程进行观测并探究强降雨条件下产流入渗的特点，实验结果表明：4 种典型草地在不同模拟降雨条件下均发生产流现象，产流特征主要受降雨强度、总降水量及下垫面条件的影响。产流时间表现为：草原草地（29.83min）>草甸草地（17.10min）>过渡带草地（15.27min）>农牧交错带草地（12.80min）；径流深则分别为：农牧交错带草地（0.324mm）>过渡带草地（0.162mm）>草原草地（0.114mm）>草甸草地（0.050mm）。

典型草地在高频次降雨作用下，各层土壤含水量均呈增加趋势，而土壤水分的储存集中于首次降雨后。不同草地降雨入渗后土壤水分分布和变化状态差异显著。农牧交错带草地表层土壤导水率较大，降雨入渗速率较快，土壤水分不易流失，其高效的降雨利用率和较高的年均降水量使得该区域成为黑河上游优良的牧场以及农产品种植区；过渡带草地土壤以 10cm 为界限分为差异显著的两层，其表层腐殖质含量较高，土壤吸持水能力强，土壤初始含水量、变化量及均值都远大于其他土壤层，10cm以下土壤结构松散，为林地产流向河谷地带运移形成良好的壤中流通道；草原草地年均降水量小，土壤初始含水量较低，植被覆盖度小，致密的土壤结构使得短期、低强度降雨很难入渗；草甸草地"草毡层"结构为降雨提供畅通的入渗通道，使得降雨能够迅速入渗至植被根系层，并且有效阻止土壤水分蒸发和水土流失，"草毡层"同时也是土壤水分储存的关键层，因此草甸草地是黑河上游水源涵养的关键部分。

B. 土壤水分的再分配

对于在再分配过程中土壤水的运动速度，草地相比于林地和农田，有一定的植被覆盖度，草根系发达，植被茂盛，植被覆盖度高，因此能有效抵抗降雨冲击，减缓径流速度，可滞留一定的水分。上层土壤含水量相较于农田来说较高，但比林地低，分配过程中的土壤水分运动速度也快于林地，慢于农田。由于草地的土壤水力特性，其黏性适中，水分再分配持续时间也是介于林地与农田之间。

3）农田土壤水分运移

A. 下渗过程

渗入是土壤补水的唯一途径，活塞流量和优先流量是两种水渗透方式。塞流是通过土壤基质后水与浅自由水的完全混合。在塞流作用下，输入水沿液压梯度渗出，将孔隙水从原土向下推。水土同位素剖面通常用于识别外部水的渗透。民勤绿洲农田土壤水同位素数据揭示了土壤水对灌溉水输入的反应。在灌溉之前，蒸发是土壤水分变化的主要驱动力；灌溉水输入后，新水与旧水的混合使同位素迅速枯竭，从而失去了分馏信号，增加了土壤剖面的同位素变异性。

灌溉水渗入与原土孔水的混合过程一般分为4个阶段。第一阶段是尚未发生灌溉时，土壤水受蒸发，外土富含氢氧稳定同位素，土壤中下层出现超标和GWC的最大值。第二阶段是在刺激开始之后，在用塑料覆盖物灌溉农田时，渗漏以活塞的流动为主，灌溉水通过土壤基质缓慢地从底层表面进入。第三阶段蒸发和以活塞流动为主的渗透并存。地表土壤水受到蒸发的严重影响，稳定同位素逐渐丰富，中下游土壤的水仍然以渗入为主，稳定的同位素已经枯竭，GWC的最大值被移到深地面。第四阶段土壤水完全由旧水转化为新水，较深的土壤水受到蒸发的影响大于前一阶段，土壤水的同位素特征与灌溉前相同。

B. 土壤水的再分配

干旱区降水稀少，农田土壤水大部分依靠灌溉水补给，因此我们以灌溉水为例研究外来水在土壤中的滞留时间。与自然土壤不同，农田容易受到耕作、灌溉等人类活动的干扰，从而改变外来水分对土壤水的补给。在本研究中，一次灌溉时间后，灌溉水对民勤绿洲农田不同土层水分的平均有效贡献时间存在差异。0~20cm土壤层在后5天的平均贡献均超过20%，这意味着5天后灌溉水仍会受到残留灌溉水的贡献；20~60cm土壤层在第5天的贡献率低于5%，灌溉水对该层土壤水的有效贡献时间仅为4天；60~100cm土壤层在第 5 天的平均贡献率大于 0 ~ 20cm 与 20 ~ 60cm 土壤层，灌溉水对该土壤层的贡献将会继续，并且该层将有着更长的有效贡献时间（表 3-1）。

表 3-1　不同深度灌溉水对土壤水的有效贡献时间

土壤深度/cm	有效贡献时间/d	土壤深度/cm	有效贡献时间/d
0 ~ 5	5	50 ~ 60	4
5 ~ 10	5	60 ~ 70	5
10 ~ 20	5	70 ~ 80	5
20 ~ 30	4	80 ~ 90	5
30 ~ 40	4	90 ~ 100	5
40 ~ 50	4	—	—

3.2.5　绿洲地下水

1. 绿洲地下水特征

1）补给特征

考虑到盆地地下水的补给排泄条件，结合水利部有关水资源评价的规定，绿洲地下水的补给项包括河道入渗补给、侧向径流补给、降水与凝结水入渗补给、渠系入渗补给、田间入渗补给。降水入渗系数是降水补给地下水的水量与降水量的比值，为无量纲参数。黑河流域中下游地区气候干旱，降水稀少，且集中于高温的夏季，因而降水对地下水的补给作用极其有限。根据甘肃省地质矿产勘查开发局在酒泉、张掖等地的地渗仪长期观测资料，由于灌区和非灌区包气带水分条件的差异，降水入渗的情况亦有所区别。一般来说，非灌区地下水埋深小于 1m 的地段，才能直接观测到降水的入渗，而在灌区地下水埋深小于 5m 的地段，均可观测到由于降水入渗引起的地下水位上升。另外，降水强度是影响降水入渗的主要因素，在中游地区（包括金塔盆地和鼎新盆地）一般选择日降水量大于 10mm 作为有效降水，其有效降水入渗率在 0.4 ~ 0.64（平均 0.55）。根据地下水动态长期观测资料，当地下水埋深小于 3m、次降水量大于 5mm 时，降水对地下水形成补给；或当地下水埋深大于 3m、次降水量大于 10mm 时，降水对地下水形成补给；当地下水埋深大于 5m 时，地下水位虽有上升，但上升幅度极其微小。

2）排泄特征

排泄项主要包括潜水蒸发、植物蒸腾、人工开采。

潜水蒸发：是指浅层地下水或江、河、湖、渠等水体侧渗水通过土壤输送、运移至地表并气化散失的现象。潜水蒸发是大气水、植物水、土壤水和潜水相互转化过程中的一个重要环节，也是地下水浅埋区植物耗水的主要水分来源之一。潜水蒸发研究对于灌溉制度的拟定、地下水资源的评价、地下水位的调控、天然植被生态耗水量的计算、盐渍化防治和植被恢复及生态修复等都有重要的意义。

植物蒸腾：蒸腾作用是水分从活的植物体表面（主要是叶子）以水蒸气状态散失到大气中的过程，与物理学的蒸发过程不同，蒸腾作用不仅受外界环境条件的影响，而且还受植物本身的调节和控制，因此它是一种复杂的生理过程。其主要过程为：土壤中的水分→根毛→根内导管→茎内导管→叶内导管→气孔→大气。植物幼小时，暴露在空气中的全部表面都能蒸腾。

人工开采：绿洲区地下水人工开采已成为干旱区水资源利用的重要方式，目前形成了以地下水为主要水源的农业灌溉体系。开采深度从早期的浅层开采发展到中深层开采，部分地区已达深层地下水，开采导致地下水位普遍下降，部分地区形成漏斗区并出现地面沉降现象。从开采类型来看，主要包括农业开采、工业开采、生活用水开采和生态用水开采四大类。开采和群井开采等方式。为确保水资源可持续利用，需要建立完善的监测系统，严格执行取水许可制度，推广节水技术，优化开采布局，加强人工回灌，并建立地表水与地下水统一调配机制。同时，水质状况也需要重点关注，部分地区已出现咸化现象，影响用水安全，这要求我们在开发利用地下水资源时更加注重科学性和可持续性。

绿洲地区由于温度较高，蒸发旺盛，可以说，绿洲地区蒸发旺盛是绿洲水循环的一个重要特点，而地下水又是绿洲水循环的主要水源，因此潜水蒸发占绿洲地下水排泄的很大部分。由于温度较高，绿洲植物蒸腾也较高。绿洲地区发展灌溉农业会使用地下水进行灌溉，尤其是绿洲地区用于生产生活用水的耗费较多，因而人工开采地下水也是绿洲地下水排泄的重要方面。

2. 地下水量估算

1）地下水储量的估算

对于地下水储量的估算目前研究中使用较多的为通过陆地水储量的反演计算，陆地水储量主要包括地表水储量、冰川水储量、雪水当量、冠层水储量、生物体水储量、土壤水储量和地下水储量等组分。理论上，通过扣除其他组分可以将地下水储量从陆地水储量中分离出来。

地下水储量变化常用的监测方法主要包括监测井观测、模型模拟和重力卫星观测。监测井的选点受地形等客观条件约束，其数量和空间分布往往代表性有限，难以获得区域连续的地下水动态变化信息。受模型结构和参数化方案等因素的影响，使用水文模型模拟区域水储量具有很大的挑战性，水文模型对地下水储量的模拟存在很高的不确定性。2002 年重力场恢复与气候实验（gravity recovery and climate experiment，GRACE）卫星的发射为研究地球系统质量变化、全球水循环和气候变化创造了新机遇，同时为地下水储量的大尺度监测提供了新手段。通过扣除水文模型模拟的地表水组分，可以从 GRACE 观测的陆地水储量（terrestrial water storage，TWS）变化数据中分离出地下水储量（groundwater storage，GWS）变化。联合 GRACE 卫星与陆地水储量组分方程已成为目前估算大尺度地下水储量变化的主流方法。

2）植被生长区潜水蒸发与植被蒸腾量的计算

研究者应用热脉冲、波文比、热平衡等方法在额济纳旗荒漠绿洲进行了植被耗水量的测定，研究结果表明植被生长区潜水的消耗分为两种情况：一是在植被生长期，这个时期内植物主要通过根系从土壤中吸收所需要的水分，即所谓的蒸腾消耗；二是植被非生长期，即叶落到次年开始发芽期间，植物根系对土壤水分的消耗量接近零，潜水主要通过土壤的蒸发而消耗。因此，对植被生长区的蒸发蒸腾量分成以下两种情况来计算：①植物生长期潜水蒸腾总量的计算；②植被非生长期潜水蒸腾量的计算。

3）裸地潜水蒸发量的计算

根据近年来在西北内陆干旱盆地所进行的潜水蒸发实验研究结果，结合额济纳旗荒漠绿洲不同地下水埋深区所处的包气带岩性结构，得出以下结论：地下水埋深小于 1.0m 的地段均位于地形低洼的盆地区域，包气带岩性多为颗粒较细的黏壤土；地下水埋深 1.0 ~ 1.5m 的地段大部分处于洼地与沙丘的过渡地带，包气带岩性多为砂壤土；地下水埋深 1.5 ~ 3.5m 的地段主要分布于河流两侧及平原下游和戈壁区，包气带岩性多为砂壤土或砂壤土和黏壤土相间；地下水埋深 3.5 ~ 4.5m 的地段主要分布于盆地中部地区，包气带岩性颗粒较粗，不利于蒸发；地下水埋深大于 5.0m 的地段主要分布于平原区上游和盆地边缘地带，包气带厚度较大，因此对地下水埋深大于 5.0m 的地段不考虑潜水蒸发量。根据不同地下水埋深的面积和蒸发强度，无植被生长区的潜水蒸发量为 $4.98 \times 10^8 m^3$。

4）地下水补给量计算

A. 降水入渗补给量

降水入渗补给量是指降水入渗到包气带后在重力作用下渗透补给潜水的水量，它是浅层地下水的重要补给来源，计算公式为

$$WR_P = 0.1 \alpha PF \tag{3-1}$$

式中，WR_P 为降水入渗补给量，$\times 10^4 m^3$；α 为降水入渗补给系数；P 为降水量，mm；F 为计算区面积，km^2。

B. 河道渗漏补给量

当河水位高于两岸地下水位时，河水在重力作用下以渗流形式补给地下水，这种现象称为河道渗漏补给量，计算公式为

$$WR_r = 10^{-4} \left[(Q_上 - Q_下) T - 10^{-3} E_0 BL \right] \tag{3-2}$$

式中，WR_r 为河道渗漏补给量，$\times 10^4 m^3$；T 为计算时段，s；$Q_上$，$Q_下$ 分别为河道上、下断面实测流量，m/s；E_0 为水面蒸发量，mm；B 为水面宽，m；L 为实测流量段距离，m。

C. 越流补给量计算

如果某一含水层的上覆或下伏岩层为弱透水层（如亚黏土或亚砂土）并且该含水层的

水头低于相邻含水层的水头，则相邻含水层中的地下水可能穿越透水层而补给含水层，这种现象称为越流。越流量（Q）可按达西定律近似计算：

$$Q = K'F \frac{\Delta H}{M'} \tag{3-3}$$

在 T 时段内的越流总量 WR，为

$$WR = 10^{-4} K_e F \Delta H T \tag{3-4}$$

式（3-3）中，K' 为弱透水层的渗透系数，m/d；F 为过水面积，m^2；ΔH 为相邻两个含水层的水头差，m；M' 为弱透水层的平均厚度，m。式（3-4）中，K_e 为越流系数，$K_e = \dfrac{K'}{M'}$ [m/（d·m）]。

5）地下水排泄量

A. 潜水蒸发量

潜水蒸发量指潜水在毛细管引力作用下向上运动而形成的蒸发量，包括棵间蒸发和植被叶面蒸腾。潜水蒸发量是浅层地下水消耗的主要途径。计算公式为

$$E = 0.1 E_0 C F' \tag{3-5}$$

式中，E 为潜水蒸发量，$\times 10^4 \, m^3$；E_0 为水面蒸发量，mm；C 为潜水蒸发系数（无因次）；F' 为计算面积，km^2。

B. 河道排泄量

地下水排入河道的水量称为河道排泄量。当河流水位低于两岸地下水位时，平原地区河道排泄地下水，计算方法为河道渗漏量的反运算。

C. 侧向流出量

地下水侧向流出量一般指以地下潜流形式流出均衡单元的水量，即普氏分类中的动储量，有时称为地下径流量，计算方法与山前侧向补给量相同，前者是流出均衡单元，后者是流入均衡单元。

D. 越流排泄量

当浅层地下水的水头高于深层承压水的水头时，浅层地下水通过弱透水层向深层地下水补给，形成浅层地下水的逆流排泄量，计算方法同越流补给量。

E. 地下水开采量

地下水开采量是水资源开发利用程度较高地区的主要消耗项，在无开采计量记录的地区，多采用用水调查统计和分析。

3. 地下水与地表水的补给转化

地下水与地表水之间存在密切水力联系。由于受地形、地貌、气象、水文和开采活动等因素影响，地下水与地表水之间存在补给或排泄关系。山前冲洪积扇地区地下水埋深较大，地层多为渗透性良好的砂卵砾石，通常地表水补给地下水。平原区地下水埋深一般较

浅，通常地下水补给地表水。

我国西北内陆区的内陆水循环，由大洋水汽通过长途跋涉输送到我国西北内陆上空，与当地的陆面、水体及植物蒸发蒸腾的水汽结合，通过凝结形成降水，降落在内陆盆地的四周高山地区，多呈固态雪形态，其中有一小部分补给高山冰川，并可储存在高山地区。但每年受到暖季太阳辐射、气温和降水影响，在 6～9 月消融，形成冰川融水径流；秋冬至早春山区和平原的降雪还可形成季节性积雪，并在 3～5 月形成融雪径流；而山区的夏季降雪，也可停留数天才消融殆尽，与山区的降雨混合，扣除山坡土壤、林草植被和水体的消耗损失，才形成山区的地表径流、壤中流及地下径流。几经转化，大部分水汽以山溪河道径流在出山口断面输送至平原，称为出山径流；仅有小部分通过河谷潜流或通过深层含水层及断裂带进入平原。尽管平原地区也有降水，但年降水量较少，一般不足 250mm，受降雨强度和平原疏松地表层的影响，除特大暴雨可形成临时性地表径流外，降水很快入渗地下，补给土壤水或地下水。而流出山区的河道径流，受山前倾斜平原多孔地层结构影响，大量渗漏补给地下水，形成平原地区的地下径流，向内陆盆地或低洼处汇流。

由于内陆河流域从高山到平原高差达数千米，从出山口到内陆盆地最低处，高差也在千米以上，当河水流泄至山前倾斜平原时，不仅会塑造出河流冲洪积扇与散流河谷，还可形成冲积平原。在冲、洪积扇的扇缘，由于地形转折变平缓或沉积物颗粒变细，地下水溢出，有时形成泉流和沼泽，并汇集进入河道。细土平原受沉积物和有利的地表水与地下水资源条件的影响，形成片状或条状绿洲，并受到人类活动的明显影响，改造利用和拦截消耗大部分水量，然后再流向河道下游，与地下径流一起，向下游次级盆地或盆地最低洼处流泻，并多次与地表水相互转换。一般而言，当河水水位高于盆地地下水位时，河水沿途不断渗漏，河道补给与其相连的土壤水及地下水，同时支撑着两岸植被和绿洲里的生命与环境，承受着人类活动和气候变化的影响。内陆盆地的地下水主要受河道渗漏和地表水体入渗影响，并受少量雨水和临时暴雨径流入渗补给，另有极少量的深层地下水越流补给，可在盆地里的浅层、深层和极深层的含水层中储蓄与运动，最终都汇聚到河流终端的内陆湖泊和湖盆洼地，即进入内陆河的最下游。一些小型河流直接消失在戈壁沙漠中，而大、中型河流有余水流入终端湖，并在湖滨形成干三角洲。这样，从山溪到平原河道，至终端湖，构成完整的内陆河流水系统。需要指出的是，内陆河流的地表水和地下水不能回归到海洋，而成为封闭的地表径流和地下径流的内陆水循环。

4. 地下水的生态意义

1）地下水埋深的变化与植被生长及演化密切相关

绿洲一般地处于干旱区，降水对地下水的补给作用微乎其微，地下水的补给主要是通过上游河道的来水来完成的，河道来水量的多少，直接影响潜层含水层地下水位的变化。在河道来水量比较少的情况下，当区域的蒸发蒸腾及开采地下水量大于地下水所接受的总补给量时，地下水位就会下降，威胁到植被的生长并造成环境的恶化。只有得到上游河道充足的水量输入，地下水位变化才能达到平衡，这对于盆地内的植被的健康生长及抑制生态环境恶化非常有利。另外，不同地下水埋深与植被的生长分布和面积有很大的关系，天然植被生态对地下水（潜水）埋深具有强烈依赖性，主要依赖潜水通过其支持毛细作用向包气带表部（植被根系层）输供水分，进而维系天然植被绿洲和自然湿地等生态。当潜水埋深大于生态水位（深度）时，地下水生态功能显著减弱，天然绿洲生态退化严重；当潜水埋深小于生态水位时，随着潜水埋深逐渐变小，地下水生态功能不断增强，天然植被覆盖度或归一化植被指数（NDVI）逐渐增大。因此，通过预测地下水埋深的变化来分析绿洲植被生长及演化与地下水位的关系有十分重要的意义。

2）地下水的污染防治对绿洲生产生活的重要意义

地下水作为重要的供水水源，其水质状况直接影响人体健康。由于农业生产中农药、化肥的大量使用，导致地下水污染日益严重。工业生产中使用的水可能含有各种化学物质和重金属，如工业废水中的有机物、重金属、化学药剂等。工业用水直接倾倒会导致地下水的污染。生活污水中含有大量的有机物、氮、磷等物质，未经处理而直接倾倒会导致地下水的污染。随着分析检测技术的发展，人们发现进入地下水体的污染物除无机物外，更多的是有机物。有机污染物多属人工合成，不易被生物降解，具有较强的致畸、致癌等特点。因此，地下水有机污染更显复杂和隐蔽，对人体健康的危害也最严重。例如，田河流域绿洲区地下水 37 项有机物中苯并芘被检出，其检出率为 13.3%，所有检出点位地下水中苯并芘的含量均超过标准限值。相比于东部发达地区，绿洲区地下水苯并芘超标率较高，由此推断该区地下水中苯并芘来源复杂。健康风险评估结果显示，绿洲区地下水中苯并芘在饮用地下水暴露途径下致癌风险值均超过可接受水平，对人体健康有一定影响。因此，绿洲地下水的污染防治具有重要意义，化肥的过量使用，加强对地下水的监管工作，保证绿洲地下水的质量，以免危害植物、生物、人类的健康。

3.3 绿洲水量平衡

3.3.1 绿洲水量平衡定义

水量平衡原理是指任意时段内任何区域收入（或输入）的水量和支出（或输出）的水量之差等于该时段内该区域储水量的变化。其研究的对象可以是全球、某区（流）域或某单元的水体（如河段、湖泊、沼泽、海洋等）。研究时段可以是分钟、小时、日、月、年或更长的尺度。水量平衡原理是物理学中的"质量守恒定律"的一种具体表现形式，或者说水量平衡是水分循环得以存在的支撑。

绿洲水量平衡原理研究的对象则是绿洲地区，研究绿洲地区任意时段内收入（或输入）的水量和支出（或输出）的水量之差等于该时段内绿洲地区储水量的变化。

全球的水分循环运动伴随着的其他物质和能量运动，不仅维护着全球的水量平衡，还通过水循环的各个环节，把大气圈、水圈、生物圈、岩石圈等有机联系成为一个系统，水在系统里不断地运动和转化。同时，作为载体或介质，水促使地球各个圈层之间、海洋与陆地之间实现物质迁移与能量交换，并使地球上的淡水得以更新，促使淡水资源形成，为人类从大气降水、地表水、地下水、土壤水乃至海洋获得可利用的水资源，不断地更新着地球上各处的淡水水体。

绿洲水量平衡原理是绿洲地区水文、水资源研究的基本原理。借助该原理可以对绿洲地区的水分循环现象进行定量研究，并建立各水文要素间的定量关系，在某些要素已知的条件下可以推求其他水文要素，因此绿洲水量平衡原理对绿洲水量平衡具有重大的实用价值。

3.3.2　绿洲区水量平衡计算

地球上的水时时刻刻都在循环运动，在相当长的水分循环中，地球表面的蒸发量同返回地球表面的降水量相等，处于相对平衡状态，总水量没有太大变化。但是，对某一地区来说，水量的年际变化往往很明显，河川的丰水年、枯水年常常交替出现。降水量的时空差异性导致了区域水量分布极其不均。在水分循环和水资源转化过程中，水量平衡是一个至关重要的基本规律。

根据水量平衡原理，水量平衡方程的定量表达式为

$$I-A=\Delta W \tag{3-6}$$

式中，I 为研究时段内输入区域的水量；A 为研究时段内输出区域的水量；ΔW 为研究时段内区域储水量的变化，可正可负，正值表明该时段内区域蓄水量增加，反之蓄水量减少。

式（3-6）是水量平衡的基本形式，适用于任何区域、任意时段的水量平衡分析。但是在研究具体问题时，由于研究地区的收入项和支出项各不相同，要根据收入项和支出项的具体组成，列出适合该地区的水量平衡方程。

绿洲地区总的水量平衡特点是，系统的水分输入主要靠降水和土壤水分的水平运动补给，而土壤和植被蒸散发是系统的主要输出项，由于降水量小，因此在研究地区几乎不发生径流现象，而且降水深入土壤深层的量值也是微小的，仅能短时间湿润沙土表层。因此，针对绿洲地区的特点，列出水量平衡方程式如下：

$$R+F=\Delta W+E \tag{3-7}$$

式中，R 为大气降水量；F 为土壤水平补给；ΔW 为土壤水分变化；E 为蒸散量。

3.3.3 绿洲水量平衡的影响因素

1. 气候变化

气候变化对绿洲水量平衡的影响很大。气候变化包括气温、降水等。在气温变化方面，随着全球气候变暖，干旱区的气温也在升高，气温升高会导致蒸散发变大，从而影响水量平衡。基于西北干旱区 123 个气象观测站资料分析，1960～2020 年，西北干旱区的气温整体呈上升趋势，并且上升速率明显高于全国（0.25～0.29℃/10a）和全球平均水平（0.13℃/10a）。尤其在 1998 年，西北干旱区出现了"跃动式"升温，年平均气温由 1960～1997 年的 7.50℃升高至 1998～2021 年的 8.63℃。升温后较升温前的平均气温升高了 1.13℃。气温升高导致西北干旱区蒸发能力加大。1960～2020 年，西北干旱区潜在蒸散发量变化趋势表现为先下降后上升的趋势，以 1993 年为转折点，由之前的下降趋势（−22.47mm/10a）逆转为上升趋势（45.47mm/10a）。在 123 个站点中，1993 年以前约有 93.5% 的站点呈下降趋势，6.5% 的站点呈上升趋势；而在 1993 年之后，约有 14.6% 的站点呈下降趋势，85.4% 的站点则呈上升趋势（图 3-4）。

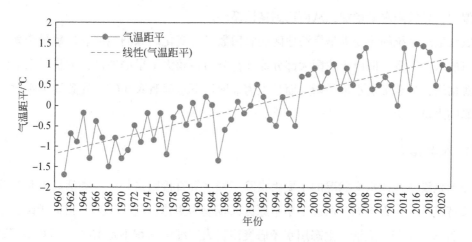

图 3-4 1960～2020 年我国西北干旱区气温变化趋势

降水作为该地区水量平衡系统水分输入的主要来源，绿洲地区的降水量对水量平衡的影响很重要。干旱区远离海洋，气候干燥，降水稀少，多年平均降水量为 156.36mm。其中，南疆塔里木盆地的多年平均降水量仅为 74.2mm。绿洲降水量的稀少对水量平衡造成了巨大影响。

2. 生态系统演变

绿洲地区的生态系统演变也是一个重要因素。生态系统包括森林生态系统、草原生态系统、淡水生态系统、农田生态系统等。

森林生态系统与草原生态系统的演变可以看作绿洲地区植被的演变。该地区植被的变化影响着蒸散发，从而影响水量平衡。该地区的植被发生变化即该地区的下垫面因素发生了变化。下垫面因素对水分循环的影响主要是通过蒸发和径流起作用的。有利于蒸发的地区水分循环活跃，有利于径流的地区水分循环不活跃。如果绿洲地区生态系统较好，植被覆盖度高，水资源较为充足，那么植物蒸腾就会比较旺盛，水分循环就会比较活跃。同时植被会拦截地表径流，滞留大量水分，有利于为该地区水分蒸发提供水分，导致该地区水分循环比较活跃。植被的增加会增加入渗，调节径流，加大蒸发强度，在一定程度上可调节气候，增加降水。当然，森林拦截滞留水分的能力比草原大一些，增加的入渗更多。蒸发加大，但降水也增加，达到了一种水量平衡，有利于当地生态环境的发展。若生态系统恶化，绿洲地区趋于干旱，植被覆盖度减小，那么调节气候的能力下降，气候会变得不稳定，气温会趋于升高，导致蒸发更加旺盛。但由于绿洲地区的植被以及作物有水分才能生长，地下水会被吸取，加上人为使用地下水灌溉，导致地下水减少，地下水收支失衡，从而影响整个水量平衡。

淡水生态系统的演变则是绿洲地区湖泊、河流的演变。绿洲地区湖泊、河流的数量或水量增加，会使得该地区的蒸发变多，水分循环会变得更加活跃。若该地区水量多，气候较为湿润，导致降水量增加，从而达到良性循环。

农田生态系统的演变则是绿洲地区的农田数量的变化。绿洲地区农田数量变多，则需要大量的水来灌溉。但由于我国大部分绿洲都分布在较为干旱的地区，大量引水灌溉会导致水源枯竭，严重影响水量平衡。而且人为抽取地下水灌溉农作物会导致地下水收支失衡进而影响水量平衡。

3. 人类活动

影响荒漠化地区水文状况的主要因素除了降水等直接因素外，人类活动对荒漠化地区的水文特征也有很大影响。西北干旱平原区以荒漠为主体，气候干旱，植被稀疏，生态环境极端脆弱，生产、生活、生态用水矛盾突出；人工绿洲面积不足10%，但承载了西北干旱区约98%的人口并产生了95%的国内生产总值（GDP），是西北干旱区人类活动和经济社会发展的主要载体。绿洲承载了人们的生产生活用水。其中，灌溉是影响荒漠化地区水文状况最主要的因素之一。但近些年人们灌溉用水结构不断优化，用水效率不断提高，农业灌溉用水量降低，如新疆农田灌溉亩①均用水量由 2012 年的 642m³ 下降至 2021 年的 545m³，河西走廊农田灌溉亩均用水量由 2012 年的 676.28m³ 下降至 2021 年的 446m³，水资源节约利用成效显著。

---

① 1 亩 ≈666.67m²。

3.3.4 研究绿洲水量平衡的意义

研究绿洲水量平衡是绿洲水文学的主要任务之一，水量平衡可以定量揭示水循环与自然地理环境和人类社会的关系，反映水文要素之间的数量关系。对研究绿洲地区的水文具有重要的意义。

（1）绿洲水量平衡原理是绿洲地区水文、水资源研究的基本原理。借助该原理可以对绿洲地区的水分循环现象进行定量研究，并建立各水文要素间的定量关系，在某些要素已知的条件下可以推求其他水文要素，有利于更深刻地认识绿洲地区水分循环和其他水文现象。

（2）研究绿洲水量平衡可以观测出绿洲地区的水文现象以及人类活动生产生活用水对水循环造成的影响乃至对绿洲地区气候的影响，有利于揭示绿洲地区水分循环和水文现象对自然地理环境和人类活动的影响。

（3）研究绿洲水量平衡有利于对绿洲地区水资源做出正确评价，为绿洲地区水文观测提供检验依据和改进方法，为绿洲地区水利工程的规划设计提供基本参数，为评价工程的可行性和实际效益提供参考。

（4）绿洲水量平衡是绿洲水资源管理的基础，通过建立区域水量平衡模型，可以预测出在一定时间内地表水、地下水和蒸散发的变化趋势，从而实现对水资源的有效调配和保护，有利于合理有效地调配绿洲水资源。

第 4 章

绿洲生态水文

在干旱区，由于水资源的长期作用，绿洲系统已经形成了一个相对稳定的均衡配置系统，绿洲内部有限的水资源集中在特定的区域，形成了一个特殊的隐域地带。干旱区绿洲具有各个相对独立的水环境生态系统，系统内的水因子与生态环境因子相互联系、相互制约，共同构成了干旱流域生态系统的主体，可采用景观单元嵌套基本产汇流单元作为基本单元空间，如森林、草地、湖泊、湿地等。生态水文过程具有显著的时空演变特征与尺度效应。水文过程及其变化如何在不同时空尺度上影响生态过程，生态系统和陆地表面生态过程如何反作用于水文过程，这是绿洲生态水文研究的关键所在。干旱区绿洲水资源对荒漠生态系统功能的重要影响受到了众多学者的关注和重视，但是基于内陆生态脆弱区生态系统稳定和生态安全的生态需水研究仍处在探索和发展阶段，要揭示水文过程与植物群落变化之间相互制约的内在联系尚需进一步深入研究。要解决人类活动导致的水环境质量恶化和生态系统的衰退，必须深入研究水循环机理和流域生态需水量等科学问题，从维持流域生态平衡和生态安全的角度出发，在水资源开发利用过程中，把流域系统作为一个有机整体，兼顾流域的经济、环境和生态功能，使三者协调发展，这是干旱区生态学和水文学的主要研究内容，也是今后干旱区生态水文学研究的前沿和热点。

4.1 绿洲生态水文概述

4.1.1 绿洲生态水文研究背景与意义

1）研究背景

在内陆干旱区，绿洲几乎集中了所有的社会、经济和生态要素，是具备一定自然条件优势的区域，具有较高的第一生产力，绿洲的稳定关乎干旱、半干旱区生态系统以及区域社会经济的可持续发展。

我国西北干旱区内陆河流域中游多为农业灌区，下游多为荒漠绿洲区，中下游地区地表水与地下水联系紧密、互相转化，地表水与地下水联合开发是主要的水资源利用模式，水资源的形成、开发利用等的特点使水资源空间分配具有较强的可变性，特别是中下游。由于流域中游农业灌区面积的不断扩大，大量不合理开发利用地表水和地下水，使得进入下游的水量大幅减少，无法满足以生态耗水为主的下游荒漠绿洲区对水资源的基本需求，导致中下游用水矛盾突出。此外，中游地区由于人类活动的影响，还存在土地沙漠化和土地盐碱化、沙漠不断向绿洲侵袭、河段水质污染严重等问题；中游对生态用水的挤占，导致下游湖泊干涸、绿洲萎缩、河流断流、荒漠植被不断死亡、物种减少、植被覆盖度降低、环境恶化等一系列问题。

2）研究意义

人口的急剧增长和社会经济的不断发展以及对绿洲的过度开发和不合理利用，使得本身就十分脆弱的绿洲生态系统面临前所未有的挑战。水环境是干旱生态系统存在的必要物质基础，它决定着生态环境的演化方向、演化过程及演化时间。在绿洲内外，已出现大面积次生盐渍化土地和沙漠化土地，河岸林、防护林面临退化或瓦解，水土流失、土地退化速度加剧，使土地生产力急剧降低，绿洲生态系统面临严重的危机。因此，研究绿洲生态水文系统下各子系统的生态水文功能对干旱地理环境的相互影响、水循环过程以及水资源的开发利用具有重要意义。在此研究的基础上，可以进一步对绿洲生态水文的安全提出合理措施，并从宏观角度研究水文要素的特点与绿洲经济发展的内在联系，为实施可持续发展战略提供科学依据。

从具体内容来看，绿洲生态水文的研究具有以下意义。

（1）水资源管理：绿洲地区的水资源是有限的，对其水文过程和水循环机制的深入理解，能够帮助科学家和决策者更好地管理和调度水资源。同时通过对绿洲地区的降水、蒸散发、土壤水分和地下水等要素的综合研究，我们可以制定更有效的水资源管理策略，从而保障绿洲地区的水需求得到满足，推动其可持续发展。

（2）生态系统保护：绿洲地区的生态系统对于维护水循环和生物多样性具有重要作用。通过研究绿洲的生态水文，可以揭示植被覆盖、土壤质地、水分循环等因素对生态系统健康的影响，进而提供科学依据用于生态系统保护，这有助于减缓生态系统的退化和恢复被破坏的自然资源。

（3）气候变化适应：绿洲地区通常处于干旱或半干旱的气候条件，容易受到气候变化的影响。通过研究绿洲生态水文，可以深入了解气候变化对水循环和生态系统的影响，从而开发出有效的适应策略，可以帮助政府、农民和其他利益相关者制定和实施降低气候变化风险的措施。

（4）可持续发展：绿洲地区是人类居住和农业生产的重要区域。通过绿洲生态水文的研究，可以实现水资源和生态系统的可持续管理，确保农业生产和居民生活的可持续性。这有助于平衡经济发展、社会公平和环境保护的关系，促进绿洲地区的可持续发展。

4.1.2　绿洲生态水文研究对象与特点

1. 研究对象

绿洲生态水文的研究对象主要为各个生态系统对水文过程的响应以及水文过程对生态系统的影响，其中包括绿洲生态水文系统下的各个子系统，具体为各种陆地生态系统和水生生态系统。陆地生态系统如森林、草地、农田；水生生态系统如湖泊、湿地等。主要研究地理生态系统的分布、水文过程及特点、生态功能以及与地理环境的相互影响。其中，生态系统的分布包括分布范围、分布种类、分布数量等；水文过程及特点指研究各个不同的生态系统的水循环过程各环节能力的特点；生态功能包括各个生态系统对局部地区的气候调整、水质降解、风沙的阻挡以及生物的栖息等；与地理环境的相互影响指不同的生态系统对自然地理环境的影响，包括对降水、径流、蒸发的双向影响。通过对绿洲地区的各个生态系统的水循环过程进行系统地观测、分析和模拟，可以更好地了解其可持续发展的规律和机制，为绿洲地区的保护和可持续发展提供科学依据和技术支撑。

2. 绿洲生态水文研究的特点

1）综合性

绿洲生态水文研究具有综合性。绿洲生态水文研究涉及多个学科领域，如水文学、生态学、环境科学等，需要研究者综合运用各种学科知识来研究问题。

2）联系性

绿洲生态水文研究具有联系性。绿洲生态水文研究旨在探究绿洲生态系统与水循环之间的相互作用，需要考虑周边自然环境和人类活动对绿洲地区生态系统和水资源的影响，并在此基础上探讨保护和管理方法。

3）区域性

绿洲生态水文研究具有区域性。由于绿洲地区通常具有明显的区域性，因此需要进行区域的分析和研究。绿洲的水文环境类型可分为外流河水系、内陆河水系、平原地下水系、山地地下水系和外引水系五大类。不同的水文环境其水资源的形成条件、森林草地等生态系统的分布、径流的扩散等大多不相同，因此需要进行区域性的研究。

4）应用性

绿洲生态水文研究具有应用性。绿洲生态水文研究主要涉及绿洲内陆水循环和水质的监测、模拟和预测等方面，需要针对当地的实际问题进行研究，并提出可行的解决方案，帮助当地居民更好地利用和保护水资源。

5）复杂性

绿洲生态水文研究具有复杂性。绿洲地区的水文环境受到多个因素包括地形、气候、土壤等的影响。这些因素之间相互作用，使得水文环境变得非常复杂。例如，在不同高度的山坡上，由于风力和降雨强度的差异，水资源的分布格局会发生变化，这就需要考虑到多种因素对水文环境的影响，并进行综合分析。此外，不同类型的植被需要不同的水分和养分条件，因此水文环境的变化会影响生态系统的稳定性和功能发生变化。绿洲生态水文研究还需要考虑人类活动对水文环境的影响。例如，过度开采地下水会导致地下水位下降和水质变差，进而影响生态系统和人类健康。

4.2　森林生态水文

4.2.1　概述

森林生态水文是指研究森林生态系统中水文过程和森林与水分循环的相互影响。森林变化对水循环的影响应当包括森林采伐对流域水循环的影响和森林恢复对流域水循环的影响两方面，而森林采伐和森林恢复必然伴随着森林生态系统内水循环物理环境相应的变化。森林变化对流域蒸散发的影响，特别是对水循环起决定性作用的流域土壤水文特性的影响是认识森林变化对水循环影响的关键。对土壤水文特性的影响最终表现在土壤水力传导度的变化和水分传输路径的影响，而这种影响将直接导致流域径流形成的水文响应模式的变化，其中包括径流来源的划分、地下水补给特征、径流产生机制、流域蒸散发的动力与补给机制等。另外，地形、地质、土壤类型和植被等的空间变异以及气象通量诸如降水、入渗和蒸发、蒸腾等的时空变化又进一步增加了认识和定量描述森林流域径流形成机制和水文响应模式的难度。然而，森林水文过程在时空尺度上差异显著，即使在同一时间尺度上，由于区域气候、地形和植被的不同，研究结果经常存在较大差异，甚至相互矛盾，这也是森林水文过程研究被科学家持续关注的主要原因。

4.2.2　森林的生态功能

1）森林具有防治土壤侵蚀的功能

森林是陆地上最重要的生态系统，以其高耸的树干和繁茂的枝叶组成的林冠层、林下茂密的灌草植物形成的灌草层和林地上富集的枯枝落叶层以及发育疏松而深厚的土壤层截留和储蓄大气降水，从而对大气降水进行重新分配和有效调节，发挥着森林生态系统特有的水文生态功能。植被（包括森林）的地上部分及其地被物能够拦截降水，避免雨滴直接打击地表，大大降低雨滴的降落速度，有效削弱雨滴击溅地表的动能，从而抑制了土壤侵蚀的发生。在森林与降水的关系中，林冠截留降水是森林对降水到达地面的第一次阻截，也是对降水的第一次再分配。森林冠层具有较大的截留容量和附加截留量，减少了林地的有效降水量，延长降水、产流历时，从而对土壤侵蚀具有较大的影响。

森林植被的枯枝落叶层具有防侵蚀作用，其机理主要表现为两方面：一是其具有一定的储水持水能力，可以有效延长径流历时和增加土壤入渗；二是枯落物层的存在增大了地表有效糙率，对于减小径流流速和防止土壤侵蚀具有重大意义。

2）森林具有净化水质、降解污染的功能

森林和水是生态系统中最活跃、最有影响的两个因素。森林作为陆地上最大的生态系统，拥有丰富的生物资源和物种基因，具有极其良好的水源涵养和水土保持特性以及净化水质的功能。陆地上的水主要靠大气降水补给，并为人类生活和生产活动提供可直接利用的动态资源，是一切生命物质的源。

森林对水的作用体现在两方面，即水量和水质。森林不仅对降水径流、水循环及环境等具有调蓄、维持其良性循环的生态功能的作用，还对水化学物质具有物理的、化学的及生物的吸附、调节和滤储功能。

降水是水分进入森林生态系统的主要途径，而地表径流和地下径流则是液态水分输出的主要形式，森林流域水质的研究分析集中在降水形成径流过程中水质的变化。降水挟带的各种物质进入森林生态系统后，第一个作用面为林冠层，一部分化学物质会被林冠截持，另一部分物质（包括沉积在林层表面及植物体本身分泌出的物质）则会被雨水淋溶；当降水到达林地后，地被物和土壤层对水化学物质的影响作为第二层界面，其影响包括活地被物和枯落叶层的截留，微生物对化合物的分解、对离子的摄取，土壤颗粒的物理吸附、对金属元素的化学吸附和沉淀等。与无林地流域对比，除了有庞大的林层外，森林林地土壤有良好的团粒结构，满足微生物生长的湿润条件，完整的地被物层使得森林生态系统比空旷地具有更强的净化水质的功能。

3）森林具有防护和减轻沙漠化的功能

森林可以通过根系固定土壤，减少风沙侵蚀和土地退化。含根土壤层的防蚀作用主要体现在其透水和储水性能，根系对土壤的固持以及在枯落物和根系的共同作用下，改善了土壤物理性状和结构，增加了土壤黏聚力。植被根系减少土壤冲刷量的实质是提高了土壤的抗冲性。枯枝落叶层吸收降水的过程与林冠截留相似，可分为对大气降水的截留过程和对地表径流的吸水过程，前者是通过对大气降水的削弱而起到减小径流的作用，后者类似于枯枝落叶在静水中的浸泡作用，是对地表径流的吸收过程，从而起到双重截吸作用。然而，需要注意的是，在绿洲区大面积植树造林也可能导致地下水过度消耗，从而加剧荒漠化。

4）森林具有提高生物多样性的功能

森林可以提供栖息地，森林内部包含许多生物多样性的微观环境和生态位，为各类生物提供适宜的栖息地。不同种类的植被层次、地形、光照条件等形成了多样化的生态生境，适合许多动植物的生活和繁殖。森林为动植物提供食物来源，如果实、种子、花朵、叶子等，各类动物可以利用这些资源作为食物来源。森林中的食物链和食物网形成了复杂的生态关系，各个层次的生物之间相互依存，并构成了丰富且独特的生物多样性。

4.2.3 森林对绿洲水文过程的影响

1）对降水的影响

森林对降水的影响体现在两方面：一是森林的存在或改变会影响区域或局地尺度上降水量及其格局的变化；二是森林生态系统各界面层对降水的截留作用，改变了降水量、降水强度以及降水的时空分配特征。

绿洲地区的森林能够吸收大气中的水分，并将其传输到土壤中去，从而提高土壤的含水量，这有助于维持地下水位和支持周围地区的水资源。此外，其还可以改变地表的热量分布，形成热岛效应，使得周围地区的空气升温，产生温度差异。这种温度差异可以驱动空气对流，进一步形成不稳定的大气层，有利于云的形成和降水的发生。除了这些直接影响外，绿洲地区的森林还可以影响大气环流，如大尺度的风流和季风系统。通过与环境相互作用，在一定程度上还可以调节地区的气候模式，并对降水分布产生影响。

森林冠层截留作为生态系统的降水输入调节的起点，历来是研究的热点。国内外开展了大量的实测与模型模拟研究。从发生过程来看，林冠截留量的大小因不同林分类型、不同环境条件、不同降雨特征等而异。我国主要森林生态系统林冠截留率的平均值在11% ~ 37%，变异系数在7% ~55%。降雨经过林冠层作用形成林内穿透雨，穿透雨与林冠下层灌草等植被接触再次产生类似林冠截留的下层植被截留过程。干旱地区灌木群落的降水截留率在3% ~37%，也是生态系统截留降水的重要组成部分。此外，地表枯落物同样具有较大的水分蓄持能力，枯落物层持水量一般可达自身质量的2 ~5倍，从而影响穿透雨对土壤水分的补充和对植物水分的供应。

2）对蒸发的影响

森林可以增加地表水的蒸发量和蒸腾量，从而增加大气中的水汽含量，进而增加绿洲地区的降水量。同时，森林可以减少直射到地面的阳光和热量，有利于降低地表温度，减缓水分的蒸发速度，提高水分利用效率。

3）对径流的影响

径流是陆地水循环的重要组成部分，它是人类生活和生产活动直接利用的淡水资源，包括地表径流、土壤水和地下径流。从过程机制来看，森林通过林冠层、林下植被层、枯落物层、土壤层等垂直分层与横向空间对降水进行截持、缓冲、蓄纳和分流等，最终体现为对径流的复杂调控。从作用结果来看，森林对径流的调节作用不仅体现在产水量的增减方面，还体现在对径流的时空调配方面，尤其体现在拦蓄洪水、补给枯水的功能方面。

4.3 草地生态水文

4.3.1 概述

全球约24%的陆地表面是天然草地，其中80%分布于干旱和半干旱地区，因此许多的学者注重研究干旱和半干旱地区的草地水文学。通常这些地区与湿润地区草地丰富的地表水资源相比具有十分独特的水循环特征，如降水稀少、蒸发量大、水资源储量低、季节性径流等特点。由于天然草地本身包括了非常大的流域面积并具有许多复杂功能，因此研究者越来越关注放牧强度对天然草地的降水、植被截流、土壤渗透、地表径流、土壤侵蚀、蒸散发、草地积雪等功能的影响，其中有不少学者都对草地水文的各种功能进行过论述和研究。

4.3.2 草地的生态功能

1) 草地具有改善土壤理化性质的功能

草地的根系呈网络交错穿插分布，有利于林下土体结构的稳定性，可改良土壤，减少土壤钙、镁、铜、铁等营养元素的流失，降低土壤容重，提高土壤总孔隙度，改善土壤物理性状，提高土壤酶活性和土壤有机质含量，从而可增加土壤微生物含量，提高呼吸强度、硝化作用和分解纤维素的能力。

2) 草地具有调节绿洲微气候环境的功能

草本植物可分层截获到达地面的光照辐射，减少蒸散量，增加林间空气湿度和降低空气流速。草地具有良好的保水性能，能够在夏季蒸发水分吸收大量的热量，从而降低地表温度。相比之下，硬质表面如水泥、沥青等会吸收更多的热量，导致热岛效应和高温问题，草地的植被覆盖和蒸散作用有助于降低地表温度，创造更为舒适的微气候环境。

3) 草地具有有效控制绿洲水土流失的功能

草地既能缓和降雨对土壤的直接侵蚀，减少地表径流和水土流失，还可以提高水分的沉降和渗透速率，减少土壤水分蒸发，提高土壤水分含量和水分利用率。据测定，在同样降水量和地形条件下，农闲地和庄稼地的土壤冲刷量比林地和草地大 40~110 倍；在 28° 的坡地上种植牧草比一般农耕地的径流量少47%，土壤冲刷量少60%。

4) 草地具有阻挡风沙侵蚀的功能

草地的植被可以有效地减缓风的速度，形成微风和防风带。裸地容易遭风蚀，而草丛较高的草地提高了其阻挡风蚀的能力，地表上有植株茎叶的遮挡，地面下有植株根系的固定，因而表层土壤不易随风移动。美国研究资料表明，在美国北部干旱草原区，建立与风向垂直的高草草障，可有效地降低两草障之间的风速，两草障之间的风速与无草障地相比低 19% ~ 84%。国内研究测定，在留有 10 ~ 20cm 谷茬的近地表 5cm 处风速，比自地表 2m 处空中风速下降 23%。上述资料充分说明草地可降低近地面风速，防止土壤风蚀，有效地起到防风固沙的作用。

4.3.3　草地对绿洲水文过程的影响

1）对降水的影响

草地可以通过生态调控促进绿洲地区的地表水循环，从而有利于增加降水量。草地可以吸收大气中的水汽、提高空气湿度、增加云层的形成，这有利于增加绿洲地区的降水量。同时，草地可以减少阳光直射、减缓地表水的蒸发速度，有利于保持土壤中的水分和提高土壤蓄水能力，从而有利于增加大气水汽量，促进降水的发生。

草地的根系可以渗透深入土壤，固定土壤，防止土地退化和沙漠化趋势的加剧，促进地下水储存的增加，有利于增加土壤水分的蓄积量，这有利于增加绿洲地区的地表径流和水资源的供给量。草地覆盖层可以增加土壤孔隙度和空气湿度，从而有助于形成微气候环境，促进地表水和大气水之间的循环。

2）对径流的影响

森林林冠和草本植物的截流，使到达地表的雨量时间滞后，能够有效地减少地表径流和土壤侵蚀；草地枯落物能通过对降水的吸纳使地表径流减少并增加对土壤水的补给。Slatyer 和 Mabbutt 指出在干旱、半干旱地区草原由于土壤贫瘠、植被稀少，地表只能储存少量的降水，这时发生径流的速度是很快的，会导致径流汇集形成短暂洪水的现象。

3）对蒸发的影响

植被覆盖能够有效地影响地表反射率和地表温度，进而影响土壤蒸发和植物蒸腾。草地的蒸散量与降水量的比值比森林小，植被覆盖是草地影响土壤水、地表水和地下水位的重要因素。在干旱半干旱草地生态系统中植被的蒸腾耗水也比较明显。Bouwer 认为一般天然草地的蒸散量和地下水位的深度有相关性，根系越深，地下水位也越深，在其中生长的植物基本上能保持潜在蒸散率。

草地可以通过减少太阳直射、降低土壤温度、提高土壤湿度和减缓风速等手段，降低水分的蒸发速度。草地的植被覆盖可以阻挡阳光直接照射在土壤表面，减少地表水分的蒸发和渗漏，从而保持地表水和土壤湿度。同时，草地的植被可以减小风速，防止水分蒸发速度过快，提高了水分的利用率。

4.4 湿地生态水文

4.4.1 概述

湿地作为干旱、半干旱区水资源的重要载体，其生态功能无可替代。干旱区湿地对于气候因子的波动及人类活动的响应十分敏感，湿地所在区域的环境变化可以通过湿地面积的扩张、缩小等体现，湿地的时空变化对干旱区的生态环境质量有很大的影响，尤其会对水资源产生深刻的影响。

绿洲湿地资源主要包括草本湿地、河流湿地、湖泊湿地及人工湿地等。湿地水文通常是指湿地的入流与出流以及与其他生境因素的相互作用等。水文周期或水文特征是湿地入流与出流水量平衡（水量预算），湿地区域的地形、地貌和地层条件对水文过程综合影响的结果。水文影响湿地物种组成、主要生产量、有机物沉积和营养物的循环等。在气候变化和人类活动的叠加效应影响下，绿洲湿地出现面积缩小、盐碱化加重和水环境污染等生态环境问题，严重限制了湿地生态系统服务功能作用的发挥，威胁着干旱区绿洲的生态安全与可持续发展。因此，研究绿洲湿地分布格局的时空演变及其服务功能价值的变化特征，可以为合理保护绿洲湿地资源、维护绿洲生态安全和可持续发展提供管理对策与决策依据。

4.4.2 湿地的生态功能

1）防治湿地具有抑制绿洲萎缩、降低草场退化和荒漠化风险的功能

湿地通过拦截和储存水分，为周围的绿洲地区提供水源。它们可以吸收和蓄存降水，并通过植被和土壤层的水循环，滋养周围的草场和植物。湿地的水源维持能力有助于避免绿洲的水资源枯竭和减少草场的水分损失；湿地的植被和沉积物有助于保持土壤的稳定性。湿地可以减缓水流速度，阻止土壤侵蚀和流失，保护了绿洲地区的土壤质量和肥力，减小草场退化和荒漠化发生的概率。湿地植被种类多样，包括沼生植物、湿生植物和水生植物，这些植被具有根系系统，可以稳固土壤，增加土壤的保水能力，并提供栖息地和食物来源，在绿洲地区起到保护和维护生物多样性的作用。湿地通过蓄水和调节水流量，有助于平衡绿洲地区的水文环境。湿地通过吸收大量的降水并储存水分，减少洪水的发生，并在干旱时释放储存的水分，这有助于稳定绿洲地区的水资源供应，降低草场退化和荒漠化的风险。

2）湿地具有补充地下水的功能

湿地可以为地下蓄水层补充水源，湿地蓄水层的水可以成为地下水系统的一部分。同时沼泽、河流、小溪等湿地向外流出的淡水限制了海水的回灌，沿岸植被也有助于防止潮水流入河流。如果湿地受到破坏或者消失，就会出现地下蓄水层供水不足的现象，从而减少地下淡水资源。

3）湿地具有保护生物多样性的功能

湿地由于具有特殊的水文与气候条件，是野生动植物的重要栖息地，是许多稀有物种赖以生存的生态家园。尤其对于干旱区绿洲来说，生物的种类相对于周围干旱荒漠、草原较多，因此湿地成为干旱绿洲许多生物的栖息地。

4）湿地具有降解污染物质、净化水质的功能

湿地有助于减缓水流速度，当含有有毒物质、杂质（农药、生活污水和工业排放物）或富营养化的流水经过湿地时，水流速度减慢，流水中的毒物、杂质和营养物质或被湿地植物吸收，或沉淀积累在湿地泥层中，从而净化了下游水质，减少了进入湖泊中有毒有害物质的含量。

4.4.3　湿地对绿洲水文过程的影响

1）对降水的影响

湿地可以储存降水，形成湖泊、沼泽和泥炭地等水体。这些水体可以在降水过多时吸收和储存水分，减缓雨水径流的速率和流量，从而减少洪水的发生，并逐渐释放储存的水分到周围环境中。湿地的蓄水功能可以起到缓冲和调节雨水径流的作用。湿地的存在可以改变降水的分布格局，湿地的水体可以影响气候，形成特殊的气候环境，如形成湿润的气候带和季风带。湿地植被的蒸腾作用也可以调节局部的气候，造成局部的降水增加。此外，湿地还可以影响降水的时空分布，并在一定程度上影响降水的强度和频率；湿地的水体和湿地植被可以通过蒸发和蒸腾作用将水分释放到大气中。湿地的蒸发蒸腾作用可以增加大气水分含量，进而增加大气中的水汽含量，提高空气湿度，这有助于增加降水量和降水频率。

2）对蒸发的影响

湿地的水面覆盖能够减少蒸发。湿地通常被湖泊、河流、沼泽等水体覆盖，这使得水在湿地表面积聚并形成湿润环境。相比于干旱地区的裸露土地，湿地的水体能够抑制土壤表面的水分蒸发，从而降低蒸发量，在炎热季节可以提供一个较为凉爽的环境。

湿地中的植被也对蒸发有着重要影响。湿地植被通常具有茂密的根系和丰富的叶面积，这些植被结构能够在蒸发过程中起到阻隔作用，减少水分的蒸发损失。湿地植被通过其根系系统吸取地下水并将其蒸腾到大气中，这种蒸腾作用会增加湿地表面的湿度并减缓水分的蒸发速率。

湿地的湿润环境和高湿度也会对周围的蒸发产生影响。湿地的水体释放出大量的水蒸气，增加了周边地区的湿度，形成湿润的气候环境，这种湿润环境能够抑制空气中水分的蒸发，降低周边地区的蒸发量。需要注意的是，湿地蒸发量的减少可能导致湿地水循环的改变。湿地蒸发量的减少也会影响湿地的水循环和水平衡，可能导致湿地系统的水量变化和生态系统的变动。

3）对下渗的影响

湿地具有较高的土壤含水量和植被覆盖度，这有助于提高土壤的渗透性和下渗能力。湿地可以通过植物根系系统、土壤孔隙和地下微生物的作用，促进水分向下渗透到深层土壤。湿地的植被通过根系系统将水分有效地储存在土壤中。这增加了土壤的保水能力，延长了降水的滞留时间，减缓了地表径流的形成，从而促进了更多降水的下渗。湿地的植被覆盖层可以遮阴和保护土壤，降低土壤表面的温度，并减缓水分的蒸发速率，这有助于保持土壤湿润和水分的下渗，避免过度蒸发和水分的丧失。绿洲地区湿地的下渗水可以补充地下水储量，通过下渗到深层土壤和岩石中，水分可以进一步渗透到地下水层，充实地下水资源。

4.5 湖泊（水库）生态水文

4.5.1 概述

湖泊是陆地上具有一定规模、一定深度、较为封闭的积水洼地，是湖盆、湖水和水中物质相互作用的自然综合体。湖水是陆地水的重要组成部分，是湿地的重要类型。

湖泊具有调蓄水量、供给水源、灌溉、航运、发展旅游和调节气候等功能，并蕴藏丰富的矿物资源。绿洲地区通常位于干旱半干旱地带，地表水资源稀缺，因此建设人工水库是解决其水资源问题的一种重要手段。在人工水库所围成的区域内往往植被比较繁茂，形成绿植区。我国西北典型干旱区的塔里木河流域已修建各类平原水库 76 座，其中大型水库 6 座，总库容 $1.3 \times 10^9 m^3$，有效灌溉面积达 $3.6 \times 10^9 m^2$。

我国干旱区包括盐（咸）湖在内的近 400 个大小不同的湖泊。这些湖泊对区域的生态与环境变化有着直接的作用和重大的影响。干旱区的湖泊水系都是以独立河流系统为单元进行水分循环的，每个流域系统（如博斯腾湖、艾比湖、巴里坤湖、艾丁湖等）都有各自独立的径流形成区域、水系和尾闾。近 50 年来，随着干旱区人类活动的增加和耕地面积的扩大，入湖水资源大量被拦截使用，加上区域降水量小、蒸发量大的气候特征的影响，湖泊迅速萎缩、咸化甚至干涸，严重危及湖泊及其相邻区域的生态环境，造成生物多样性丧失、湖滨地区荒漠化加剧等问题。

4.5.2　湖泊的生态功能

1）湖泊具有重要的水文调节功能

湖泊对干旱绿洲的水循环起重要作用。雨季时，降水量较大，湖泊可以蓄水，等到冬春季，河流水量减少，湖泊又能将存储的湖水释放出来，供绿洲区人类的使用以及维持绿洲的水平衡。此外，湖泊的水分通过蒸发形成水蒸气，然后又以降水的形式降到周围地区，保持当地的湿度及降水量。

2）湖泊具有调节局地气候的功能

湖泊的存在影响着局地小气候，强烈蒸发形成的相对湿润的气团，对风沙具有减速效应。夏季，湖泊对周围的气温有明显的调节作用，干旱区的湖泊，降温作用尤其显著，对部分极端高温也有较好的调节作用。由于水的热容量大于地面，吸热和放热较慢，因此湖泊上的气温变化较为缓和，而干燥地面上的气温变化则较为剧烈，湖泊水平方向上的热量和水汽交换使周围的局地气候具有温和湿润的特点。

3）湖泊具有补充地下水，防止盐水渗入的功能

湖泊通常是由多种水源供给的，其中包括地下水、河流和降雨等，当降雨或河流输入湖泊时，它们可能会补充周围地下水层的水量，从而保持水量平衡，这也意味着湖泊可以作为地下水储存和补给的重要来源。此外，湖泊还可以防止盐水渗入。在某些地区，地下水含盐量较高，如果过度开采或气候变化等因素导致地下水位下降，就可能发生盐水渗入现象。湖泊的存在可以使水在地表循环并重新进入地下水层，从而稀释盐度并维持水文平衡，防止盐水渗入。需要注意的是，湖泊补给地下水和防止盐水渗入的功能不仅取决于湖泊，还与周围地形、水文特征、气候等因素密切相关。因此，对于不同区域的湖泊，需要进行具体且有针对性的研究来了解其地下水补给和防止盐水渗入的作用和机制。

4.5.3　湖泊（水库）对绿洲水文过程的影响

1）对局地气候的影响

水库的建设是将陆地生态系统改变为水域生态系统，从一个狭窄的河流转变为开阔的水体，这一转变必将对水库周围的自然地理环境产生影响。水库库区由陆地转变为水域，会导致库区与大气的热量、水分交换等发生改变，从而改变库区周围的气候环境。例如，20世纪50年代末建成的新安江水库（又称千岛湖），使该区从一个狭窄的河流变成一个面积为394km²的水库，水量平衡发生了变化，蒸发量由1951~1958年建库前的720mm变为1965~1972年建库后的775mm，湖区蒸发量增加了55mm；湖泊周围地势高处降水量增加，影响范围一般为 8~9km，最大不超过 60~80km。建库后，库区年平均气温升高0.4~0.8℃，温度年较差减小，常年多晨雾，无霜期延长 25 天，库周植被也发生了相应的变化，湖面风速增大 30%，并且风向发生改变，白天由湖面吹向陆地，夜晚由陆地吹向湖面，湖区雷雨现象相对减少，甚至消失。

2）对径流的影响

湖泊和水库的存在可以延缓雨水的流动速度。水库可以接收并蓄存大量的降雨，减缓了径流的速度，并通过控制泄洪释放蓄水，使其在适当的时机缓慢回归到河流系统中，这有助于减少洪水的发生和降低洪水的威胁。水库对河流径流、地下径流和坝后土壤水分的影响也较为明显。例如，官厅水库建成后，库岸调节水量占水库蓄水量的10% 左右；由于坝基渗漏，坝后地下水位抬高，土壤的理化性质也发生了变化。由于土壤含水量增加和土壤理化性质的改变，坝后一定区域内土壤沼泽化或盐碱化，植被类型也发生相应的变化。水库建成后，随着库区蓄水量的增加，库区地应力发生变化，有可能诱发水库地震。

3）对地下水的影响

湖泊和水库的存在会改变地下水位的分布和水位高程。当水库建立和存在时，一部分地下水可能会因为水库的蓄水而升高，形成冲洗现象。相反地，如果水库的水位下降，蓄水对地下水的影响也会减弱，这种影响对地下水的开采和利用有一定的作用。

湖泊和水库的存在会对周围地下水的质量产生影响。由于水库的灌注和湖泊的存在，水质中的某些成分如悬浮物、溶解物、有机物等可能会改变。尤其在水库的充水期间，大量水体的积聚和混合可能会导致一些水质变化，需要对地下水的水质状况特别关注。绿洲湖泊和水库的存在可能会促进地下水抽取的需求。当湖泊和水库存在时，周边地区的人们可能更倾向于从地下水层中抽取水资源，作为水库或湖泊不足的补充。大量地下水的抽取可能导致地下水位下降、地下水资源减少和水质变差等问题。

需要注意的是，湖泊和水库的存在和运营也可能引发一些环境问题，如水源的过度抽取、湖泊富营养化、水域面积的变化等。因此，在湖泊和水库的建设和管理过程中，需要综合考虑水资源的可持续利用、生态平衡和环境保护等方面的因素，以最大限度地发挥其对干旱区地理环境的积极影响。

4.6 农田生态水文

4.6.1 概述

农田生态系统是自然和人类干预相结合的结果，人类改造和管理自然环境，使得荒漠地区适应人类生存的需要。农田生态系统中土壤、植被、水文、气候和地形则受到人类活动的控制以优化组合，使得各要素搭配得当，使生物产量高，小气候条件优越，为人类在荒漠地区生存、繁衍创造了条件。农田生态系统一方面能够在较小空间和有限时间内产生较高的生产力，提供某种生态系统服务功能；另一方面经过改造重建，富有再生性，形成更有价值的生态系统。它"不是自然"，却"胜似自然"。

在绿洲人工进化的过程中，农田系统在不断改变着绿洲生态系统各种成分的组成比例，不断提高满足人类生存需求的能力，容纳了更多的灰色生态系统成分，促进着绿洲灰色生态系统的发展，但农田生态系统仍然要依赖绿洲内的其他天然系统才能存在。

4.6.2 农田的生态功能

1）农田具有保持土壤的稳定性和肥力的功能

在农作物生长期间，植物根系可以固定土壤，并通过其残留物和腐熟后的有机物为土壤提供养分，防止土壤侵蚀和沙漠化。

2）农田具有促进水资源地涵养的功能

作物的生长需要水分，因此农田通常需要进行灌溉。在这个过程中，土壤可以起到滞水、渗透、净化等作用，使得水资源得以储存和保护。

3）绿洲农田可以改善沙漠化区域的生态环境

适当的耕种和植被覆盖可以减缓土地侵蚀和风蚀，从而增加土地的肥力和水分含量。同时，植物还能吸收二氧化碳和其他污染物质，净化空气质量。

4）农田具有提供多样的生境和栖息地的功能

农田支持着各种野生动植物的生存需求，形成了耕地生态系统特有的生物种群结构。同时，农田中的农业生产也为当地居民提供了就业机会和经济收益。

4.6.3 农田对绿洲水文过程的影响

1）对降水的影响

农田的"绿化"可以增加绿洲地区的植被覆盖度，从而增加降水量。农田中种植的植物可以通过蒸腾作用促进水分的循环，提高大气中的水汽含量，有助于增加绿洲地区的降水量。

农田作为绿化的一种方式，可以减缓太阳直射，减少土壤水分的蒸发速度，有利于保持土壤中的水分并提高土壤蓄水能力，从而有利于增加大气中水汽含量，促进降水的发生。此外，农田植物和土壤中的微生物可以促进大气中水汽的凝结，从而促进云层的形成，增加绿洲地区的降水量。

2）对蒸发的影响

农田常规灌溉会使土壤表面蒸发量加大，这反过来会导致土壤水分储存能力降低，增加了地表水的蒸发和渗漏。而如果采用节水农业方式的灌溉措施，如滴灌、喷灌等，则可以减少农田的水分蒸发量，从而减小对水资源的损耗。

农田的植被和根系结构可以改善土地的物理、化学和生物特性，增加土壤的孔隙度和通透性，从而有利于提高土壤的保水能力，减少蒸发。例如，在坡耕地上种植阔叶树和草本植物，并采用草本–矮果树–高立木的配套布局，不仅可以在极端干旱的条件下明显减缓土地的水分蒸发，还能降低土壤表面温度和表层渗漏。

3）对地表水及地下水的影响

大规模的农田化也可能导致地下水资源消耗过快，对地下水和河流的水量与质量造成影响，从而影响水资源的可持续利用，甚至可能导致地下水资源枯竭，从而对生态系统产生不利的影响。由于农田化需要进行大量的人工灌溉，因此需要建设大型水利工程，这些工程可能会改变当地的水文地质条件，导致地下水位下降、土壤盐碱化等问题。此外，为了进行灌溉，还需要大量使用化肥、农药等化学物质，这些物质可能对环境和生态系统造成污染和破坏。农田的不合理开垦和种植方式可能会对土地结构和质量造成损害，从而破坏了土壤的保水能力和地下水循环，增加了水资源的损失和水环境风险。

4.6.4　典型农田的案例研究

1）研究区概况

民勤绿洲（38°27′10″N～39°06′53″N、102°53′16″E～103°49′00″E）位于河西走廊东端和石羊河流域下游，西、北、东被巴丹吉林沙漠和竖戈沙漠包围。民勤绿洲是在石羊河的滋养下形成的，东西长206km，南北长156km。属典型的大陆性气候，太阳辐射强烈，日照时数长，昼夜温差大，降水稀疏，蒸发量强，是世界上水资源短缺和沙尘暴危害最严重的地区之一。天然土壤包括灰褐色沙漠土壤、风沙土、盐渍土和草甸土壤。耕地主要是灌溉粉砂土，在长期耕作、灌溉和施肥的作用下演变而来。民勤地区降水少，地表水和地下水是绿洲生存的关键。唯一的地表径流是发源于祁连山的石羊河，其主要补给源是高山融雪和大气降水。

实验站位于民勤绿洲中部大滩乡北东村（38°47′29″N、103°13′52″E）。实验场长67m，宽26m，四周环绕着道路、灌溉渠和山脊。本研究主要记录了2019年实验站生育期温度、相对湿度、降水量和灌溉量等情况。在玉米生长期间，总共有6次灌溉。灌溉水源为地下井水，灌溉方式为地表驱动。

2）农田灌溉水入渗

2019年玉米生长期内6次灌溉事件后的第一天，平均有29.9%±4.2%［（29±6.7）

mm〕的灌溉水渗入了 0～10cm 土层中，有 29.6%±2.9%〔（28.4±2.7）mm〕和 30.3%±
4.3%〔（29±3.5）mm〕的灌溉水分别入渗到 10～50cm 和 50～100cm 的土壤层。此外有
10.2%±2.1% 的灌溉水渗漏到 100cm 以下的土层或者直接被蒸发损失掉。

3）土壤水深层渗漏

土壤水的深层渗漏和较低的利用率是农田灌溉过程中普遍存在的问题。本研究根据土
壤水量平衡方程计算得到 6 次灌溉事件的深层渗漏量分别为 58.1mm、39.6mm、36.9mm、
22.4mm、9.2mm 和 32mm，总渗漏量为 198.2mm，约有 31% 的灌溉水和降水渗漏到
100cm 以下的土层。发生在玉米拔节初期的第 I 次灌溉，深层渗漏量最大，为 58.1mm，
约占灌溉和降水总量的 47%；发生在玉米灌浆期的第 V 次灌溉，深层渗漏量最低，为
9.2mm，约占灌溉水和降水总量的 10%。总体上，深层渗漏量受单次灌溉量和不同生长期
玉米对不同土层土壤水的利用程度的影响。

4）灌溉期农田蒸散发分割

根据水量平衡和同位素质量守恒方程分割的 6 次灌溉事件期间农田的蒸腾比例总是大
于蒸发比例。6 次灌溉期间的蒸腾量分别为 63.7mm、74.6mm、79.2mm、88.2mm、
73.6mm 和 65.1mm，蒸腾比例分别为 79.5%、85.2%、87.7%、91%、91.6% 和 88.7%，
平均蒸腾比率为 87.3%；蒸发量分别为 16.4mm、13.0mm、11.1mm、8.7mm、6.8mm 和
8.3mm，蒸发比例分别为 20.5%、14.8%、12.3%、9.0%、8.4% 和 11.3%，平均蒸发比
率为 12.7%（图 4-1）。随着玉米的生长，蒸腾比例在生长前期较小，中后期较大，到后
期缓慢下降。

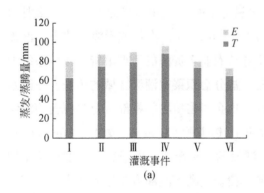
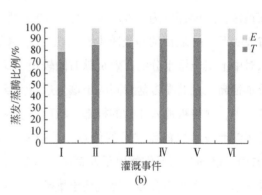

图 4-1　不同灌溉事件的蒸发量和蒸腾量（a）以及蒸发比例和蒸腾比例（b）

注：T 表示蒸腾；E 表示蒸发

5）农田水分管理建议

与天然土壤不同，农田容易受到人类活动的干扰，如耕作和灌溉，从而改变土壤的供
水。在本研究中，当灌溉后某一天模型计算中的灌溉贡献率小于 5% 时，该灌溉事件的贡
献从土壤水分中消失。灌溉事件后灌溉水对农田不同土层的贡献时间不同。灌溉后第 5
天，0～20cm 土层的平均贡献率超过 10%，这意味着灌溉水对土壤水分的贡献在 5 天后仍

然存在。第 5 天时，20～60cm 土层的贡献率小于 5%，灌溉水对该层土壤水分的有效贡献时间仅为 4 天。第 5 天，60～100cm 土层的平均贡献率大于 0～20cm 和 20～60cm 土层。因此，有理由相信，灌溉水对土壤层的贡献将继续，并且土壤层的有效贡献时间会更长（表 4-1）。

表 4-1　灌溉水的有效贡献时间

土壤深度/cm	有效贡献时间/d	土壤深度/cm	有效贡献时间/d
0～5	>5	50～60	4
5～10	>5	60～70	>5
10～20	>5	70～80	>5
20～30	4	80～90	>5
30～40	4	90～100	>5
40～50	4		

干旱区农田经营策略的启示在于要科学有效的灌溉计划应旨在补充根区的缺水，同时最大限度地减少该深度的浸出（Zhang et al.，2014；Bourazanis et al.，2015）。因此，准确评估土壤水分平衡成分（灌溉、排水和蒸散）对于改进绿洲农田灌溉管理策略至关重要（Li et al.，2019）。玉米利用的主要水源来自 0～0.6m 土层，因此，建议将灌溉润湿深度由传统的 1.0m 减小到 0.6m，这在减少蒸发和排水方面有很大的提升空间。假设在干旱绿洲地区，土壤深度为 0.6～1m 时，平均土壤含水量为 10%，农田容量为 15%，那么甘肃省 399 万 hm² 农田的灌溉减少到 0.6m，节水量约为 1.6 亿 m³。在传统漫灌方式下，灌溉水对中上层土壤水分的有效贡献时间较短，这将导致农业水资源的严重浪费。滴灌系统的成本很高，尤其在含盐量高的土壤上进行滴灌时，盐分会积聚在潮湿区域的边缘。在降水事件中，盐将被冲入作物的根部区域而不被稀释，这会损害植物的根部。薄膜覆盖滴灌结合了滴灌技术和覆盖技术的优点，可以有效解决上述问题（Li et al.，2019；Ning et al.，2021）。滴灌只润湿作物根系发育区，这是局部灌溉的一种形式。由于滴水强度小于土壤的入渗率，因此不会形成径流使土壤硬化。在薄膜覆盖滴灌下滴灌有少量的滴水，可以使土壤中有限的水分在土壤和覆盖物之间循环，减少作物的蒸发。覆盖物还可以将小的无效降雨转化为有效降雨，提高自然降雨的利用率。此外，滴灌条取代了乡村输水沟渠，减少了水运输过程中的蒸发和不必要的泄漏。

干旱区绿洲是一个独特的生态系统，处于微妙的生态水文平衡状态（Liu et al.，2015）。在保证粮食安全、减少用水量以提高水资源利用效率、减少地下水污染的基础上，制定有效的灌溉方案是实现区域农业可持续发展的必要条件（Zhang et al.，2014）。

4.7 尾闾湖生态水文

4.7.1 概述

内陆河诸水系因深居大陆腹地而不能汇入海洋，多数径流量小的河流在出山后在戈壁会消失转为地下水，大中河流经过绿洲，汇集并消失在尾闾荒漠中，因此尾闾湖又称终端湖、终点湖、河口湖等，以尾闾湖最为贴切，它意味汇集也意味着消失，是流域中河流集水汇盐等物质循环过程的终点。

尾闾湖作为干旱区内陆河下游绿洲生态系统的重要组成部分，具有涵养水源、防风固沙等功能。其特征主要包括：在干旱区内陆河山地–绿洲–荒漠复合系统中，尾闾湖位于荒漠腹地或绿洲与荒漠交接地带。若以绿洲为大陆，以沙漠戈壁为海洋，尾闾湖便是岛屿或半岛；由于所处之地为平原地带，尾闾湖通常呈现出较浅的碟子状形态；地形平旷，水位很浅，又多大风，尾闾湖中水温、矿化度等要素在纵向上十分均匀，几乎不存在分层现象，而在水平方向上差异较大。此外，由于海拔低、气候极度干旱，尾闾湖的蒸发强烈而降水稀少，故湖水矿化度往往很高，皆为咸水湖；湖水的主要甚至唯一补给来源为河流，严重依赖上游山地产流区，对气候变化响应敏感，且位于流域最下游，深受流域中下游人类活动干扰。

然而近半个世纪以来，受气候变化和人类活动的影响，内陆河尾闾湖不断萎缩，湖区周围生态环境一度恶化，已严重威胁区域社会经济发展。我国西北干旱区在强力蒸发作用下，表土水分消耗迅速，近地表—饱水带形成的负压使得地下水（潜水）向上输送，成为维持土壤水分和植被耗水的重要来源。位于下游荒漠边缘的尾闾湖周边，地下水位以及土壤水分和植被状态变化较大，特别是近年来随着上游向尾闾湖输水量增加，尾闾湖向周边地下水补给量不断增大，地下水位抬升，改善了土壤水分条件和陆表覆被状态。

4.7.2 尾闾湖的生态功能

1）尾闾湖具有稀释降解污染物及各种矿物质的功能

尾闾湖处于河道的下游，河水经过长期流动与沉淀后，其中的污染物会逐渐被稀释，从而减少了对环境的污染。尾闾湖作为河水的最后的沉积堆积地，可以起到稀释污染物的作用，使得污染物分散到一个更广的范围内，使之不易形成高浓度区域，从而减轻污染对环境的影响。尾闾湖的长期沉积和淤积作用可以在自然的条件下使水中一些矿物和粒子沉淀到湖底，在这个过程中发生着化学反应，使得一些重金属离子形成无机沉淀物质，从而对环境中的重金属离子进行稀释和吸附，使得河水逐渐得到净化。

2）尾闾湖具有维持生物多样性的功能

尾闾湖及其周边地下水埋深较浅的区域是重要的生物栖息地，如水中生产的鱼类、卤虫卵，湖畔和湖中生长的芦苇、水草和蒲类等植物及各种鸟兽等。其中部分生物十分珍稀，如20世纪初罗布泊中的扁吻鱼，只存在于塔里木河流域，经济价值和科研价值极高，随罗布泊干涸而几至灭绝。

3）尾闾湖具有保持水土、防风固沙的功能

尾闾湖生态系统不但具有植物固碳、氧气生产等一般湖泊湿地所共有的功能，更有干旱区特有的防风固沙的功能，是绿洲的生态屏障。尾闾湖所形成的植被群落是天然的防风固沙带，与下游河道和绿洲边缘的天然植被带一道，抵御风沙对绿洲和交通线路的侵袭。同时，尾闾湖的存在影响着局地小气候，强烈蒸发形成的相对湿润的气团对风沙具有减速效应。

4.7.3 尾闾湖的演变过程

历史时期，内陆河流域地广人稀，尽管有人类活动的影响，湖泊演化仍是主要在气候变化、河流改道等自然因素影响下进行，无论经历了怎样的扩张收缩、游移变迁，尾闾湖都顽强地度过了漫长岁月。越是靠近现代，人类活动对水系演变、绿洲发育和尾闾湖变迁的干扰影响就越是强烈。

20世纪50年代以来，干旱区流域进入人工水系和人工绿洲发展的时期，尾闾湖在人类活动干扰和控制下，演变大大加速且偏离自然周期过程。20世纪50年代以来，在人类活动的干预控制下，干旱区尾闾湖经历了两个快速的变化过程。表4-2整理了河西走廊、吐鲁番盆地、塔里木盆地等干旱区的主要地域单元中部分尾闾湖的面积减小情况和彻底干涸的时间。

表4-2 部分干旱区尾闾湖的萎缩消亡情况

地理单元	湖泊	主要补给河流	水域面积/km²			干涸时间
			20世纪40年代	20世纪70年代	20世纪90年代	
河西走廊—阿拉善	青土湖	石羊河	70	0	0	1959年
	东居延海	黑河	120	35	0	1986年
	西居延海		267	0	0	1961年
	北海子	讨赖河	—		0	20世纪80年代
	花海	疏勒河东支	10	3	0	20世纪90年代
吐鲁番盆地	艾丁湖	白杨沟等	124	29	0	—

地理单元	湖泊	主要补给河流	水域面积/km²			干涸时间
			20 世纪 40 年代	20 世纪 70 年代	20 世纪 90 年代	
塔里木盆地	罗布泊	塔里木河	1900	0	0	20 世纪 70 年代
	台特玛湖		168	0	0	1972 年
准噶尔盆地	艾比湖	奎屯河等	1070	670	500	—
	玛纳斯湖	玛纳斯河	550	54	0	1976 年

由表 4-2 中的主要湖泊面积变化情况可知，干旱区尾闾湖在 20 世纪 50 年代以后的时期，经历了快速萎缩、消亡的变化，其中部分湖泊如青土湖等快速干涸消亡。而艾丁湖等虽然没有完全干涸，但湖泊的水域面积缩小的情况十分严重。如图 4-2 所示，20 世纪下半叶，典型干旱区的尾闾湖面积缩小速度很快，大大超过了其在历史时期的演化速度。20世纪 70 年代部分尾闾湖泊仍然有一定的水域，但只是季节性的，其存在状态非常脆弱。21 世纪初期以来，干旱区干涸的尾闾湖重新出现，面积以缓慢的速度增大。

由图 4-2 可见，青土湖、居延海、台特玛湖和玛纳斯湖 4 个典型尾闾湖的面积在近七十年均发生了剧烈而鲜明的变化。不同尾闾湖在 20 世纪 40 年代的初始面积、21 世纪 10年代面积、其间面积变化的幅度与速度等方面存在较大的差异。但这些差异只是量的不同，其本质和基本规律是一致的：同样经历面积快速减小、干涸消亡、面积逐渐缓慢恢复3 个阶段，各阶段的对应的时间段分别为 20 世纪 40～60 年代、20 世纪 60 年代～20 世纪90 年代和 21 世纪 10 年代。湖泊面积的大小，呈现出典型的 "U" 形发展特征。

面积的大小是尾闾湖生态状况的最直接表现。湖泊水面的重新出现和缓慢增长，表明湖泊生态环境的好转，伴随着流域下游断流河道及湖泊水域周边地区的地下水埋深回升，植被群落由衰败到好转、沙漠化态势逆转。因此，以尾闾湖泊的生态状况来划分，可以将20 世纪 50 年代以来湖泊的变化分为两个发展阶段：20 世纪 50 年代至 20 世纪末为快速萎缩消亡的衰退期，21 世纪初以来为湖泊生态环境的发展上升期。

20 世纪以来，在干旱区流域范围内，气温、降水、河流出山径流量等影响着尾闾湖水量平衡的自然环境因素，均保持着相对的稳定，其波动情况与尾闾湖的剧烈变化很不相符。这表明尾闾湖偏离自然演化轨迹而快速萎缩消亡并不是气候变化的结果，而是流域人类活动强烈干扰的结果。在自然的演变进程下，这些渊源久远而且生命力顽强的湖泊的干涸消亡需要很长的时间。尾闾湖水面的恢复同样不是气候变化主导的结果，而是通过各种途径人工向尾闾湖下泄生态用水的结果。如果没有人工的输水活动，已经干涸的湖泊将长久保持干涸，而面积萎缩的湖泊将持续萎缩直到水面消失。人工干扰控制下的干旱区尾闾湖演变，是尾闾湖生命周期和演变过程的新阶段，人类活动不仅可以使湖泊消失，也可以使湖泊重新出现。

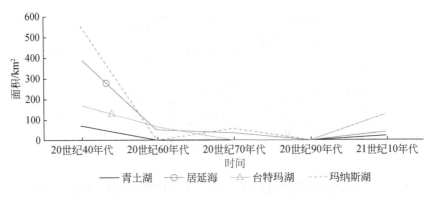

图4-2 典型尾闾湖近七十年面积变化情况

4.7.4 尾闾湖的生态重建

尾闾湖生态重建是在流域生态环境整体退化的背景下进行。根据流域的各空间面临的生态环境问题，在河流不同河段实施不同目标，总体思路是挽救问题最严重的下游，治理中游，保护上游。在短时期内，气候变化波动不大，影响较小，河流的总出山径流量和流域范围内的整体降水都比较稳定。向尾闾地区下泄更多生态用水，只能通过缩减中上游用水，重新分配、调整生态用水与生产生活用水的比例，提高下游占有量。

尾闾湖的生态重建，既为恢复尾闾湖和下游河流廊道这一景观单元，同时是对其他景观单元做出的调整，是整个流域水资源配置的改变。上游出山口水库可以提高水资源引用效率，同时控制性调度流域水资源的配置，尤其是生产与生态、上游与下游的关系；中下游地区的绿洲通过调整经济发展方式实现节水高效发展，协调自然绿洲与人工绿洲的关系。尾闾存在河流廊道和尾闾湖泊湿地，对防治沙漠化、保障生态安全有着重要意义。

典型尾闾湖生态重建的方法如下。

1) 湿地建设型：石羊河—青土湖

（1）压沙造林。按照外围封育、边缘治理的思路，民勤县以青土湖纪念塔为中心，划定以民左公路为轴线向周边辐射10～12km为治理区。2010年正式生态输水前，大部分区域已经开始压沙造林，截至2015年6月，已累计完成压沙造林7万亩，实施围栏封育12万亩。

（2）流域节水。流域治理开始后，全流域节水，控制地下水开采，在靠近尾闾的绿洲边缘，对部分农村社区实施移民安置、产业发展方式转变等生态政策。这一阶段主要为减缓生态恶化态势。

（3）生态移民与社区转型。在绿洲边缘区实施整村移民搬迁（煌辉村），在部分农村社区实行人定沙定的社区转型发展政策（正新村），放弃传统的农业生产的发展方式与经济结构，同时使农民转变身份为压沙工人，享受城市低保，在绿洲边缘的青土湖压沙造林。

（4）生态输水。在流域规划实施四年后，流域节水取得了一定的效果，开始向青土湖输入生态用水。2010年后开始进入湿地建设阶段，有计划地从红崖山水库下泄，并通过渠系直接注入湖区。2010年秋季，红崖山水库共向青土湖下泄生态水量1290万 m^3，实际入湖水量860万 m^3，在青土湖人工形成了3km^2的水面。经过连续6年的输水，石羊河流域累计向青土湖下泄生态用水14 583万 m^3。到2015年底，青土湖地区的局部地方地下水埋深小于1m，形成了约106km^2的旱区湿地。

（5）工程措施干预。青土湖已经干涸60年之久，很多区域已经被沙丘和盐碱覆盖，青土湖第一次输水过后，湖水下渗很快，且盐碱化问题严重，导致植被不能生长。从第2年开始，为了防止水进入盐壳覆盖的湖盆最低处，提高输水的利用效率，同时为了防止地下水抬升引起的盐碱化问题，通过人工修筑阶梯状塘堰的方法，将水体控制在地表盐碱较少的区域，且分割成多个小的片区。

2）水域维持型：塔里木河—台特玛湖

（1）源流区节水与博斯腾湖调水。塔里木河流域包括九大水系，但在实际的水资源利用中，仅有3条源流河和开都—孔雀河与干流有关联并承担向下游尾闾的输水任务。在输水实施过程中，3条源流河并未达到预期节水效果，且中游渭干河、迪那河等支流已与干流分离多年，均无水量调度任务，因此主要依靠从博斯腾湖人工调水。其中，在前10次向下游尾闾输水过程中，博斯腾湖—孔雀河的来水占总下泄水量的57%。

（2）原河道输水。向台特玛湖的生态输水实行过程中，上段采用源流河自然汇入与干渠输入两种方式。从大西海子开始的下游并无专门的输水通道，主要依赖河道的自然下泄。在相对关系方面，铁干里克绿洲相当于民勤绿洲的煌辉村，但到达尾闾湖仍有169km的河道。如图4-3所示，向台特玛湖输水过程中，通过设置生态闸控制，大西海子水库以下采取使用塔里木河的新旧两条河道同时下泄的双河道面状输水策略，在输水至尾闾湖的同时保证河流沿岸的用水需求。

（3）平原水库功能转变。输水过程中，为保证效率，提高生态用水比例，对下游大西海子水库实行了平原水库生产功能转向生态功能的调整不再用于灌溉，转向服务于向下游尾闾输水的控制调度。

3）生产恢复型：讨赖河—北海子

（1）下泄余水。2000年起，金塔县打通绿洲西缘的行洪河道，从鸳鸯池水库中，向北海子地区下泄余水。

（2）沿线压沙。结合实施关井压田、禁牧封育等政策，使北海子周边及绿洲北缘生态环境恶化得到遏制。2009年起，北海子开始形成水面，周边地下水位上升，植被群落开始生长。北海子及输水河道下端开始恢复生产。

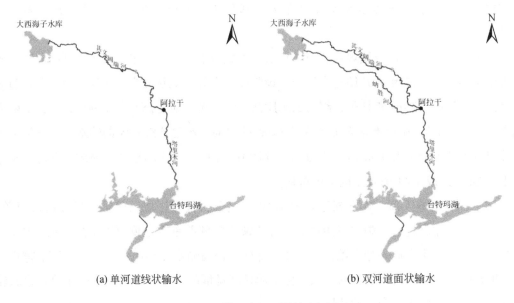

(a) 单河道线状输水　　　　　　　　　　　　　(b) 双河道面状输水

图 4-3　塔里木河下游输水河道

4）多目标输水：黑河—东居延海、天鹅湖

（1）流域治理。实施黑河治理规划和流域分水制度，规定正义峡下泄入下游的水量。在中上游的张掖地区，进行节水改造工程，地下水开发，对产业结构进行调整。

（2）输水方式。下游输水时，实行"全线闭口，集中下泄"制度，有内蒙古输水干渠和河道相间。在达来呼布镇东南约 6.4km、临策铁路跨河桥北 340m 处，将额济纳旗河一分为四，设有拦河分水闸道。正北的是额济纳旗河下游干流，入东居延海，向东的第 2个和第 4 个是干渠，第 3 个便是昂茨音高勒。其中额济纳旗河在北边河道上又有水闸，流经胡杨林景区的水便从这里分出。昂茨河是最大的一个支流，长约 56km，入天鹅湖。自黑河流域治理和分水制度实施以来，已经实现东居延海 13 年不干涸，水面维持在 40km² 左右（表4-3）。天鹅湖分为南北两个湖，总面积约 20km²。

表 4-3　东居延海入湖水量与面积变化

项目	2002 年	2003 年	2004 年	2005 年	2006 年	2007 年	2008 年
入湖水/10^6 m³	49	42	45	36	64	58	65
水域面积/km²	23.8	31.5	35.5	33.5	37.8	39	40.3
项目	2009 年	2010 年	2011 年	2012 年	2013 年	2014 年	2015 年
入湖水/10^6 m²	49	48	83	62	67	78	48
水域面积/km²	34.5	36.5	37.4	36	35.7	41.3	39.6

数据来源：额济纳旗东居延海水文站

4.7.5 典型尾闾湖的研究案例

1) 研究区概况

青土湖位于民勤绿洲北端，是石羊河的尾闾湖，地理坐标为 39°05′N～39°10′N、103°35′E～103°39′E（图4-4），20世纪50年代青土湖干涸，巴丹吉林沙漠和腾格里沙漠在这里合拢。直到2010年秋季在石羊河流域综合治理下青土湖才得以重现，2017年湖区面积达到了26.6km²。作为石羊河的尾闾湖，青土湖是阻挡腾格里沙漠与巴丹吉林沙漠合拢的重要生态屏障。青土湖大气降水的水汽来源季节性明显，夏季主要来源于西风环流、东南

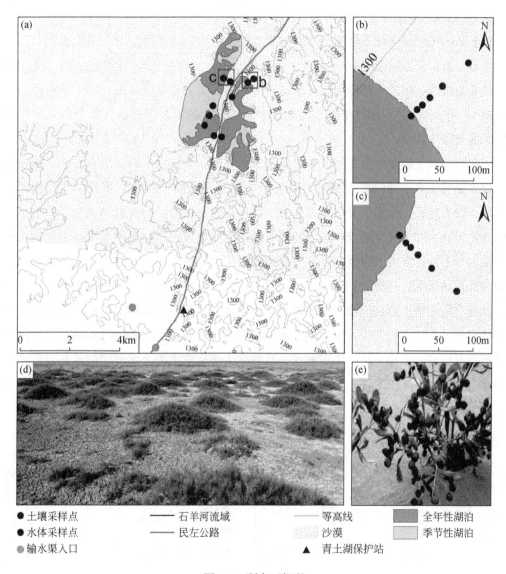

● 土壤采样点　　　——— 石羊河流域　　　——— 等高线　　　■ 全年性湖泊
● 水体采样点　　　——— 民左公路　　　　沙漠　　　　□ 季节性湖泊
● 输水渠入口　　　　　　　　　　　　▲ 青土湖保护站

图4-4　研究区概况

季风及局地蒸发，秋季来源于西伯利亚和蒙古国的极地大陆气团。青土湖周边约有 1000km² 荒漠沙丘，是我国沙尘暴发源地之一。青土湖地区海拔 1300m 左右，年平均气温 7.8℃，多年平均降水量 110mm，年平均蒸发量 2640mm，全年风沙日数达 140 天，年平均风速 4.1m/s，最大风速 23m/s，是典型的温带大陆性干旱气候（Zhang et al., 2019；Jiang et al., 2019）。区域地形地貌为湖相沉积基质上相互交错分布流动、半固定、固定沙丘和丘间低地，沙丘高度 3~10m。地带性土壤为灰棕漠土，非地带性土壤为草甸沼泽土和风沙土。生物多样性单一，植被类型为典型的荒漠植被，以旱生灌木、半灌木及一年和多年生草本植物为主，主要有白刺、梭梭、沙蒿、芦苇等，白刺沙堆呈斑块状分布，面积相对较大。

2）生态输水对土壤水的影响

青土湖的水主要来源于红崖山水库的生态输水，生态输水周期与红崖山水库灌溉调度周期基本一致，灌溉调度一般每年为 3 个时段，第一个时段是每年的 3 月上旬到 4 月中旬，是春灌阶段；第二个时段为 5 月下旬到 7 月中下旬，是夏灌阶段；第三个时段是 9 月上旬到 11 月中旬，是秋灌或早冬水阶段，满足了基本的灌溉需要后，其余水量均作为生态输水流入青土湖。

尾闾湖地区土壤水分主要补充来自生态输水补给，生态输水的漫溢和渗透补给导致了土壤含水量与土壤水同位素的变化（图 4-5）。温度是影响土壤水分蒸发的直接因素，一般情况下温度越高，土壤水分蒸发越强烈。此外，青土湖地区的生态输水也会影响土壤水分的蒸发，输水期土壤含水量较高，特别是离集水区较近的样地受湖水漫溢影响，土壤水分蒸发实质上接近自由水面蒸发，蒸发率比较稳定。非输水期随着土壤含水量的减少，非饱和渗透系数降低，补给蒸发的水分相应减少。不同输水情况下土壤水的 δ^2H、δ^{18}O 有差异，非输水期土壤水总是比输水期土壤水同位素富集，此外，非输水期相对于输水期土壤水同位素差异也较大，说明非输水期土壤水同位素变化较大。土壤水 LC-excess 表现出了明显的蒸发信号，干旱环境中生态输水补给的减少使非输水期土壤水同位素具有强烈的蒸发信号（LC-excess<-20‰），输水期蒸发则相对较弱（LC-excess>-20‰）。输水期土壤含

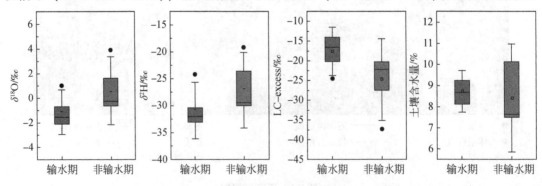

图 4-5　输水期与非输水期土壤含水量及其同位素变化特征

水量要高于非输水期，且土壤含水量分布也相对集中，而非输水期则较为分散，说明输水期土壤含水量较高且保持相对稳定，非输水期土壤含水量较低且变化较大（图4-6）。

生态输水是造成干旱区尾闾湖地区土壤水分蒸发信号差异的重要原因，LC-excess也可以有效地指出输水期与非输水期不同距离样地土壤水分的蒸发分馏信号强弱。5m、10m、20m、50m距离处非输水期土壤水分蒸发分馏信号明显高于输水期，100m距离处则不符合这一规律，说明生态输水对土壤水分蒸发的影响距离不超过100m（图4-6）。

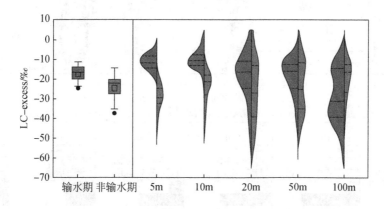

图4-6　输水期与非输水期不同距离土壤水分LC-excess变化特征

3）生态输水对植被用水策略的影响

在确定植物吸水的主要土层后，相关学者结合湖水和降水，分析了不同距离白刺灌木的吸水来源（图4-7）。白刺灌木对湖泊集水区附近（5m）表层土壤水的利用比例最大，这是因为在生态输水期，靠近湖泊汇水区的区域容易受到湖泊上涨引起的侧向渗流补给甚至湖泊溢流补给的影响。随着样地与人工湖面距离的增加，侧渗和溢流补给越来越少，白刺灌木对表层土壤水和湖水的吸收越来越少，而且逐渐转向利用更深的土壤水分，这反映了白刺灌木响应水文环境变化的水分利用策略（图4-7）。

青土湖地区降水稀少，蒸发强烈，植物生长主要依靠生态输水（在夏季降水较多的月份也会受到降水的影响），因此受输水周期及降水的影响不同月份植物吸水来源变化较大。研究表明，在植物生长期内共有4种水分输入模式，在每种模式中，植物的用水策略都不同（图4-8）。①无输水-无降水（5月）：植物利用深层土壤水比例增加。②有输水-无降水（4月、7月、10月）：植物利用表层土壤水（主要在5m、10m）、湖水的比例增加。③无输水-有降水（8月）：植物利用降水比例增加。④有输水-有降水（6月、9月）：植物利用表层土壤水（主要在5m、10m）、湖水比例增加，利用降水比例相对减少（主要在5m、10m）。

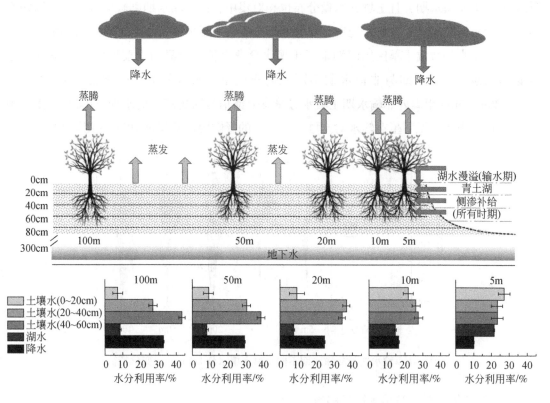

图4-7　不同距离白刺灌丛潜在水源贡献率研究

　　总体来说，在植物生长期内，随着距离的增加，白刺灌木吸收的表层土壤水分以及湖水减少，逐渐转向利用更深的土壤水分；在有降水的月份中，随着距离的增加，白刺灌木吸收的降水更多。降水的贡献在小范围（100cm）内理应是没有明显的距离变化的，然而由于输水周期的变化，湖水侧渗量也不同，因此降水贡献也有了距离变化。距离湖面越近，湖水侧渗贡献越大，降水贡献则越小。

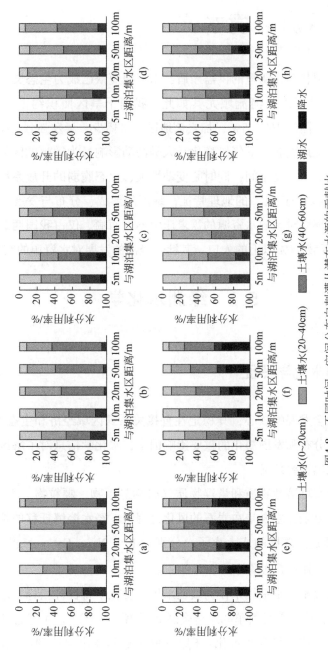

图4-8 不同时间、空间分布白刺灌丛潜在水源的贡献比
(a) 为潜在水源生长季长季平均贡献比；(b)~(h) 分别为潜在水源4~10月贡献比

第 5 章

绿洲环境水文

我国当前的用水现状存在明显的供需矛盾，水资源短缺已成为生态文明建设和经济社会发展的瓶颈，在干旱区内陆河流域尤其如此。我国干旱区面积约占全国土地面积的33%，水资源量仅占全国的4%~5%，加之该地区降水稀少、蒸发强烈、植被稀疏，使得干旱地区成为生态系统最脆弱、受气候变化和人类活动影响最为敏感的区域之一。绿洲是干旱区人们生存和发展的主要空间，同时是变动性大、生态脆弱的开放系统，由于干旱区"有水则为绿洲，无水则为荒漠"的地理特征，绿洲的形成、分布与发展演化受当地水资源的强烈影响，生态环境对区域水资源的需求压力不言而喻。仅占我国西北干旱地区面积5%的绿洲集中了该区域95%以上的人口，其社会经济的发展对水资源的需求与日俱增。

5.1 绿洲水化学

5.1.1 绿洲水化学特征

绿洲是干旱区社会发展的核心，其稳定性直接关系到区域经济和生态的可持续发展。水资源是绿洲形成、分布和发展演化的重要影响因素，水化学信息对了解区域水文过程和优化水资源配置呈现出重要意义。

天然水中一般含有可溶性物质和悬浮物质（包括悬浮物、颗粒物、水生生物等）。可溶性物质的成分十分复杂，主要是在岩石的风化过程中，经水溶解迁移的地壳矿物质。天然水中的主要离子组成为常见的八大离子，分别为 K^+、Na^+、Ca^{2+}、Mg^{2+}、HCO_3^-、NO_3^-、Cl^- 和 SO_4^{2-}，占天然水中离子总量的95%~99%。

水中的这些主要离子，常被用来作为表征水体主要化学特征性指标。水中的金属离子的表示式常写成 M^{n+}，预示着是简单的水合金属离子 $M(H_2O)_x^{n+}$。可通过化学反应达到最稳定的状态，酸碱、沉淀、螯合及氧化-还原等反应是其在水中达到最稳定状态的过程。西北内陆区水体中 Ca^{2+} 和 HCO_3^- 对不同水体的水化学组成影响显著，碳酸岩风化作用及人类活动是区域水化学特征变化的重要驱动因素。

1）地表水体化学分异规律

垂直带气候条件的分异，决定了水文现象及其径流特征，也决定了水体化学的垂直分异和水体化学特征。由于降水量随海拔升高而递增，降水量越多，矿化度越低，呈现明显的地带性分异，这里气象水文条件对水体化学的影响占主要地位。反之随海拔降低，热量升高，岩石物理风化、化学风化作用强烈，矿化度升高，水体化学类型由碳酸盐型向碳酸盐-硫酸盐型再向硫酸盐-氯化物型过渡。发源于高山的低矿化度的河水沿河谷顺流而下，途中汇入中低山支流后矿化度陡然升高。此外，地表径流渗入岩石缝隙与岩石接触面增大而溶滤了化学物质，这也是矿化度升高的一个因素。

2）地下水水体化学特征

绿洲区地下水化学特征受气候、地形和地质构造等多种因素的影响。绿洲区干旱少雨，多数地区的蒸发量远远超过降水量，这导致地下水的矿化度主要受蒸发浓缩作用影响，从而形成高矿化度的咸水。绿洲区地下水的化学成分也受地形和地质构造因素的影响，浅层地下水的化学成分在气候和地形因素的影响下，具有从盆地边缘向中心水平分带的特征，即地下水的矿化度在地区内呈现水平分带的特点。

（1）山区：在高海拔山区，如海拔 3200m 以上的地区，地下水通常是由冰川融水和雨水形成的，因此矿化度较低，通常小于 0.5g/L，属于淡水。

（2）中山带：在中山带，即海拔 2000m 左右的地区，降水量仍相对较高，可以维持乔木林或灌木林的生长，地下水的矿化度通常在 1.0g/L 以内。

（3）低山带：但随着海拔的降低，降水量减少，干旱加剧，植被稀疏，出现不同程度的荒漠化，这导致地下水矿化度上升，通常在 1～3g/L 的范围，是重碳酸氯化物或重碳酸硫酸盐型微咸水。

（4）低山残山带：在低山残山带，降水量更少，有时地下水积聚在低洼地，由于浓缩作用进一步矿化，矿化度可高达 5～50g/L，甚至达到 200g/L 以上，属于盐水。

（5）西北内陆盆地的地下水呈现出环状分布规律，即从山区到平原或盆地中心，地下水的矿化度逐渐上升，由重碳酸盐型过渡为硫酸盐型，最终演化为氯化物型水。

这种分带现象表明干旱化过程对地下水演化产生了显著影响。

在特定地区，地下水的化学特征有所不同：①河西走廊、天山北麓山前平原等地分布有含盐量小于 1g/L 的全淡水。②柴达木盆地、塔里木盆地南部、巴丹吉林沙漠、腾格里沙漠等地的地下水化学成分直接从重碳酸盐型过渡到氯化物型水，过渡类型较少或缺失。一般情况下，当含盐量小于 3.0g/L 时，潜水多为重碳酸盐氯化物型或氯化物重碳酸盐型；当含盐量大于 3.0g/L 时，潜水就变为氯化物型的地下水。

我国西北绿洲地区的地下水化学特征受到多重因素，包括气候、地形、地质构造等的影响，这导致了地下水呈现出水平和垂直分带的特点，以及地下水矿化度从淡水逐渐升高的趋势。这种地下水化学特征对于该地区的水资源管理和可持续利用至关重要，因为它们直接影响着农业生产和人类生活的可持续性。因此，为了确保水资源的有效管理和保护，对于该地区的地下水化学特征的深入研究至关重要。

5.1.2 绿洲水化学的影响因素

绿洲水化学的特征受到多种因素（包括自然因素和人类活动因素等）的影响。这些因素共同塑造了绿洲地区地下水和地表水的化学组成，对当地生态系统和社会经济产生深远的影响。自然因素和人类活动相互作用，共同塑造绿洲地区水体的化学特性。

1. 自然环境

1）气象因素
大气降水、气温、蒸发等气象因素对天然水中某些主要离子成分的影响是非常显著的。干燥气候减缓了天然水体对土壤的侵蚀，而蒸发作用会使已溶解的风化产物进一步浓缩，并有可能导致水中溶解固体含量增加。此外，随着气象因素年际和年内的波动，天然水体的化学成分也呈现出一定的变化规律。例如，具有潮湿和干燥季节性变化特征的气候有利于风化反应，因此在一年的某些季节内产生的可溶性无机物的量可能比其他季节大，具有这种气候特征的地区，其河流流量波动较大，水的化学组分的变化范围也较广。

在蒸发强烈的干旱、半干旱地区，蒸发这一因素所起到的作用最大。在蒸发作用下，地表水体逐步析出无机盐分，开始是溶解度小的盐析出，然后是溶解度大的盐析出。因此，地表水的化学性质也发生了变化。例如，西北地区有些原本以重碳酸盐型水为主的湖泊，由于蒸发强烈逐步演变为硫酸盐型水，进而变为硫酸盐–氯化物型水，最后成为氯化物型水。

总体来说，绿洲降水量很少，但同四周沙漠戈壁相比，降水量相对较多，存在大面积灌溉农田的绿洲内降水量更多。例如，吐鲁番多年平均降水量为 32.15mm，是托克逊站多年平均降水量的 1.8 倍，全年各月平均降水量都比托克逊站高。夏季降水量稍多，但最大月降水量也只有 3.3mm，春季降水量最少，塔里木河上游的阿拉尔地区，1965 年开始大面积种植水稻，水稻面积增加了一倍，7 月降水量也由 1965 年以前的 3.3mm 增加到 1990 年的 14.5mm，而邻近的阿克苏地区，水稻种植面积变化不大，7 月降水量仅增加了 0.8mm。

2）水文地质因素
天然水中大部分离子来自地表周围岩石中的矿物溶解。除了不同地区岩石的化学成分有差异外，矿物的纯度和晶体大小、岩石结构、孔隙、暴露时间的长短，以及其他许多因素都会影响流经岩石的水体化学成分。

在岩石类型的影响下，各种不同的岩石对天然水溶质成分的影响差异很大。有些岩石中的矿物易溶于水，从而向水体输送了大量离子，这些物质主要是作为沉积物重要组分或作为胶结剂的方解石、白云石、石膏、岩盐和其他各种蒸发岩矿物及硫化物等。陆地水流经含这些矿物的岩石时，能获得大量的 Ca^{2+}、HCO_3^-、Na^+、Mg^{2+}、Cl^-、SO_4^{2-} 等离子。相反，由硅酸盐矿物（如石英、长石、角闪石、辉石、云母和黏土矿物）和氧化物（如磁铁矿、赤铁矿等）组成的岩石相对难溶。这类岩石主要是岩浆岩、变质岩以及碎屑沉积物（砂岩、页岩等）。砂岩和页岩中既含有某些相对易溶的物质（如 $CaCO_3$ 胶结物），又含有难溶的矿物（石英和黏土矿物等），水体流经这类岩石时，可以获得的离子成分较少。

在各类岩石中，岩浆岩的风化作用对供给天然水溶质成分具有极为重要的意义，它为天然水中各种离子成分提供了最初的来源。由于岩浆岩的风化作用，在漫长的地质历史中形成了厚层的沉积岩，目前沉积岩覆盖了大陆的大部分地区，其中可溶盐的含量占 5.8%（按质量计），是正在循环的陆地水中各种离子的主要来源。

3）生物化学因素

由于以生命体为主的生态系统在维持自身运转时，其发生的一系列生物化学反应均与水体中的溶质紧密相关，因此这在一定程度上也会改变天然水的化学组成。暴露于空气和阳光的水体中，维持生命的过程尤其强烈，但在空气和阳光都不存在的环境中，如地下含水层中，生物活动发挥的作用并不大。然而，在水循环运动的某些阶段，所有的水都受生化过程的影响，这些过程的残余效应处处可见，甚至在地下水中都能发现。

A. 微生物的影响

在天然水化学成分的演变过程中，微生物起到了非常重要的作用。研究表明，在多数水体中普遍存在一定数量的微生物，甚至在埋藏较浅的地下水中也发现有微生物的生长和繁殖。微生物适应能力很强，可在远大于其他生物生存的温度范围内（由零下几摄氏度到 85~90℃）生存，此外适合微生物生存的水体矿化度范围也比较宽泛，有些盐生细菌甚至能在盐水中生存。但总体来看，过高的矿化度和温度会抑制微生物的活性。

水体中的微生物通过将各种有机物作为营养物，并将其分解为简单的无机物，获取构成细胞本身的材料和活动需要的能量，借以进行生长和繁殖等生命活动。在这一过程中改变了水体的化学成分。凡是利用有机化合物作为主要养料的细菌称为异养细菌；凡是利用无机化合物作为营养物质，并能够通过自身合成所需复杂有机物的细菌称为自养细菌。水体中绝大部分细菌都是异养细菌，它们能使水中有机物降解为小分子物质。

土壤中的微生物虽然仅占土壤有机质的 1%~5%，但它是控制土壤生态系统中其他养分的关键，同时是促进土壤有机质和土壤养分转化的动力，能快速地指示土壤质量的变化。退耕区是绿洲农业中不再实施耕作措施的土地所占的区域（空间与面积），该区域存在水土流失严重、粮食产量低、风沙危害严重、盐渍化程度高和水资源缺乏等现象，不宜作为耕地，进而会形成次生草地，而在干旱条件下发育形成的次生草地，又称为荒漠草原，是草原向荒漠过渡的十分脆弱的旱生化草原生态系统，随着生态环境的恶化，有向裸露化或沙漠化发展的趋势。

B. 水生生物和植物的影响

在水体或与水体密切相关的环境中，生物群落形成了一个复杂的生态系统。正是由于生物群落的存在，水环境中发生了一系列生物化学过程，并影响到水体化学成分变化。例如，池塘或河流底部的植物根部以及漂浮植物通过光合作用产生 O_2、消耗 CO_2，同时又通过呼吸和降解作用消耗 O_2、产生 CO_2。水体中藻类和水生植物在生长过程中会通过根部从底部沉淀物中吸收或直接从水中吸收氮、磷等营养元素，从而使水体中的营养元素含量降低，同时水生生物数量增加。在其生长和衰亡循环过程中产生的有机残渣，一部分在水体中被微生物分解，另一部分沉淀到水体的底部，在这里作为其他类型生物体的食物。水体中的其他溶质（包括某些微量组分），有可能是其他生物群的基本营养，如硅酸盐是硅藻生长的必要元素。因此，水体中某些微量元素浓度也可能是由某些生物过程控制的。

在干旱地区，植物是形成潜水化学成分的重要因素。植物在生长过程中蒸腾大量的水分，引起潜水位降低、矿化度增加和化学成分变化。植物对水溶液中离子的吸收具有一定的选择性，能够改变水的 pH 和化学性质。植物的这种选择能力，使得有些植物品种能从溶液中吸收并在体内大量积累某些固定的化学元素。例如，碱蓬、海蓬子等盐生植物对氯离子有着较好的选择性。另外，植物对土壤的酸碱度也有一定的影响，如针叶林由于其有机质的酸性，能增加土壤的酸性；阔叶林和草本植物正好相反，有利于土壤溶液中碱的聚存。阔叶林与针叶林的交替，伴随着潜水 pH 的改变。一些水生植物还能够在其组织中积累某些重金属，并使得其重金属含量比周围水体高 10 倍以上，许多植物还含有能与重金属结合的物质成分，从而参与重金属的解毒过程。例如，芦苇、水湖莲和香蒲等对 Al、Fe、Be、Cd、Co、Pb、Zn、Mn 等重金属均有显著的富集作用，其中芦苇对 Al 的净化能力高达 96%，对 Fe 的净化能力达到 93%，对 Mn 的净化能力达到 95%，对 Pb 的净化能力为 80%，而对 Be 和 Cd 的净化能力更是高达 100%。

2. 人类活动

在绿洲区，人类活动对水环境的影响是一个复杂而重要的方面。以下是一些与人类活动相关的关键影响因素。

1）灌溉

水资源消耗：绿洲地区通常依赖灌溉来维持农业生产。灌溉活动可能导致大量水资源的使用，影响地下水和地表水之间的平衡。

土壤盐碱化：过度灌溉可能导致土壤中盐分累积，造成土壤盐碱化，对农作物产生负面影响，同时增加排放到水体中的盐分。

2）工业和城市化

排放污染物：工业和城市化活动通常伴随着大量的废水、废气等污染物排放，这些物质可能对水体质量产生直接的负面影响，危及水生生物和人类健康。

土地利用变化：城市化导致土地表面的改变，如道路、建筑和其他人造结构，影响了地表径流和水体的自然排水系统。

3）农业活动

农药和化肥使用：农业生产过程经常使用到农药和化肥，这些化学物质可通过径流或渗透方式进入水体，对水质造成潜在威胁，影响水生生态系统。

土壤侵蚀：过度耕作和不合理的土地管理可能导致土壤侵蚀，使得土壤中的泥沙、养分等进入河流和湖泊，改变水体的生态平衡。

4）水资源开采

地下水抽取：绿洲区常常依赖地下水作为主要的饮用水和灌溉水源。过度地抽取地下水可能导致地下水位下降，甚至引起地面沉降。

水体改变：大规模的水利工程，如水库建设，可能改变水体的自然流动，影响水体生态系统和洪水平衡。

不同的人类活动，其水文效应的影响规模、变化过程及变化性质上的是否可逆等均各异。人们通过对环境与人类发展关系的不断研究，逐渐意识到人类活动对环境造成的巨大影响，以及生态恢复的必要性。了解并管理这些人类活动对水环境的影响，对于实现可持续的水资源利用和保护绿洲区的生态系统至关重要。科学的水资源管理和环境政策制定可以最大限度地减少负面影响，促进绿洲区的可持续发展。

生态恢复主要是指受到破坏的生态环境，经过人为调整恢复到受干扰之前或接近受干扰之前的状态。生态恢复的方式主要有两种：第一是自然恢复，究其根本就是设立自然保护区，让其自然恢复，但是周期较长；第二是人为介入，通过生态学、生态工程互相结合的方式，对生态系统进行综合治理，从而使生态系统的自我恢复加快。生态建设指的是采用生态学的规律调节人与自然的关系，协调可更新自然资源的生产和生态系统管理，实现积极的生态平衡，并根据人与生物圈的共生原则建立新的环境。

人类活动对水循环有很大的影响，而水循环的改变，又会引起自然环境的变化，这种变化可能是朝着有利于人类的方向发展，也可能朝着不利的方向发展，弄清其机理，在理论上和实践上均具有重要的意义。

5.2　绿洲水质现状与评估

5.2.1　水污染现状及应对策略

我国西北地区，尤其是新疆、甘肃、青海和宁夏等地，拥有丰富的自然资源和独特的生态环境。近年来，随着西部大开发战略的实施和丝绸之路经济带的建设，我国西北地区发展速度不断加快。由于生产规模的不断扩大和人口的快速增长，大量农药化肥残留和一部分未经处理的工业生活污水排入河流，导致绿洲地区的河流水体受到不同程度的污染，水环境污染问题已经成为限制绿洲区域经济社会发展的一大障碍。

1）西北绿洲地区水体主要污染源

（1）农业活动：农业是绿洲地区的主要经济活动之一，但农业生产过程过度使用化肥和农药，导致了农田径流中的营养物质和有机污染物的排放。这些物质最终进入河流和地下水，引发水质污染问题。

（2）工业排放：随着西北绿洲地区的城市化和工业化进程不断加速，工业废水中的重金属、化学物质和有机废物成为水体污染的主要源头。工厂和企业的不当排放以及缺乏有效的污水处理设施共同加剧了污染程度。

（3）城市生活污水：城市人口的增加带来了大量的生活污水排放。虽然部分城市建设了污水处理设施，但仍有部分地方存在废水排放不合理的问题，这些未经处理的污水直接排入河流，对水质造成危害。

（4）河流交叉污染：多条河流在西北绿洲地区交汇，其中一条受到污染可能对其他河流产生连锁影响，这种交叉污染现象加大了水体受到污染的风险。

2）西北绿洲地区水体主要污染物

（1）重金属：铅、汞、镉、铬等重金属在工业废水中常见，对水生生物和人类健康构成潜在威胁。

（2）有机物质：有机废物如化学品残留、农药和工业废水中的有机化合物可能导致水体富营养化和毒性问题。

（3）氮、磷：来自农田径流的氮和磷是水体富营养化的主要原因之一，水体富营养化导致蓝藻水华和氧气亏缺。

（4）沉积物：悬浮固体和沉积物的过多沉积可能导致河流和湖泊的淤积，影响生态系统的健康。

3）水污染影响

（1）生态系统受损：水污染对绿洲区内的生态系统造成直接危害。水体中的有害物质，如化学物质、重金属和营养物质过剩，可能导致水中植物和动物的死亡，破坏水生生态系统的平衡，这给依赖水域资源的生态系统如湖泊、河流和湿地带来深远的影响。

（2）水质恶化：污染物质的排放导致水质恶化，对饮用水和灌溉用水的质量产生直接影响，这可能威胁到农业和人类的饮用水源，增加水相关疾病的风险，同时对农作物和植被的生长产生不良影响。

（3）损害人类健康：污染的水源可能包含有害的化学物质，如重金属、农药残留。人类可能通过饮用受污染的水、食用受影响的水产品，或者接触受污染的水源引发健康问题，包括消化系统、呼吸系统疾病和皮肤病等。

（4）渔业和水产业的衰退：水污染对渔业和水产业造成直接威胁。有毒物质的存在可能会导致鱼类、贝类和其他水生生物的死亡或减少繁殖率，从而影响渔业的可持续性。这不仅给依赖渔业为生的社区和经济体带来严重的负面影响，还给消费者的健康带来严重的影响。

（5）农业影响：污染的水源用于灌溉农田，可能导致土壤中有害物质的累积，影响农作物的生长和质量。这可能导致农业产量减少，对当地经济和粮食安全构成威胁。

（6）旅游业下滑：绿洲区通常以其自然美景和水域为吸引力，但水污染可能破坏这些景观，影响游客的体验。这可能导致旅游业发展减缓，对当地经济产生负面影响。

（7）社会不安：水污染问题可能引发社会不安，特别是当饮用水受到威胁时。人们可能因为健康和生计问题而感到不安。

4）应对策略

针对绿洲区水污染问题，可以采取一系列综合性的应对策略，涉及监测、治理、管理和教育等多方面。

（1）监测与评估：建立完善的水质监测体系，通过定期监测水质指标、收集数据和评估水体污染程度，及时发现水体污染问题，为制定有效的应对措施提供科学依据。

（2）源头治理：重点治理污水排放、工业废水、农业面源污染等水污染源头，包括建设污水处理厂、采用先进的工业生产技术以减少排放、推广农业生态工程以减少农业面源污染等措施，减少有害物质进入水体。

（3）生态修复：通过生态工程手段，恢复和改善受污染的水体生态系统，包括湿地修复、河道清淤、植被恢复等措施，以提高水体的自净能力，减少污染物质对水环境的影响。

（4）加强法律法规和管理：建立健全的法律法规体系，加强对水环境保护的监管力度，对违反环境保护法规的行为进行惩罚。同时，加强环境执法力量，提高违法成本，增强环境保护的实效性。

（5）推广清洁生产和绿色技术：鼓励企业采用清洁生产技术，减少污染物排放，提高资源利用效率。政府可以通过财政补贴、税收优惠等方式，推动企业采用绿色技术和环保设备，降低环境污染。

（6）加强公众参与和宣传教育：加强环境保护意识的宣传教育工作，提高公众对水污染问题的认识和关注度，促使公众自觉参与环保行动。同时，建立公众参与机制，鼓励社会组织、志愿者等各方力量参与水污染治理和环境保护活动。

（7）国际合作与经验交流：加强国际合作，借鉴和吸收国际先进的水污染治理经验与技术，共同应对跨境水污染等全球性环境问题。通过国际合作共同推动全球环境保护事业的发展，实现可持续发展的目标。

解决绿洲区水污染问题需要政府、企业、社会组织和公众等多方共同参与和努力，形成合力，共同保护和改善绿洲区的水环境质量，实现可持续发展。

5.2.2 水质评价

水环境质量评价，简称为水质评价，是根据水体用途，选择适当的水质评价指标，按相应用途的水质标准和一定的评价方法，对水体质量进行定性或定量评价的过程。

水环境是一个统一的整体，主要由水体、底质和水生生物三部分组成，三者之间相互影响。在进行水环境质量评价时，需要重视不同水体之间和水环境内各组成部分之间的相互关系。任何造成水体污染的污染物进入水体后都有其本身独特的运动规律和存在形式，水环境质量评价的目的正是要准确地反映目前的水体质量和污染状况，厘清水体的变化发展规律，找出水域的主要污染问题，为水污染治理、水功能区划以及水环境管理提供依据。

水环境质量评价的工作内容包括选定评价指标（包括一般评价指标、氧平衡指标、重金属指标、有机污染物指标、无机污染物指标、生物指标等）、水体监测及监测值处理、选择评价标准和建立评价方法等。

1. 水环境质量标准

水环境质量标准，也称水质量标准，是指为保护人体健康和水的正常使用而对水体中污染物或其他物质的最高容许浓度所做的规定。按照水体类型，可分为《地表水环境质量标准》（GB 3838—2002）、《地下水环境质量标准》（GB/T 14848—2017）等；按照水资源的用途，可分为《生活饮用水卫生标准》（GB 5749—2022）、《渔业水质标准》（GB 11607—89）、《农田灌溉水质标准》（GB 5084—2021）等；按照制定的权限，可分为国家水环境质量标准和地方水环境质量标准。

水环境质量直接关系着人类生存和发展的基本条件，水环境质量标准是制定污染物排放标准的依据，同时是确定排污行为是否造成水体污染及是否应承担法律责任的根据。因此，《中华人民共和国水污染防治法》规定，国务院环境保护部门制定国家水环境质量标准。省、自治区、直辖市人民政府可以对国家水环境质量标准中未规定的项目，制定地方补充标准，并报国务院环境保护部门备案。

由此可见，我国对水环境质量标准的制定是非常严格的，一是国家水环境质量标准由国务院环境保护部门制定，其他部门无权制定；二是国家水环境质量标准中未规定的项目，省、自治区、直辖市人民政府可以制定地方补充标准。需要强调的是，"地方补充标准"制定的前提是国家水环境质量标准中未规定的项目，当国家水环境质量标准对未规定的项目做出规定时，"地方补充标准"不得与国家水环境质量标准相矛盾，否则应予以废止，并按照国家水环境质量标准执行；地方补充标准的制定和颁布机关是省、自治区、直辖市人民政府，省、自治区、直辖市人民政府只有部分制定水环境质量标准的权力；地方补充标准制定后，要上报国务院环境保护部门进行备案。

下面以地表水环境质量标准基本项目为例进行说明。根据水域功能的不同，将《地表水环境质量标准》基本项目标准值也分为五类，不同功能类别分别执行相应类别的标准值（表 5-1）。

表 5-1　地表水环境质量标准基本项目标准限值

序号	标准值　　分类　　　　　项目	I类	II类	III类	IV类	V类
1	水温（℃）	人为造成的环境水温变化应限制在 周平均最大温升≤1 周平均最大温降<2				
2	pH（无量纲）	6～9				
3	溶解氧≥	饱和率90%（或7.5）	6	5	3	2
4	高锰酸盐指数≤	2	4	6	10	15
5	化学需氧量（COD）≤	15	15	20	30	40
6	五日生化需氧量（BOD_5）≤	3	3	4	6	10
7	氨氮（NH_3-N）≤	0.15	0.5	1.0	1.5	2.0
8	总磷（以P计）≤	0.02（湖、库0.01）	0.1（湖、库0.025）	0.2（湖、库0.05）	0.3（湖、库0.1）	0.4（湖、库0.2）
9	总氮（湖、库以N计）≤	0.2	0.5	1.0	1.5	2.0
10	铜≤	0.01	1.0	1.0	1.0	1.0
11	锌≤	0.05	1.0	1.0	2.0	2.0
12	氟化物（以F计）≤	1.0	1.0	1.0	1.54	1.5
13	硒≤	0.01	0.01	0.01	0.02	0.02
14	砷≤	0.05	0.05	0.05	0.1	0.1
15	汞≤	0.000 05	0.000 05	0.001	0.001	0.001
16	镉≤	0.001	0.005	0.005	0.005	0.01
17	铬（六价）≤	0.01	0.05	0.05	0.05	0.1
18	铅≤	0.01	0.01	0.05	0.05	0.1
19	氰化物≤	0.005	0.05	0.2	0.2	0.2
20	挥发酚≤	0.002	0.01	0.005	0.01	0.1
21	石油类≤	0.05	0.05	0.05	0.5	1.0
22	阴离子表面活性剂≤	0.2	0.2	0.2	0.3	0.3
23	硫化物≤	0.05	0.1	0.2	0.5	1.0
24	粪大肠菌群（个/L）≤	200	2 000	10 000	20 000	40 000

同一水域兼有多类使用的功能，依最高功能划分类别。有季节性功能的，可按照不同季节划分类别。水域功能类别高的标准值比水域功能类别低的标准值更加严格，同一水域兼有多种使用功能时，执行最高功能类别所对应的标准值。上述标准值中水温属于感官性状指标，pH、生化需氧量、高锰酸盐指数和化学需氧量是保证水质自净的指标，磷和氮是防止封闭水域富营养化的指标，大肠菌群是细菌学指标，其他属于化学、毒理指标。

2. 评价方法

水质评价是确保水质安全、合理利用水资源的前提。为确保水质评价的合理性和有效性，应对水质评价方法进行系统性的分析和总结，从而确保水质评价中选择合理的水质评价方法。下面介绍水质评价的主要评价方法。

1）单因子污染指数法

单因子污染指数法是将评价因子与评价标准进行比较，确定各个评价因子的水质类别，在所有项目的水质类别中选取水质最差类别作为水体的水质类别。该方法可确定水体中的主要污染因子，是目前使用最多的水质评价法，尤其在建设项目的环境影响评价中较为常见，该方法的特征值包括各评价因子的达标率、超标率和超标倍数。

2）霍顿水质指数法

霍顿水质指数法由美国 Horton 等于 1965 年首次提出。霍顿水质指数是综合污染指数法的一种，包括 10 个参数，公式如式（5-1）所示。

$$\text{WQI} = \left[\frac{\sum\limits_{i=1}^{n} C_i W_i}{\sum\limits_{i=1}^{m} W_i} \right] M_1 M_2 \tag{5-1}$$

式中，WQI 为水质指数；C_i 为根据各实测浓度查得的水质评分（$0 \sim 100$）；W_i 为各参数权重；M_1 为温度系数（1 或 0.5）；M_2 为感官明显污染系数（1 或 0.5）。

3）布朗水质指数法

布朗水质指数法是由美国 Brown 于 1970 年提出的。该法选取溶解氧、BOD、浑浊度、硝酸盐、总固体、磷酸盐、温度、pH、大肠菌群、杀虫剂、有毒元素 11 个参数，并确定了各参数的质量评分和权重，公式如式（5-2）所示：

$$\text{WQI} = \sum_{i=1}^{n} W_i P_i \tag{5-2}$$

式中，WQI 为水质指数；W_i 为参数权重（$0 \sim 1$ 之间）；P_i 为参数的质量评分（$0 \sim 100$）；n 为参数的个数。

4）内梅罗水污染指数法

内梅罗水污染指数法由美国学者 Nemrow 提出，是当前常用的综合污染指数法。内梅罗水质指数法着重考虑了污染最严重的因子。计算公式如式（5-3）所示：

$$PI = \sqrt{\frac{\left(\frac{C_i}{L_{i,j}}\right)^2_{max} + \frac{C_i^2}{L_{i,jAvg}}}{2}} \qquad (5-3)$$

式中，PI 为某种用途的水质指数；C_i 为水中某种污染物实测浓度（i 代表水质项目数），mg/L；$L_{i,j}$ 为某污染物的水质标准（j 代表水的用途），mg/L；Avg 为某污染物的多次测定水质标准的平均值。

内梅罗水污染指数法在水质评价中的应用较为广泛，如利用改进的内梅罗水污染指数法对地下水质进行评价。

5）层次分析法

层次分析（AHP）法是一种灵活、实用的定性与定量相结合的多准则决策方法。运用 AHP 法构建指标体系一般分为以下几个步骤：第一，确定目标层、准则层和指标层。目标层表示所需达到的目的，准则层进一步刻画了评价目标水平和内部协调性，每个准则层包括若干指标，指标选取要结合实际状况且能综合反映实际状况的特殊性。第二，筛选评价指标。指标的筛选是非常关键的一步，好的指标能正确地反映水质状况。一般采用专家筛选法，专家的选择虽然具有主观性，但它们是专家本人知识、经验的反映，集成多数专家的意见，可化主观为客观。第三，确定评价指标体系。一般通过指标相关性分析来确定评价指标体系，包括 4 个过程：一是评价指标的标准化处理；二是各个评价指标之间的简单相关系数的计算；三是规定临界值 M（$0<M<1$）；四是确定评价指标体系。浙江千岛湖水质现状和污染来源评价中就应用了 AHP 法，并取得了较好的效果。

6）人工神经网络评价法

人工神经网络是由具有适应性的简单单元组成的广泛并行互联网络，它的组织能够模拟生物神经系统对真实世界的物体所作出的交互反应。反向传播（BP）网络是水质评价最常用的人工神经网络，BP 网络是一种具有 3 层或 3 层以上的神经网络，包括输入层、中间层、隐含层和输出层。BP 网络利用最陡坡降法，将误差函数最小化，将网络输出的误差逐层向输入层逆向传播，同时分摊给各层单元，获得各层单元的参考误差，进而调整人工神经元网络相应的连接权，直到网络的误差达到最小化。近年来，人工神经网络评价法得到了较为广泛的研究，如利用人工神经网络 BP 结构模型建立水质模型，提出白洋淀水环境保护措施。

7）主成分分析法

主成分分析法是一种成熟的数据降维和特征提取的方法，属于数理统计的应用范畴。它通过给定的一组相关变量通过线性变换转成另一组不相关的变量，且保持总方差不变。因为线性变换保持变量的总方差不变，所以这些新的变量可以按照方差依次递减的顺序排列，形成所谓的主成分，从而第一主成分具有最大的方差，第二主成分的方差次之，并且和第一主成分不相关，依此类推。每个主成分都是原始变量的线性组合，而且各个主成分之间又互不相关,这使得主成分比原始变量具有一些更优越的性能,因此在研究复杂问题时就可以只考虑少数几个主成分而不至于损失太多信息,使问题得到简化,进而提高分析和处理的效率。由于主成分分析的基本思想是通过线性变换来构造原变量的一系列线性组合,因此运用主成分分析法的前提是各指标之间具有较好的线性关系。主成分分析法在水质研究方面已经有较多的应用,能够较为合理地对评价因子进行赋值,在水质评价因子赋值方面具有广阔的应用前景。

3. 绿洲区水质评价案例——基于主成分分析及水质标识指数法的黄河托克托段水质评价

1) 研究区概况及样品采集

黄河托克托段位于黄河上游二级阶地,河道弯多流缓,比降较小。属中温带大陆性干旱半干旱季风气候,年平均气温 4~8℃,降水量在 150~450mm,降水年际变化较大,年内分配不均,年蒸发量 1200~2000mm。该河段上游与重工业城市包头市衔接,下游与万家寨库区相连,黄河一级支流大黑河由此间汇入黄河干流,大黑河及其支流(哈拉沁沟、水磨沟和什拉乌素河)为季节性河流,在非雨季是呼和浩特及周边工业、农业、生活污水的纳污河流。在研究河段上游到下游依次布设 9 个水质采样断面(头道拐、柳林滩、付家河头、大黑河、河口镇、巨河滩、黑圪涝湾、神泉、蒲滩拐),分别于 2017 年 4~8 月的中下旬逐月连续取样对水质进行监测分析,现场监测及实验室测定指标包括水温(T)、盐度(Sal)、pH、电导率(EC)、溶解氧(DO)、总氮(TN)、总磷(TP)、氨氮(NH_3-N)、化学需氧量(COD)。其中 TN 浓度采用碱性过硫酸钾消解紫外分光光度法测定,TP 浓度采用钼酸铵分光光度法测定,COD 采用重铬酸盐-硫酸亚铁铵滴定法测定,NH_3-N 采用纳氏试剂比色法,其余指标均采用便携式多参数水质检测仪测定。

2) 研究方法

A. 水质评价指标体系建立

水环境系统是由多个水质因子共同作用的复杂系统,且不同的水质因子之间存在相关性,若对水质监测数据直接进行评价,会使评价结果反映出的水质信息出现一定程度的重叠和掩盖。因此,首先要通过主成分分析确定各水质变量对入选主成分的贡献率大小,保留主导水质因子,并以选取的主导因子作为水质标识指数法的评价指标,进而对黄河托克托段水质进行定量评价。主成分分析广泛应用于水质评价指标的选取及水环境质量评价中。该方法基于原始数据的正态分布,在保证原始数据信息丢失最少的前提下,运用数学方法,把具有相关性的多个变量变成少数的独立综合变量(主成分),达到特征提取的效果。利用 SPSS Statistic 主成分分析功能对水质的基本指标进行主因子提取,计算主因子对水环境质量污染的方差贡献率。表 5-2 是对 2017 年水质指标监测数据的平均值进行主成分分析后的结果,特征值大于 1 的主成分有 2 个,两者的累积贡献率达到 97.094%。其中，第一主成分表征氮磷营养盐指标和有机污染指标，第二主成分表征盐分指标。由于第一主成分是最重要的水质评价因子，包含的信息最多，且能够直接影响水质的好坏，因此选取第一主成分所在的旋转因子荷载矩阵中荷载值最大的 4 个水质指标作为本次研究的水质评价指标，分别为 COD、TP、TN、NH_3-N，对这 4 个水质指标进行水环境质量评价基本可以全面反映水质特征信息。

表 5-2　黄河托克托段水质旋转因子荷载矩阵及其主因子贡献率

指标	主因子成分	
	1	2
pH	0.810	0.472
DO	0.486	-0.840
COD	0.998	0.014
NH_3-N	0.972	-0.178
TN	0.929	0.340
TP	0.998	0.014
盐度	0.109	0.994
EC	0.113	0.994
特征值	4.807	2.961
贡献率/%	60.084	37.01
累计贡献率/%	60.084	97.094

注：因子荷载值>0.7 表示显著相关，因子荷载值>0.5 表示中等相关，因子荷载值>0.3 表示弱相关

B. 单因子水质标识指数法

单因子水质标识指数（P_i）可以完整标识水质评价指标的类别、水质数据、功能区目标值等重要信息，既能定性地判别水体属于哪一类别水质，又能定量地分析不同水质指标在属于同一类别水质中的优劣。

C. 综合水质标识指数

综合水质标识指数（I_{wq}）是以单因子水质标识指数（P_i）为基础的河流水质综合分析评价指数。

D. 综合水质级别的判定

基于综合水质标识指数法的综合水质级别的判定标准详见表 5-3，通过 I_{wq} 值的整数位和小数点后第 1 位即 $C_1 \cdot C_2$ 可判定综合水质级别，$C_1 \cdot C_2$ 数值越大，水质越差。

表 5-3　基于综合水质标识指数法的综合水质级别判定

范围	综合水质级别
$1.0 \leqslant C_1 \cdot C_2 \leqslant 2.0$	I
$2.0 \leqslant C_1 \cdot C_2 \leqslant 3.0$	II

范围	综合水质级别
$3.0 \leqslant C_1 \cdot C_2 \leqslant 4.0$	Ⅲ
$4.0 \leqslant C_1 \cdot C_2 \leqslant 5.0$	Ⅳ
$5.0 \leqslant C_1 \cdot C_2 \leqslant 6.0$	Ⅴ
$6.0 \leqslant C_1 \cdot C_2 \leqslant 7.0$	劣Ⅴ类不黑臭
$C_1 \cdot C_2 \geqslant 7.0$	劣Ⅴ类黑臭

5.3　绿洲地球化学循环

5.3.1　地球化学循环

1. 氮循环

氮循环是指在自然界中的氮元素通过各种反应形式传递的过程（图5-1）。氮循环分为大气循环、植物循环和土壤循环三部分。

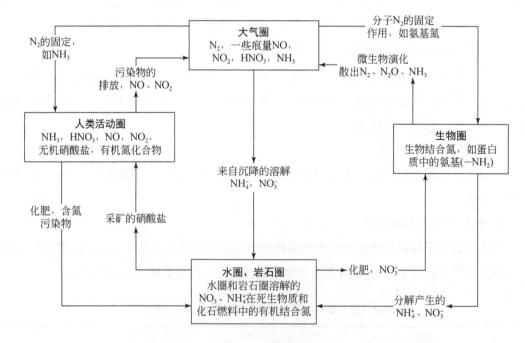

图 5-1　氮的循环

大气循环是氮的最终归宿，当大气中的氮原子暴露在强紫外线的照射下时，其会被氧活化而形成可溶性的尿素，其分解形成氮气，氮气在雨水和其他水体的作用下被还原，形成铵等有机氮化合物，这些化合物可以被动植物和细菌合成利用。

植物循环是植物从铵等有机氮化合物中获取氮元素，进行光合作用，利用太阳能将CO_2与H_2O分解成氨、糖、烯醇等化合物，植物利用这些物质生长发育，而在此过程中释放的CO_2又回到大气。植物死亡后，经土壤微生物分解释放出的氮元素又流入地下水中，经天然回归再返回大气，这样就形成了一个完整的氮循环。

土壤循环是有机物和无机物完成氮元素流动的过程，这种循环可以通过土壤中的微生物和植物把氮从原有化合物形式中释放出来，使氮得以流通利用。细菌利用土壤中的尿素、氨等有机氮化合物，可以把它们氧化成氮气，并作为植物吸收使用的氮源，也可以还原成氨等有机物再次流入植物的体内，这样就形成了氮循环的一个重要环节。

2. 碳循环

碳循环的基本过程如图5-2所示，大气中的CO_2被陆地和海洋中的植物吸收，通过生物或地质过程以及人类活动，又以CO_2的形式返回大气中。

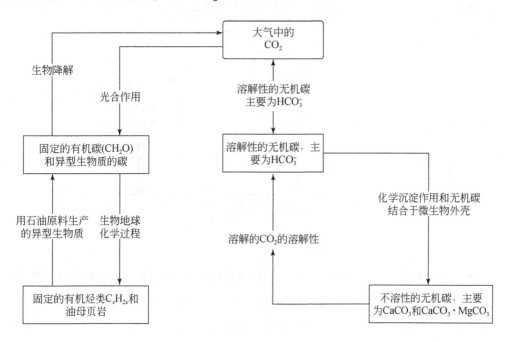

图5-2　碳的循环

（1）生物和大气之间的循环：绿色植物从空气中获得CO_2，经过光合作用将其转化为葡萄糖，再综合成为植物体的碳化合物，经过食物链的传递，成为动物体的碳化合物。

（2）大气和海洋之间的交换：CO_2可由大气进入海水，也可由海水进入大气。这两个方向流动的CO_2量大致相等，大气中CO_2量增多或减少，海洋吸收的CO_2量也随之增多或减少。

（3）含碳盐的形成和分解：大气中的 CO_2 溶解在雨水和地下水中成为碳酸，碳酸能把石灰岩变为可溶态的重碳酸盐，并被河流输送到海洋中，海水中接纳的碳酸盐和重碳酸盐含量是饱和的。

（4）人类活动：人类燃烧矿物燃料以获得能量时，产生大量的 CO_2。

以上就是碳循环的基本过程。在碳循环过程中，大气中的 CO_2 大约 20 年可完全更新一次，大气中 CO_2 的含量在受到人类活动干扰以前是相当稳定的。

3. 磷循环

磷循环是植物、动物和微生物之间相互联系的一个重要的循环系统，也是地球生物生态系统的重要组成部分（图5-3）。磷循环是水中和土壤中重要营养元素磷的生物循环。磷从空气中、水底以及土壤中有效地转移到植物体上，以满足生物的生长和繁殖需要。

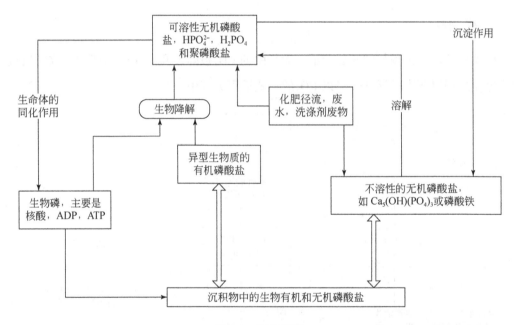

图 5-3　磷的循环

可溶性无机磷酸盐（如 HPO_4^{2-}、$H_2PO_4^-$ 和聚磷酸盐）可以被生物直接利用，进入生物圈。通过生命体的同化作用，这些无机磷被转化为生物磷，主要以核酸、ADP 和 ATP 等形式存在于生物体内，成为生命活动的重要组成部分。当生物死亡后，它们的遗体会经过生物降解过程。这个过程将生物体内的有机磷化合物分解，一部分重新转化为可溶性的无机磷酸盐，另一部分则形成异型生物质的有机磷酸盐。这些有机磷酸盐继续经过生物降解，最终也会转化为可溶性无机磷酸盐，重新进入循环。同时，人类活动如化肥使用、废水排放以及洗涤剂的使用等，也会向环境中输入大量的磷。这些人为来源的磷通常以可溶性无机磷酸盐的形式存在，可以直接被生物利用或参与其他化学反应。在水环境中，可溶性无机磷酸盐可能会与钙、铁等元素结合，形成不溶性的无机磷酸盐，如磷酸钙 [$Ca_5(OH)(PO_4)_3$] 或磷酸铁。这些不溶性化合物会沉淀到水体底部，成为沉积物的一部分。然而，这个过程是可逆的。在某些条件下，这些不溶性磷酸盐可能会重新溶解，释放出可溶性的磷酸盐。最终，无论是通过生物作用还是化学沉淀，大部分磷都会以有机或无机磷酸盐的形式沉积在沉积物中。这些沉积物中的磷可能会长期储存，也可能通过地质过程重新进入循环。

5.3.2　绿洲溶质运移规律

1. 溶质运移过程

"盐随水来，盐随水去"是人们早期对于土壤中溶质运移规律的认识。土壤中溶质运移规律即地下水和土壤水中的溶质在对流和扩散等的共同作用下形成的物质运动现象。溶解在地下水和土壤水中的溶质主要是水体所处地带的各种可溶性物质，有时还有由人类活动形成的各种环境物质。

地下水和土壤水中的溶质运移现象与孔隙介质的特性及发生在孔隙介质中的一系列复杂过程有关，如水在孔隙中的流动状况（层流或紊流、饱和或非饱和、稳定或非稳定等）、浓度差异引起的分子扩散现象、液相与固相间的相互作用（吸附、沉淀、溶解、离子交换等），以及液体中各种复杂的化学与物理过程引起的流体物质（如密度、黏滞性等）和浓度的变化等。其中，对流和分子扩散是促使溶质运移的两种最主要的机制。

天然条件下，陆地水体中的各种离子主要来自岩石风化作用所形成的矿物碎屑。风化作用是指原生矿物为适应地表热力条件而在物理、化学形态和性质方面所发生的一系列变化过程。风化作用可表现为以下两种形式：一是岩石的解体过程（也称物理风化作用），指岩石和矿物所发生的机械破碎作用；二是岩石化学成分的改变过程（也称化学风化作用），包括原生岩石与矿物的物理、化学性质发生变化和新矿物的形成。以上两个过程对水体溶质的形成都起到了关键性作用：第一过程为水和空气等的渗入创造了条件；第二过程促使岩石中元素的释放。从岩石中释放出来的元素，其中的易溶部分大多进入到天然水体中，进而通过全球水循环过程迁移到世界各地。受岩石化学成分和自然环境的制约，不同地区发生的风化作用也不一样，并由此决定了岩石释放元素的种类不同。斯通姆（Stumm）和摩根（Morgan）将自然界对各类矿物的化学风化作用分为三大类反应：生成同相产物的溶解反应（也称均相溶解作用）、生成异相产物的溶解产物（也称非均相溶解作用）、氧化还原反应。

2. 溶质运移模型研究

1）溶质运移方式

土壤中的溶质运动是非常复杂的，溶质随着土壤水分的运动而迁移，在运移过程中，溶质在土壤中还会发生化合分解、离子交换等化学反应。因此，土壤中的溶质处于一个物理、化学与生物相互联系和连续变化的系统中，水体中的溶质主要通过以下 5 种方式发生位置的迁移。

A. 分子扩散

分子扩散是指由于物质分子的布朗（Brownian）运动而引发的物质迁移，当水体内含有的物质存在浓度梯度时，这些物质会从浓度高的地方向浓度低的地方迁移。分子扩散是不可逆的，而且分子在扩散过程中会受到阻力（来自分子之间、分子与固壁之间的碰撞）。除了分子扩散之外，还有热扩散、压力扩散等，都具有相同或者相似的扩散过程。研究大水体的水环境问题时可以不考虑分子扩散，因为其量级远小于其他因素引起的物质迁移的量级。

B. 随流输移

由于时均流速的存在使污染物质发生的输移，称为随流输移。水体处于静止状态时没有随流输移。

C. 紊动扩散

由紊流脉动流速的作用使污染物质发生输移的现象称为紊动扩散。紊动扩散作用的强弱与水流漩涡运动的快慢有关。

D. 剪切流离散

时均流速在过水断面上分布不均匀，从而存在流速梯度和剪切力的流动，称为剪切流动。由剪切流动时流速分布不均匀而引起的随流扩散称为分散，也称为离散或弥散。这里的离散是处理方法带来的，即离散的产生是由于将流场作空间平面处理而引起的，若不采用空间平均的简化过程，则不需要计入离散作用。

E. 对流扩散

对流扩散是由温度差或密度分层不稳定而引起的，铅垂方向的对流运动伴随着物质的迁移。

2）溶质运移模型

溶质运移模型起始于土壤水分运移模型，即均质土壤中水分的渗流模型（达西定律）。水的运动是盐分运动的主导因素，土壤水盐运移研究是随着土壤水分运移研究而发展起来的。随着土壤水分运移模型研究由定性到定量的逐步深入，人们认识到土壤水是含有多种可溶性物质的溶液，并且土壤水中所含化学成分的不同给人类工农业生产生活所带来的影响也会有所差异，因而研究方向逐渐扩展到含水层中可溶性溶质的运移模型。

A. 对流-弥散模型

对流-弥散模型 （convection-dispersion equation，CDE，或 advection dispersion equation，ADE）是物理模型的典型代表。CDE 模型作为经典模型在土壤溶质运移整个研究发展过程中占重要地位。20 世纪 60 年代，Nielson 和 Biggar 从实验观察中得出土壤溶质运移过程中质流、扩散和化学反应的耦合性质，认为溶质通量是由对流、扩散和弥散的综合作用引起的，从而推导建立了土壤溶质运移的对流-弥散方程，开创了应用数学模型说明和解释溶质运移过程的先河，构成了后续研究中诸多溶质运移模型的主体。

$$\frac{\partial(\theta_c)}{\partial_t} = \frac{\partial\left[\theta D \frac{\partial_c}{\partial_z}\right]}{\partial_z} - \frac{\partial(v\theta_c)}{\partial_z} \tag{5-4}$$

式中，z 为垂直坐标，cm；t 为时间，s；D 为对流扩散系数，cm^2/s；θ 为土壤含水量，g/L；v 为垂直方向液流的孔隙速度，cm/s；c 为土壤溶液浓度，g/L。

该方程假设土壤质地均一，在溶质运移过程中不考虑离子吸附过程，运移只发生在垂直方向上等条件，因此该方程适用于反映一维条件下非饱和土壤中盐分运动状况。对于土壤水盐运动的 CDE 进行求解，目前主要采用数值解法。数值解法主要用有限单元法（FEM）和有限差分法（FDM）两种方法进行求解，求解难度较大。另外，还有一些在这两种方法基础上改进的算法，如二阶迎风隐式差分法（QUD）、交替方向隐式差分法（ADI）、特征有限单元法、HERMITE 有限单元法、SUPG 有限元数值法、拉普拉斯变化有限差分法（HLTFDM）及混合拉普拉斯变化有限差分法（HLTFEM）等。

B. 传递函数模型

传递函数模型（transfer function model，TFM）是一种黑箱模型，是不考虑溶质在土壤中运移机理的随机模型。TFM 采用溶质运移时间的概率密度函数表示溶质在土壤中的运移特征，通过将溶质的输出通量表征为输入通量的函数来模拟溶质在复杂土壤系统中的运移过程。TEM 简单并易操作，其特点在于从宏观角度出发，不考虑溶质的微观运动，避免了大量观测试验，无须考虑土壤孔隙度、土壤饱和含水率、溶液的运移路径等土壤本身特性，更便于研究大尺度上的土壤空间变异性及土壤各向异性问题，便于对田间尺度溶质迁移进行研究。但 TFM 与 CDE 模型一样，其模拟的条件都针对均质土壤，对非均质土壤的模拟效果不够理想。

C. HYDRUS 模型

HYDRUS-1D 模型是非饱和流和溶质运移模拟应用最广的模型之一。该模型是一套用于模拟非饱和条件下多孔介质中水分、能量、溶质运移的新型数值模型，由美国国家盐渍土改良中心（US Salinity Laboratory）开发研制。

水分运动基本方程：

$$\frac{\partial\theta(h,t)}{\partial t} = \frac{\partial}{\partial z}\left[K(h)\left(\frac{\partial h}{\partial z}\right)\right] - S \tag{5-5}$$

$$\theta_r = \frac{\theta(h) - \theta_r}{\theta_s - \theta_r} = (1 + |\alpha h|^n)^{-m} \tag{5-6}$$

$$K(\theta) = K_s \theta_e \left[1 - (1 - \theta_r^{\frac{1}{m}})^m\right]^2 \tag{5-7}$$

式中，θ 为土壤体积含水率；h 为水头；K 为水力传导系数；S 为根系吸水项；θ_e 为有效土壤含水率；θ_r 为残余土壤含水率；θ_s 为饱和土壤含水率；K_s 为渗透系数；n、m 和 α 均为经验参数。

HYDRUS 模型的盐分运移基本方程：

$$\frac{\partial}{\partial_r}\left(\theta D \frac{\partial_c}{\partial_z}\right) - \frac{\partial_{qc}}{\partial_z} - \lambda_1 \theta_c - \lambda_2 \rho_0 S = \frac{\partial \theta_c}{\partial_t} + \frac{\partial \rho_b S}{\partial_t} \tag{5-8}$$

式中，D 为水动力弥散系数；c 为溶质浓度；S 为被吸附的固相浓度；q 为土体中水的流速；ρ_0、ρ_b 为流体密度；λ_1、λ_2 为经验常数，与土壤结构和质地有关。

HYDRUS 模型综合考虑了土壤中水分运动、热运动、土壤溶质运移和植物根系吸收等各种情况，适用于确定变化的边界条件，需要输入的内容可以灵活选取。该模型能够更好地模拟土壤中水分、各类溶质与能量的分布，时空变化，以及运移规律等，用于分析当代人们普遍关注的实际问题，如田间施肥、农田灌溉、环境污染等。

近几年，随着土壤溶质运移模型的不断发展，其与 GIS 技术相结合的应用越来越多。GIS 可以综合考虑研究区地形、土壤、气候等各类因素，将溶质运移模型与 GIS 技术结合，可以定量研究区域尺度的溶质运移。其优势在于：能够快速地处理空间信息，建立模型参数数据库；考虑试验点空间分布，有效模拟各试验点之间的运移过程，从而具有分析复杂空间过程的能力；环境和界面友好，可方便直观地显示模型的运行过程和结果，根据实时测试结果调整参数，实现精确模拟。

第 6 章

绿洲水资源评估、开发利用和保护

6.1 绿洲水资源概述

根据世界气象组织（WMO）和联合国教育、科学及文化组织（UNESCO）的《国际水文学名词术语》（*International Glossary of Hydrology*）中有关水资源的定义，水资源是指可资利用或有可能被利用的水源。这个水源应具有足够的数量和合适的质量，并且能够满足某一地方在一段时间内具体利用的需求。根据全国科学技术名词审定委员会公布的水利科技名词中有关水资源的定义，水资源是指地球上具有一定数量和可用质量能从自然界获得补充并可资利用的水。因此本书将水资源定义为地球上可利用的所有水源，该水源具有一定的数量和质量。

绿洲水资源总量是指绿洲内部的水资源总和，包括地下水、地表水和降水等。由于绿洲地处沙漠或半沙漠地区，水资源相对匮乏，因此绿洲的水资源总量通常有限。其水循环过程主要是由高山融雪和夏季冰川融化形成的雪水、雨水、地下水和河流水等水源供给，再通过蒸发、降水、渗漏、蓄水等过程形成水资源。绿洲的水资源总量随着气候变化、人类活动和自然环境的影响而有所波动。

我国绿洲区是指河套绿洲（含宁夏 11 个县市的西套绿洲和内蒙古 8 个旗的后套绿洲）、河西走廊绿洲（甘肃 17 个县市）和新疆绿洲（含 12 个县市的准噶尔绿洲、42 个县市的塔里木绿洲、3 个县区的吐鲁番绿洲及哈密绿洲）。后套绿洲年降水量为 130～250mm，西套绿洲年降水量为 187～231mm，黄河贯穿而过，多年平均径流量为 $2.5×10^{10}$～$3.0×10^{10} m^3$。由高山冰雪融水和山区降水形成的石羊河、黑河和疏勒河为河西走廊绿洲的主要水资源，水资源总量为 $7.672×10^9 m^3$。其中，黑河流域面积约占河西走廊面积的 51.4%，疏勒河流域和石羊河流域分别约占的 28% 和 20.6%。从新疆的南疆、北疆、东疆三大区域来看，南疆土地面积约占新疆土地总面积的 63.6%，水资源量仅与北疆基本相同，东疆的水资源极为有限。新疆单位土地面积地表水量分布为：北疆 $1.11×10^5 m^3/km^2$，南疆 $4.10×10 m^3/km^2$，东疆 $9.40×10^3 m^3/km^2$。

6.2 绿洲水资源供需平衡计算与分析

6.2.1 需水量预测

需水量预测是在充分考虑资源约束和节约用水等因素的条件下，研究各规划水平年按生活、生产和生态用水量三类口径，区分城镇和农村、河道内与河道外、高用水行业与一般用水行业，分别对其进行毛需水量与净需水量的预测。在需水量预测过程中需要考虑市场经济条件对水需求的抑制，并充分研究节水发展及其对需水量的抑制效果。需水量预测是一个动态的过程，与节约用水成效及水资源配置不断循环反馈。需水量的变化与经济发展速度、国民经济结构、工农业生产布局、城乡建设规模等诸多因素有关。

1. 需水量预测原则

需水量预测应以各地不同水平年的社会经济发展指标为依据，有条件时应以投入产出表为基础建立宏观经济模型。要加强对预测方法的研究，从人口与经济驱动需水量变化这两大内因入手，结合具体的水资源条件和水工程条件，以及过去20年来各部门需水量增长的实际过程，分析其发展趋势，采用多种方法进行计算，并论证所采用的指标和数据的合理性。

在需水量预测中，我们不仅要考量科技进步对未来用水量的潜在影响，还需充分评估水资源紧缺对社会经济发展的制约作用，使预测结果更符合当地实际发展情况。需水量预测要着重分析评价各项用水定额的变化特点、用水结构和用水量变化趋势的合理性，并分析计算各耗水量指标。

预测中应遵循以下几条主要原则：①以各规划水平年社会经济发展指标为依据，贯彻可持续发展的原则，统筹兼顾社会、经济、生态、环境等各部门发展对用水的需求。②考虑水资源紧缺对需水量增长的制约作用，全面贯彻节水方针，深入分析研究节水措施的采用和推广等对需水量的影响。③充分评估市场经济对需水量增长的作用和科技进步对未来需水量的影响，分析研究工业结构变化、生产工艺改革和农业种植结构变化等因素对需水量的影响。④重视现状基础资料调查，结合历史情况进行规律分析和合理的趋势外延，使需水量预测符合各区域的特点和用水习惯。

2. 现状供用水效率分析

1）耗水量与耗水率分析

（1）农田灌溉耗水量。农田灌溉耗水量主要是指在农田灌溉过程中，作物从播种到收获整个生育期内消耗的水量，包括作物蒸腾量、棵间蒸散发量、构成植株体所需要的水量、渠系水面蒸发量和浸润损失量等，一般可通过灌区水量平衡分析方法推求。对于资料条件差的地区，可将实灌水亩数乘以次灌水净定额近似作为耗水量。但水田与水浇地渠灌、井灌的耗水率差别较大，应分别计算耗水量。

（2）工业耗水量。工业耗水量包括输水损失和生产过程中的蒸发损失量、产品带走的水量、厂区生活耗水量等，一般情况下可用工业用水量减去废污水排放量求得。废污水排放量可以在工业区排污口直接测定，也可根据工厂水平衡测试资料推求。值得注意的是，直流式冷却火电厂的耗水量较小，因此在计算时应单列计算。

（3）生活耗水量。生活耗水量包括输水损失及居民家庭和公共用水消耗的水量。城镇生活耗水量的计算方法与工业耗水量基本相同，即由用水量减去污水排放量求得。农村住宅一般没有修建排水设施，用水定额低、耗水率较高（可近似认为农村生活用水量基本是耗水量）；对于有给排水设施的农村，应采用典型调查确定耗水率的办法估算耗水量。

（4）其他耗水量。其他耗水量可根据实际情况和资料条件采用不同的方法估算。例如，园林、苗圃、草场的耗水量可根据实灌面积和净灌溉定额估算；城市水域和鱼塘补水可根据水面面积和水面蒸发损失量（水面蒸发量与降水量之差）估算耗水量。

2）现状用水定额及用水效率指标分析

在用水调查统计的基础上，通过计算农业用水指标、工业用水指标、生活用水指标及综合用水指标来评价用水效率。农业用水指标包括净灌溉定额、综合毛灌溉定额、灌溉水利用系数等。工业用水指标包括水的重复利用率、万元产值用水量、单位产品用水量。生活用水指标包括城镇生活用水指标和农村生活用水指标，城镇生活用水指标用"人均日用水量"表示，农村生活用水指标分别按农村居民"人均日用水量"和牲畜"标准头日用水量"计算。

通过对各城市、部门和行业用水情况以及典型用水调查的分析与计算，确定不同类型城市、行业和作物的灌溉定额。城镇生活用水按城市规模和经济发展水平分为特大城市、大城市、中等城市、小城市、县城和集镇5个级别，分析计算各类型城市生活用水定额以及城市供水管网漏失率。工业部门包括火（核）电、冶金、石化、纺织、造纸及其他一般工业，分析计算各行业用水定额和水的重复利用率。第三产业主要包括餐饮业和服务业，分析计算各行业的用水定额。农业灌溉根据不同作物（如水稻、小麦、玉米、棉花、蔬菜、油料等）进行分析和计算净灌溉定额。

现状用水水平分析是在现状用水情况调查的基础上，根据各项用水定额及用水效率指标的评估和计算结果，进行不同时期、不同地区间的比较，特别是与国内外先进水平的比较、与有关部门制定的用水标准的比较，找出与先进标准的差距，以及现状用水与节水中存在的主要问题及其原因。现状用水水平的分析可按省级行政区分区进行。各项用水定额是现状用水水平分析最主要的指标，用水效率指标采用城市管网漏失率、工业用水重复利用率、农业灌溉水利用系数、人均用水量、万元 GDP 用水量等。有条件的地区还可进行城市节水器具普及率、工业用水弹性系数（工业用水增长率与工业产值增长率的比值）、农业水分生产率（单位灌溉水量的作物产量）等指标的分析。

3）需水预测分类及节水潜力分析

（1）需水预测分类。社会经济需水按生活、工业、农业和生态划分。生活需水包括城镇生活和农村生活两项；工业需水包括电力工业（不包括水电）与一般工业两项；农业需水包括农田灌溉与林牧渔业两项；生态环境需水包括人工生态和天然生态两项。

居民生活需水由居民家庭和公共用水两项组成，其中公共用水综合考虑建筑、交通运输、商业饮食和服务业用水。城镇商品菜田需水列入农田灌溉部分，城镇绿化与城镇河湖环境补水列入生态环境需水项下。农村居民生活需水由农民家庭、家养禽畜两项构成，其中以商品生产为目的且有一定规模的养殖业需水列入林牧渔业需水项下。一般工业需水指除电力工业需水外的所有工业用水，需要区分城镇和农村的不同需求。农田灌溉需水包括水田、旱地、菜地和果园 4 种类型的需水。林牧渔业需水包括林地灌溉用水、草场灌溉用水、饲料基地用水、专业饲养场牲畜用水及鱼塘补水。生态环境用水目前尚无统一分类，一般在生态环境用水中首先区分人工生态和天然生态的用水。凡通过水利工程供水维持的生态，划为人工生态；除此之外的生态认为是天然生态。

用水定额是水资源管理的基础，直接反映水资源的利用效率。用水定额在区域上分为城镇与农村，在用水大类上分为生活、工业、农业、生态。在工业用水中进一步按间接冷却水、工艺用水、锅炉用水分类，并分行业进行统计。间接冷却水区分火电与核电用水，工艺用水区分产品耗水、洗涤用水、直接冷却水、其他工艺用水。为加强水资源管理水平，在用水调查中应包括城镇水资源供水总量与原水水质，分部门的供水量、取水量、用水量、耗水量、污水排放量，分城镇的污水收集率与污水处理量，以及相应的经济指标等节水水平评价指标。具体包括三类指标：第一类是区域性节水水平指标，主要为有效水量与水资源总利用量之比；第二类是工程性节水水平指标，主要为净用水量与工程毛供水量之比；第三类是节水经济指标，主要是分部门单方水增加值及单方水粮食生产效率。

在评价过程中，应首先对现行用水定额进行分析，包括城镇用水平衡测试、农村用水现状调查，部分地区、分行业的用水定额调查汇总及整编，以及污水排放定额调查。应当收集有关行业用水定额的国际经验资料，并同评价区域用水定额和用水效率进行比较分析。对工业用水定额可按典型产品和分部门两种口径进行比较分析；对农业用水定额应根据不同作物的水分需求和灌溉方式来制定；对生活用水定额的调查应区分不同城镇规模和农村地区，还要考虑气候的差异。

（2）节水潜力分析。在改善现行用水制度中，主要采取经济手段调整用水定额，以达到合理用水的目的。该项分析包括通过定额预测、规划和水的使用权分配，研究大耗水行业转移的可能性及转移后评价区内工业综合用水定额的下降程度，同时要分析转移这些工业对评价区内经济发展的影响；在规划区内实行产业结构调整的可能性及其对工业综合用水定额和区域经济发展的影响，分行业器具型节水对工业综合用水定额和区域发展的影响，不同节水措施的边际成本变化比较；基于用水定额方法的国民经济需水量预测与耗水量分析，根据分行业用水定额确定水资源使用权的下限等。还要进一步研究依据用水定额制定累进收费制度，其中有对城镇生活用水、工业用水和农业灌溉用水分别制定不同的定额累进收费制度，并在必要时对工业用水和农业用水制定补偿界限，研究季节水价和累进水价的节水效果并予以评估。

3. 需水量预测方法

1) 生活需水量预测

生活需水量包括城镇生活需水量和农村生活需水量。城镇生活需水量的预测分为居民生活用水量预测、公共用水量预测。居民生活用水量和农村生活用水量预测均可按规划人口数和用水定额进行，公共用水量预测中要考虑环境用水和流动人口变化对需水量的影响，用水定额应考虑生活水平的质量、供水设施的完善和节水措施的实施等影响，可在对典型地区调查、综合分析的基础上进行分析预测。生活需水量的预测方法主要包括趋势外延法和分类分析权重估算法。

城镇生活需水量在一定范围之内，其增长速度是比较有规律的，因而可以用趋势外延方法推求未来需水量。此方法考虑的因素是用水人口和需水定额。用水人口以计划部门预测数据为准，需水定额以现状用水调查数据为基础，分析历年变化情况，考虑不同水平年城镇居民生活水平的改善及提高程度，最终拟定其相应的需水定额。计算公式如下：

$$W_{生} = P_0 (1+\varepsilon)^n \cdot K \tag{6-1}$$

式中，$W_{生}$ 为某一水平年城镇生活需水总量，万 m^3；P_0 为现状人口数，万人；ε 为城镇人口年增长率，%；n 为预测年数；K 为某一水平年拟定的城镇生活需水综合定额，m^3/a。

农村生活需水量的预测与城镇生活需水量预测相似，应根据农村人口增长和家庭饲养牲畜发展指标为依据，采用定额法进行，要充分考虑农村生活水平和自来水普及率的覆盖范围对用水定额的影响。农村牲畜需水量（指不以商品生产为目的的牲畜用水），在预测过程中，按大小牲畜的数量与需水定额进行计算，或折算成标准羊后进行计算。

2) 农业需水量预测

农业需水量包括农田灌溉需水量和林牧渔业需水量，是通过蓄水、引水、提水等工程设施输送给农田、林地等、牧地，以满足作物等需水要求的水量。农田灌溉需水量受气候、地理条件的影响，在时空分布上变化较大，同时与作物的品种和组成、灌溉方式和技术、管理水平、土壤、水源及工程设施等具体条件有关，影响灌溉需水量的因素十分复杂。

农业需水量预测可采用定额法，考虑到不同地区灌溉条件不同，应该对农业需水量进行分区预测，各地区需水量之和即为全区域农业需水量。农田灌溉需水量预测涉及 3 个关键指标：各种类型作物的净灌溉定额、灌溉水利用系数和灌溉面积。定额法的计算公式为

$$W_{\text{灌}} = \sum_{i=1}^{t} \sum_{j=1}^{k} A_{ij} \cdot \frac{M_{ij}}{\eta_i} \tag{6-2}$$

式中，$W_{\text{灌}}$ 为全区总灌溉需水量，m^3；A_{ij} 为第 i 时段第 j 分区某种作物的灌溉面积，亩；M_{ij} 为第 i 时段第 j 分区某种作物的净灌溉定额，$m^3/$亩；η_i 为分区灌溉水利用系数。

林牧渔业需水量包括林业需水量（经济林和果园用水量）、牧业需水量［牲畜（以商品生产为目的）和灌溉草场用水量］、渔业需水量（为鱼塘的补水量和换水量）。林牧业需水量均按定额法进行计算。渔业需水量包括养殖水面蒸发、渗漏所消耗水量的补充量和换水量，其计算公式为

$$W = \sum_{j=1}^{k} Q_j + \sum_{j=1}^{l} w_j \tag{6-7}$$

式中，W 为渔业需水量，m^3；Q_j 为 j 次补充水量，m^3；w_j 为 j 次换水量，m^3；k、l 分别补水和换水次数。

3）工业需水量预测

对工业需水的预测可以分为 3 个主要方面：电力工业用水、乡镇企业用水和其他工业用水。这与产品种类、生产规模、重复利用率、生产设备和工艺流程等因素有很大关系。在有条件的地区，可以采取对工业用水户进行逐一统计的方法，以得到可靠的数据为依据进行预测。在预测过程中，要考虑到工业结构的调整，以及不同的节水措施等因素对用水需求的影响。工业用水的预测，通常是根据产业单位的万元产值用水及重复利用系数进行。在不同发展阶段，要对工业用水定额的变化、重复利用率的提高、相关的节水措施，特别是工业结构的改变和生产工艺的变革所产生的节水作用进行全面分析，并对相关的配套投资进行计算。

工业需水量预测方法常用的有以下几种：趋势外延法、产值相关法（也称定额法）、重复利用率提高法、分块预测法（亦称分行业预测法）、系统工程法以及系统动力学法等。在工业不断发展、用水量逐渐增加的情况下，水资源的紧缺会导致供水不足的问题。在这种情况下，提高水的重复利用率是一种行之有效的措施。水的重复利用率提高的计算公式为

$$W_{\text{工}} = X \cdot q_2 \tag{6-3}$$

$$q_2 = q_1 (1-\alpha)^n \frac{1-\eta_2}{1.2-\eta_1} \tag{6-4}$$

式中，$W_{\text{工}}$ 为工业需水量，m^3；X 为工业产值，万元；q_1、q_2 分别预测始、末年份的万元产值需水量，m^3；η_1、η_2 分别预测始、末年份的重复利用率，%；α 为工业技术进步系数（各行业不同，目前一般取值为 $0.02 \sim 0.05$）；n 为预测年数。

4）生态环境需水量预测

生态环境需水量指为美化生态环境、修复与建设或维持其质量不下降所需要的最小需水量。在预测时，要对河道内和河道外两类生态环境需水口径分别进行预测。城镇绿化用水量、防护林草用水量等以植被需水量为主体的生态环境需水量，可以用灌溉定额的方式预测。湿地、城镇河湖补水等，以规划水面的水面蒸发量与降水量之差为其生态环境需水量。

关于生态环境需水量的计算方法有两种，即直接计算法和间接计算法。直接计算法是以某一区域、某一覆盖类型的面积乘以其生态环境需水定额，计算得到的水量即为生态环境需水量，计算公式为

$$W = \sum W_i = \sum A_i R_i \tag{6-5}$$

式中，W 为生态环境需水量，m^3；A_i 为覆盖类型 i 的面积，hm^2；R_i 为覆盖类型 i 的生态环境用水定额，m/hm^2。

该方法适用于基础工作较好的地区与覆盖类型。其计算的关键是要确定不同生态环境用水类型的需水定额。对于某些地区天然植被生态环境需水量的计算，如果以前工作积累较少、模型参数获取困难，可以考虑采用间接计算法。间接计算法是根据潜水蒸发量的计算，来间接计算生态环境需水量，即用某一植被类型在某一潜水位的面积乘以该潜水位下的潜水蒸发量与植被系数，得到的乘积即为生态环境需水量，其计算公式如下：

$$W = \sum W_i = \sum A_i W_{gi} K \tag{6-6}$$

式中，W_{gi} 为植被类型 i 在地下水位某一埋深时的潜水蒸发量，m^3；K 为植被系数，即在其他条件相同的情况下有植被地段的潜水蒸发量除以无植被地段的潜水蒸发量所得的比值；W 为生态环境需水量，m^3；A_i 为覆盖类型 i 的面积，hm^2；W_i 为覆盖类型 i 的生态环境用水定额，m/hm^2。

河道内需水量预测。河道内需水量是指通航、冲淤、水力发电、环境生态等需水量，要根据水资源情况通过综合平衡确定河道内需水量。该部分水量应单独列出，不与其他需水量相加。

6.2.2　供水量预测

供水量预测指不同规划水平年新增水源工程后（包括原有工程）达到的供水能力可提供的水量，其中新增水源工程包括现有工程的挖潜配套、新建水源、污水处理回用、微咸水利用、海水利用以及雨水利用工程等。供水水源由地下水源、地表水源、海水水源以及雨水和微咸水水源等部分组成。

1. 地表供水量的调节计算

不同水平年的地表供水量应按 50%、75%、95% 三种不同保证率由上而下逐级调算，

在条件允许时，应积极采用系列法进行多年调节计算。调节计算以月为计算时段，应预计在不同规划水平年的变化情况，如设备老化、水库淤积和因上游用水造成的来水量减少等对工程供水能力的影响。其中大中型供水工程要逐个计算，对小型工程可只估算供水总量。

对地表供水工程可供水量自上而下逐级调算时，要分析计算各级的回归水量。要充分考虑近10年来水资源入流的变化趋势和需水要求，估算出不同水平年、不同保证率的工程设施供水量。估算现有工程供水量时，应充分考虑工程老化失修、泥沙淤积、地下水位下降、未达到原设计配套要求等所造成的实际供水能力的衰减。地表引提工程的供水量用式（6-8）进行计算：

$$W = \sum_{i=1}^{t} \min(Q_i, H_i, X_i) \tag{6-8}$$

式中，Q_i 为第 i 时段取水口的可引流量，m^3；H_i 为第 i 时段工程的引提能力，m^3；X_i 为第 i 时段需水量，m^3；t 为计算时段数。

2. 地下水可供水量计算

地下水可供水量预测以补给量和可开采量为依据，分别估算地下水及微咸水的多年平均可利用量。根据实际开采量、地下水埋深的实际变化情况，估算出各个规划水平年的多年平均地下水可开采量，再结合各水平年的地下水井群兴建情况，得到相应的地下水可供水量。地下水井群的投资情况应给予说明，对地下水超采地区要严格控制开采量，并考虑补救措施。

在地下水开采区要考虑人工补给工程，尽可能将地表工程无法控制的水转化为地下水，要分析人工补给地水源情况，论证补给的可行性，制定补给的实施办法。由于地下水的资源量和可开采量与地表水的利用情况直接相关，在地下水的资源量、可开采量计算中，要根据现状基准年与各规划水平年的具体情况进行计算。

地下水（微咸水）规划供水量以其相应水平年可开采量为极限，在地下水超采地区要逐步采取措施压缩开采量，使其与可开采量接近，在规划中不应大于基准年的开采量；在未超采地区可以根据现有工程和新建工程的供水能力确定规划供水量。地下水可供水量用式（6-9）计算：

$$W = \sum_{i=1}^{t} \min(Q_i, W_i, X_i) \tag{6-9}$$

式中，Q_i 为第 i 时段机井提水量，m^3；W_i 为第 i 时段当地地下水可开采量，m^3；X_i 为第 i 时段需水量，m^3；t 为计算时段数，h。

3. 其他水源可供水量和总可供水量

污水处理回用量要结合城市规划和工业布局，分别计算出回用于工业和农业灌溉的水量及污水处理投资情况。对未达到排放标准而仍需使用的污水量必须注明；对因污水排放而造成的可利用水资源量的减少情况应予以专门说明。

对于雨水、微咸水及海水的利用，要说明其直接利用量及替代淡水的量，还要分析计算相应的投资；对于海水利用中因腐蚀造成的损失，应予以专门说明。对于跨省的大型调水工程的水资源配置，应由流域机构和上级水主管部门负责协调。对于省内各地区的分水，若出现争议，由各省级水行政主管部门会同有关单位进行协调。若存在跨省调水工程，水量分配原则上按已有的分水协议执行，也可与规划调水工程一样采用水资源系统模型方法调算出更合适的分水方案，在征求有关部门和单位意见后采用。

在不同水平年度中，每个区域的总供水量是指经过原有供水工程和新增水源工程相互调水后所能提供的总水量。需要注意的是，新增水源工程中挖潜配套所增加的供水量不能直接视为工作区总供水增加量。必须经过调节计算后，扣除供水工程之间的相互调用水量，才能与分区的其他供水量相加。

6.2.3 供需平衡分析

水资源供需平衡分析是对特定范围内可供水量和需水量的供求关系进行综合评估与规划的过程，其目的在于通过分析可供水量和需水量，揭示当前水资源供需状况，发现问题和矛盾，为未来规划和管理提供基础数据；同时，通过预测未来水资源供需状况及其时空分布，有助于及时采取措施应对不足或过剩情况。在面对水资源供需矛盾时，需要制定开源节流的总体规划，即开发新水资源、节约现有水资源的使用，以实现水资源供求平衡。此外，在规划过程中，明确水资源综合开发利用与保护的主要目标和方向，以确保水资源长期可持续利用。

1. 水资源供需平衡分析方法

水资源供需平衡分析必须基于特定的雨情和水情数据进行计算，主要采用两种分析方法：系列法和典型年法（或称代表年法）。

系列法：根据历史上的雨情和水情系列资料，逐年进行供需平衡分析计算。

典型年法：只选取几个具有代表性的年份的雨情和水情数据进行分析计算，而不必对每年逐一进行计算。

无论采用哪种方法，基础数据的质量至关重要，包括水文系列资料、水文地质相关参数等，直接影响到供需分析结果的合理性和实用性。

本书将主要介绍典型年法。典型年法是指对某一范围内的水资源供需关系，仅对几个代表性年份进行平衡分析计算的方法。其优点在于可以克服资料不全（如难以获取完整的系列资料）以及减少计算工作量过大的问题。

2. 选择不同频率的若干典型年

根据前文所述，针对不同地区的水资源供需平衡分析，应选择不同频率的典型年作为代表性年份。具体选择如下：北方干旱和半干旱地区一般要对 50% 和 75% 两种代表性年份的水资源供需情况进行分析。而南方湿润地区则需要对 50% 、75% 和 90% （或95%） 3 种代表性年份的水资源供需情况进行分析。选择相应频率的代表性年份进行分析，有助于更准确地评估水资源供需关系和制定相应的管理措施。

3. 典型年和水平年的确定

1）典型年的确定

根据各分区的具体情况来选择控制站，以控制站的实际来水系列进行频率计算，从中选取符合某一设计频率的实际典型年份。这一过程可以利用年天然径流系列或年降水量系列进行频率分析计算。在我国北方干旱半干旱地区，由于降水量较少，供水主要依赖于径流调节，因此常用年径流量系列来选择典型年。而在南方湿润地区，降水量较多，缺水情况不仅与降水量有关，还与用水季节的径流量调节分配有关，因此可以有多种情况选择。在这种情况下，可能需要综合考虑不同的因素，包括降水量、径流量以及用水需求的季节性变化等。综合考虑各地区的特点，选择符合设计频率的实际典型年，能够更准确地反映该地区的水资源供需情况，有助于制定相应的水资源管理策略。

为了克服典型年来水量分布中的偶然性，通常采用一种方法是选择频率相近的若干实际年份进行分析计算，并从中选出对供需平衡偏于不利的情况进行分配。这种方法包括以下步骤：①选择频率相近的若干实际年份作为候选典型年，对这些候选典型年进行水资源供需平衡分析计算，考虑到供需平衡偏于不利的情况。②从分析结果中选出对供需平衡偏于不利的情况，并将这些情况作为参考。③根据参考情况，对典型年来水量进行分配，以反映供需平衡偏于不利的情况。通过这种方法，可以更好地考虑到不利情况，提高典型年来水量分布的准确性和可靠性，从而更有效地进行水资源供需平衡分析和管理。

2）水平年的确定

确定水资源供需分析的水平年时，需要考虑研究区域的现状和未来几个阶段的发展情况。这些阶段的水资源供需状况与该地区的国民经济和社会发展密切相关，并应与可持续发展的总目标相协调。一般情况下，需要研究分析 4 个水平年的情况，包括现状水平年（又称基准年）、近期水平年、远景水平年和远景设想水平年。这些水平年分别代表当前情况、短期内可能出现的变化、长期规划和未来发展的设想，通过研究分析这些水平年的情况，可以更全面地了解水资源供需的动态变化，从而制定相应的管理策略和规划，以实现地区水资源的可持续利用和管理。

4. 可供水量和需水量的分析计算

1) 可供水量

可供水量是指在不同水平年、不同保证率或不同频率条件下，通过工程设施提供符合一定标准的水量，包括区域内的地表水量、地下水量、外流域的调水量，以及污水处理回用量和海水利用量等。

典型年法中的供水保证率是指在水资源供需平衡分析中，针对不同供水对象制定的保证供水的可靠程度。在供水规划中，根据不同的供水对象，应该规定相应的供水保证率。例如，对于居民生活供水，其保证率通常需要高达95%以上，以确保居民生活用水的稳定供应；而对于工业用水，则可以规定保证率为90%或95%，以满足工业生产的需要；而农业用水的保证率通常较低，可以规定为50%或75%，因为农业用水相对更具有弹性，可以通过灌溉管理等手段来调整。供水保证率的制定需要考虑到供水对象的需求特点、对供水可靠性的要求以及水资源的实际情况，以确保不同领域的水资源利用能够达到合理的平衡。供水保证率常用式（6-10）计算：

$$P = \frac{m}{n+1} \times 100\% \tag{6-10}$$

式中，P 为供水保证率；m 为保证正常供水的年数；n 为供水总数。正常供水通常按用户性质规定，若能满足其需水量的90%~98%（即满足程度），则视作正常供水。

2) 需水量

需水量是指在水资源供需平衡分析中对水资源需求的评估和计算。需水量分析是供需平衡的主要内容之一，通常可分为河道内用水量和河道外用水量两大类。河道内用水量包括城市供水、工业用水、农业灌溉等，而河道外用水量则包括地下水开采、水库调水等。需水量的分析方法可以根据具体情况选择不同的途径和工具，以确保对水资源需求的准确评估，具体方法见前述。

3) 计算单元的供需分析

计算单元的供需分析包括以下几方面的内容：调查统计现阶段年份计算单元内各水源的实际供水量和各部门的实际用水量，包括对地表水、地下水、水库调水等各种水源的供水量进行收集和统计，以及对城市生活、工业、农业等各部门的用水量进行调查和统计。在收集和统计了供水量和用水量的数据后，需要对其进行比较和分析，即进行水量平衡校核，包括比较各水源的实际供水量与各部门的实际用水量之间的关系，评估供水是否满足各部门的需求，发现供需之间的差异和潜在问题。

对于某一计算单元、某一水平年、某种保证率的供需平衡计算式为

$$\sum_{i=1}^{n_1} W_{供_i} - \sum_{j=1}^{n_2} W_{需_i} = \pm \Delta W \tag{6-11}$$

式中，$W_{供_i}$ 为计算单元内的分项供水量，m^3/a；$W_{需_i}$ 为计算单元内的分项需水量，m^3/a；

n_1 为计算单元内可供水量的分项数；n_2 为计算单元内需水量的分项数；ΔW 为余缺水量，m^3/a。

5. 整个区域的水资源供需分析

整个区域的水资源供需分析有以下两种方法：典型年法和系列法。具体计算方法参考前文。

6.2.4 绿洲水资源供需平衡案例分析

选择典型绿洲区——疏勒河流域中游地区进行水资源供需平衡分析。根据不同行业年需水量及不同设计年供水量来分别计算现状年与规划年全年各个时期的水量平衡情况。疏勒河流域中游绿洲水资源供需平衡分析见附表 1 和附表 2。从水资源供需平衡总体情况可看出，基于生态环境需水量时，在两种频率（$P=50\%$、$P=75\%$）来水情况下，均存在不同程度的缺水问题。

1. 地表水可供水量

疏勒河流域水资源利用工程布局以保障区域经济社会发展的正常需水和有效遏制生态环境恶化趋势为基本目标：近期通过全面实施高效节水农业、灌区改造工程以及内陆河各流域生态保护和重点治理工程，充分挖掘区域内节水潜力，提高水资源利用效率，促进区域经济、生态协调可持续发展；远期将通过实施必要的跨流域调水工程，提高区域供水能力，基本解决制约流域经济社会发展和生态环境恢复的资源型缺水问题。在充分考虑现有及规划蓄水工程、生态修复工程和其他工程条件下，不同水平年地表水可利用量见附表 1。

2. 地下水可开采量

现状疏勒河流域浅层地下水开采利用程度较高。结合地下水位多年动态观测数据和年开采量数据，采用实际开采量调查方法，确定流域中游绿洲区浅层地下水可开采量。疏勒河流域地下水资源可开采量见附表 1。

3. 其他水资源可利用量

疏勒河流域其他水资源利用工程主要指污水处理工程。按发展节水型社会要求，积极推进污水处理及污水处理回用工程建设。在各个水平年规划中，2013 年、2020 年和 2030年流域城镇生活和工业废污水收集处理率分别达到排污量的 70%、80% 和 90%；在 2020年、2030 年一般城市回用率分别达到 30%、40%，重点城市回用率分别达到 40%、50%。

4. 总可供水量

基于上述分析，可以计算出不同水平年不同来水保证率下增加的供水量。疏勒河流域地表水设计平水年（$P = 50\%$）年来水量为 10.53 亿 m³，设计枯水年（$P = 75\%$）年来水量为 9.90 亿 m³，得出设计年年内水量分配过程（附表1）。另外，疏勒河流域平原区可供水量还包括地下水开采量和其他水源（附表1）。通过计算，2013 年，当 $P = 50\%$ 时，总供水量为 14.29 亿 m³；当 $P = 75\%$ 时，总供水量为 13.66 亿 m³。2020 年，当 $P = 50\%$ 时，总供水量为 14.35 亿 m³；当 $P = 75\%$ 时，总供水量为 13.72 亿 m³。2030 年，当 $P = 50\%$ 时，总供水量为 14.44 亿 m³；当 $P = 75\%$ 时，总供水量为 13.81 亿 m³。

5. 现状年水资源配置

在 $P = 50\%$ 的供水情况下，现状年疏勒河流域中游绿洲经济社会总配置水量为 14.29 亿 m³。农业、工业、生活、人工生态和天然生态环境水量分别为 11.8414 亿 m³、0.61 亿 m³、0.20 亿 m³、0.2086 亿 m³ 和 1.43 亿 m³，占总配置水量的比例分别为 82.86%、4.27%、1.40%、1.46% 和 10.01%。

在 $P = 75\%$ 的供水情况下，现状年疏勒河流域中游绿洲经济社会总配置水量为 13.66 亿 m³，农业、工业、生活、人工生态和天然生态环境水量分别为 11.21 亿 m³、0.61 亿 m³、0.20 亿 m³、0.2086 亿 m³ 和 1.43 亿 m³，占总配置水量的比例分别为 82.07%、4.47%、1.46%、1.53% 和 10.47%。

6. 规划年水资源配置

1) 2020 年水资源配置

在 $P = 50\%$ 的供水情况下，2020 年疏勒河流域中游绿洲经济社会总配置水量为 14.35 亿 m³，农业、工业、生活、人工生态和天然生态环境水量分别为 9.02 亿 m³、1.03 亿 m³、0.25 亿 m³、0.2145 亿 m³ 和 3.84 亿 m³，占总配置水量的比例分别为 62.83%、7.18%、1.74%、1.49% 和 26.76%。

在 $P = 75\%$ 的供水情况下，2020 年疏勒河流域中游绿洲经济社会总配置水量为 13.72 亿 m³，农业、工业、生活、人工生态和天然生态环境水量分别为 8.3855 亿 m³、1.03 亿 m³、0.25 亿 m³、0.2145 亿 m³ 和 3.84 亿 m³，占总配置水量的比例分别为 61.12%、7.51%、1.82%、1.56% 和 27.99%。

2) 2030 年水资源配置

在 $P = 50\%$ 的供水情况下，2030 年疏勒河流域中游绿洲经济社会总配置水量为 14.44 亿 m³，农业、工业、生活、人工生态和天然生态环境水量分别为 7.5191 亿 m³、1.80 亿 m³、0.3 亿 m³、0.2209 亿 m³ 和 4.6 亿 m³，占总配置水量的比例分别为 52.07%、

12.46%、2.08%、1.53%和31.86%。

在$P=75\%$的供水情况下，2030年疏勒河流域中游绿洲经济社会总配置水量为13.81亿m^3，农业、工业、生活、人工生态和天然生态环境水量分别为6.8891亿m^3、1.8亿m^3、0.3亿m^3、0.2209亿m^3和4.6亿m^3，占总配置水量的比例分别为49.89%、13.03%、2.17%、1.60%和33.31%。

7. 现状年水资源供需平衡分析

当$P=50\%$时，总需水量16.8496亿m^3，总供水量14.29亿m^3，缺水量2.5596亿m^3，缺水率15.19%；当$P=75\%$时，总需水量16.8466亿m^3，总供水量13.6599亿m^3，缺水量3.1897亿m^3，缺水率18.93%。

8. 规划年水资源供需平衡分析

1）2020年水资源供需平衡分析

当$P=50\%$时，总需水量16.1895亿m^3，总供水量14.3500亿m^3，缺水量1.8395亿m^3，缺水率11.36%；当$P=75\%$时，总需水量16.1895亿m^3，总供水量13.7200亿m^3，缺水量2.4695亿m^3，缺水率15.25%。

2）2030年水资源供需平衡分析

当$P=50\%$时，总需水量15.2009亿m^3，总供水量14.4400亿m^3，缺水量0.7609亿m^3，缺水率5.01%；当$P=75\%$时，总需水量15.2009亿m^3，总供水量13.8100亿m^3，缺水量1.3909亿m^3，缺水率9.15%。

6.3 绿洲水资源开发利用

6.3.1 水资源利用分区及产业配置

1. 水功能区划

水功能区划是对水域各部位水体，研究其主导及从属功能，进行水功能区的划分。水资源具有区域性、整体性和多功能性。水功能区划就是根据流域或区域水资源状况，同时考虑水资源开发利用现状和经济社会发展对水量和水质的要求，划定相应的具有特定功能的水域，以利于水资源的合理开发、利用和保护，使其发挥最佳效益。

以水资源保护为重点，美国等西方国家通过适生生物纲目或生物体对河流的分类来确定其潜在功能。我国水环境标准是以水质类别确定水体功能，而水利部门是以功能要求来确定水质类别，并突出了流域与区域相结合的管理特点。20 世纪 80 年代中期编制的我国七大江河与太湖流域水资源保护规划，对各流域进行了水功能区划。80 年代末期，在长江流域水质保护规划中对长江干流进行了水功能区划，提出了水质目标。90 年代以后，有些流域、省（自治区、直辖市）也开展了不同程度的水功能区划。2000 年 2 月，水利部发出《关于在全国开展水资源保护规划编制工作的通知》，提出《全国水功能区划技术大纲》，开展了各流域、省（自治区、直辖市）的水功能区划。2002 年 3 月提出了《中国水功能区划》（试行）。

我国水功能区划采用两级体系，即一级水功能区划和二级水功能区划。一级水功能区划主要解决地区之间的用水问题，一级功能区分 4 类，包括保护区、缓冲区、开发利用区、保留区；二级水功能区划主要解决部门之间的用水问题，二级功能区分 7 类，包括饮用水水源区、工业用水区、农业用水区、渔业用水区、景观娱乐用水区、过渡、排污控制区。①保护区，指对水资源保护、自然生态系统以及珍稀濒危物种的保护具有重要意义的特定水域。②缓冲区，指为协调省际以及矛盾突出的区域间用水关系而划定的特定水域。③开发利用区，主要指具有满足工农业生产、城镇生活、渔业和游乐等多种需水要求的水域。其中，饮用水水源区，指为满足城镇生活用水需要的水域；工业用水区，指为满足城镇工业用水需要的水域；农业用水区，指为满足农业灌溉用水需要的水域；渔业用水区，指具有鱼、虾、蟹、贝类产卵场、索饵场、越冬场及洄游通道功能的水域，以及养殖鱼、虾、蟹、贝、藻类等水生动植物的水域；景观娱乐用水区，指以满足景观、疗养、度假和娱乐需要为目的的江河、湖库等水域；过渡区，指为使水质要求有差异的相邻功能区顺利衔接而划定的区域；排污控制区，指接纳生活、生产废污水比较集中的排污口所在水域，且其接纳的废污水对水环境无重大不利影响的区域。④保留区，是指开发利用程度不高，为今后开发利用而预留的水域。在该区内，应维持现状，不受破坏，以保护水资源和生态环境。

水功能区划采取先划一级区，再划二级区的程序。两级区划均需经过资料收集、资料分析评价、功能区划分及征求意见四个阶段。在资料收集和资料分析评价阶段，侧重点各不相同。一级水功能区划主要涉及流域自然、社会经济、综合利用规划、区域用水现状及需求等资料。二级水功能区划主要涉及地区自然、社会经济、水污染纠纷、入河（湖）排污口、水质、各部门用水现状及需求等资料。一级水功能区划分采用先易后难法，即先划保护区，再划缓冲区，接着划开发利用区，最后剩下的水域即为保留区。二级水功能区划分采用资料分析与绘图法，即首先确定区划范围，其次选定适用的区划底图，再次将相关资料（包括取水口及取水量、排污口及排污量、水质监测断面及监测值等）标注于图上，最后根据需要与可能划定功能区。

2. 产业配置

所谓产业配置，指资源在产业部门间的流动。在不完善的市场条件下，需要人们根据产业的现状、发展及变化趋势，为实现各种资源在国民经济各部门及部门内部的合理配比和优化组合，以优化产业结构提高产业素质，取得最大的产业经济效益并使国民经济协调、快速发展而进行的有计划的控制。

1）种植业和畜牧业

绿洲农业在保障国家粮食安全、促进区域经济发展和维护生态平衡方面发挥着关键作用。近年来，随着国家对西部大开发战略的持续推进和对农业现代化的高度重视，绿洲区的种植业和畜牧业呈现出蓬勃发展的态势。在种植业方面，绿洲区主要以粮食作物、经济作物和特色林果业为主。粮食作物以小麦、玉米和水稻为主，经济作物则以棉花、油料作物和甜菜为代表，特色林果业包括葡萄、红枣、苹果等。据统计，近五年来，绿洲区粮食作物种植面积基本稳定在 2000 万亩左右，产量保持在 1000 万 t 以上，为保障区域粮食安全作出了重要贡献。经济作物方面，以新疆为例，棉花种植面积约占全国的 80%，年产量超过 500 万 t，成为我国最重要的棉花生产基地。特色林果业发展迅速，以新疆吐鲁番的葡萄、宁夏贺兰山东麓的葡萄酒产业为代表，形成了一批具有区域特色和较强市场竞争力的农产品品牌。然而，绿洲区种植业发展也面临着水资源短缺、土地盐碱化、农业结构单一等问题。水资源短缺制约着农业生产规模的扩大，部分地区地下水超采现象严重；土地盐碱化导致耕地质量下降，据调查，西北绿洲区耕地盐碱化面积已占耕地总面积的 30% 以上；农业结构单一使得农民收入增长缓慢，抵御市场风险能力较弱。

在畜牧业方面，绿洲区主要发展以牛、羊为主的草食畜牧业，同时也有一定规模的奶牛养殖和禽类养殖。近年来，绿洲区畜牧业呈现出规模化、集约化和产业化发展趋势。以新疆为例，2020 年肉类总产量达到 169.8 万 t，同比增长 2.7%；牛奶产量达到 191.2 万 t，同比增长 5.6%。绿洲区畜牧业的发展不仅提高了农民收入，也促进了农业结构调整和产业升级。特色畜产品如新疆的细毛羊、宁夏的滩羊、青海的藏系羊等，已成为当地重要的经济增长点和品牌农产品。然而，绿洲区畜牧业发展也面临着一些挑战：首先，草场退化问题严重，据调查，西北地区草原退化面积占草原总面积的 30%～50%，直接影响畜牧业的可持续发展；其次，畜产品加工能力不足，产业链较短，难以实现畜产品的高附加值；再次，畜禽疫病防控压力大，特别是在规模化养殖过程中，疫病防控成为一个重要挑战；最后，畜牧业发展与生态环境保护之间的矛盾日益突出，如何在发展畜牧业的同时保护脆弱的生态环境，成为亟须解决的问题。面对这些挑战，绿洲区正在积极采取措施，如推广节水灌溉技术、发展设施农业、调整农业结构、加强畜禽疫病防控、推进畜牧业绿色发展等，以促进种植业和畜牧业的可持续发展。

2）石油与化学工业

石油化学工业又称石油化工，指化学工业中以石油为原料生产化学品的领域，广义上也包括天然气化工。石油化工已成为化学工业中的基干工业，在国民经济中占有极重要的地位。国家统计局数据显示，2022 年，我国规模以上石油化工行业增加值比上年增长

1.2%。2022年，全国原油产量6年来冲上2亿t平台，天然气产量达2201.1亿 m^3，全年乙烯产量达2897.5万t。

实际上，经过几十年发展，我国绿洲区石油与化学工业取得了巨大成就，不仅成为当地经济发展的重要支柱产业，还是最具资源优势和发展潜力的产业之一。新疆通过实施"大企业、大集团、大基地"战略形成了一批带动力强、联系紧密的大型企业集团和化工区。"十一五"期间，按照"支持上游、介入中游、发展下游"原则，全区利用石油、天然气、煤炭、盐等优势资源，延伸乙烯、芳烃、天然气利用和精细化工等产业链，形成了克拉玛依、奎（屯）—独（山子）、石河子、准东、乌鲁木齐、吐（鲁番）—哈（密）、库（车）—拜（城）、库尔勒等不同规模、各具特色的石油化工、煤化工和盐化工基地。

3）煤炭开采和洗选业

"十一五"期间，我国绿洲区煤炭开采和洗选业产值占全部经济总值的比例平均不足2%，但2011年达到2.9%。新疆煤炭预测资源总量2.19万亿t，占全国煤炭资源总量的40.6%，资源量居全国之首。新疆查明煤炭资源储量已突破3200亿t，仅次于内蒙古、山西，居全国第三位，为我国大中型煤矿建设和煤电煤化工产业发展提供了有力的资源支撑。

绿洲区煤炭行业在2020年展现了显著的增长态势。该区拥有66家国有及国有控股工业企业，年产原煤量首次突破8000万t。同时，新疆煤炭年产量也达到约2.5亿t，其中哈密、昌吉回族自治州（简称昌吉州）、吐鲁番等主要产煤地的煤炭产量创历史新高，成为当地工业增长的主要拉动力。整个绿洲区的煤炭年产量达到了5.2亿t，同时，新疆煤炭的产能在同年也达到了4亿t以上，这一大幅增加的原煤产量不仅实现了绿洲区内煤炭供需平衡，还完成了向甘肃等其他省（自治区、直辖市）调出煤炭的任务。仅哈密地区就已累计外调煤炭1607.97万t，显示了绿洲区煤炭行业的发展活力和辐射带动作用。

从煤炭资源的分布来看，新疆绿洲区含煤地层面积约30.70万 km^2，约占全区总面积的1/5，但分布并不均衡。在北部的伊犁哈萨克自治州（简称伊犁州）、塔城、昌吉州、乌鲁木齐地区，东部的哈密、吐鲁番地区，以及南部的巴音郭楞蒙古自治州（简称巴州）、阿克苏等地区，煤炭资源比较丰富；而北部的博尔塔拉蒙古自治州（简称博州）、阿勒泰地区，以及南疆的克孜勒苏柯尔克孜自治州（简称克州）、喀什、和田等地区则相对缺乏煤炭资源。

4）黑色金属冶炼及压延加工业

2020年新疆绿洲区的钢铁业产值约2180亿元，生铁产量为4058.1万t，粗钢产量为881.1万t，钢材产量为980.2万t，增幅均高于全国平均水平。至2021年末，全区共有钢铁冶炼企业102家，其中包括新建、改扩建的企业34家，这些企业已具备年产4200万t的炼钢生产能力。

我国绿洲区铁矿石资源十分丰富，截至2020年，已发现铁矿床（点、矿化点）共计

1180 处，预测资源总量高达 90.9 亿 t。累计探明铁矿储量约 8 亿 t，保有资源储量 7.72 亿 t。铁矿资源主要分布于天山、阿勒泰山、昆仑山—阿尔金山三大山系，其中天山山系铁矿床（点）最多。目前，铁矿产地多分布在天山东部的哈密、吐鲁番地区，该区域铁矿储量占保有储量的 56%，其次是阿勒泰地区，占保有储量的 14%。绿洲区铁矿资源的特点之一是，富矿较多（约占 36%），磁铁矿比例（约 76%）高。但是大多数矿床都较小、分布稀疏。探明的铁矿以中小型为主，尚未发现大型、特大型铁矿床，7.72 亿 t 的保有资源储量分布在近 60 个矿点。

5）电气机械及器材制造业

我国绿洲区机电工业"十一五"期间以近 40% 的速度快速发展，形成了金风科技、特变电工、新能源公司等一批技术竞争型企业，其余多数为中小企业。行业涉及电工电器、汽车、农牧机械等八大门类。

6）非金属矿物制品业

非金属矿物制品业包括玻璃及玻璃制品，非耐火制陶瓷制品（绝缘体陶瓷、卫生陶瓷），黏土烧结砖、瓦及建筑用品，石材，磨料（金刚石）及石棉、石墨及碳素制品业，矿物纤维及其制品业等。

2020 年新疆 66 家规模以上水泥企业总产值约 150 亿元。2020 年底区内共有水泥企业 92 家，从业人员 2 万余人，拥有各类水泥生产线 122 条，全部生产能力达 5100 万 t。2020 年主要建材产品水泥 4300 万 t、商品混凝土 10 600 万 m^3，分别比上年增长 30%、53.2%，水泥产能达到 15 000 万 t，预拌混凝土达到 1 亿 m^3。

2020 年新疆完成板材产量约 5450 万 m^2，产值达到 77.4 亿元，较上年度增长 30%，跻身于国内石材行业的第二梯队，成为区内建材业出口的主要产品。石材是绿洲区优势矿产之一，广泛分布于全区各地、州（市），具有品种优、规模大、地质工作潜力大等特征，集中分布在吐鲁番、哈密、昌吉州、巴州、阿勒泰、阿克苏、塔城和博州等地。

7）电力与热力的生产和供应

2019 年我国绿洲区发电量达 853 亿 kW·h，增幅位居全国首位；电网售电量达到 510 亿 kW·h，"区电外送"电量达 32 亿 kW·h；全社会用电量达 820 亿 kW·h，同比增长 26%，高于全国平均水平 14.3 个百分点；新投产发电装机 540 万 kW；12 月 27 日，轮台—塔中—且末—若羌输变电工程投运，我国绿洲区最后的电力孤岛且末、若羌两县也正式融入大电网。

2019 年底，绿洲区总装机容量 2137.91 万 kW，其中火电 1622.4 万 kW，占总装机容量的 75.89%；水电 327.81 万 kW，占总装机容量的 15.33%；风电 187.7 万 kW，占总装机容量的 8.78%。

8）旅游业

绿洲作为干旱区湿岛主要是高山冰雪融水流经的自然河谷冲击带或人工屯垦区，是社会经济的基本空间载体。这些大小不一的湿岛团块，如同散布于荒漠盆地边缘的绿色岛链，形成了碎片化不规则的绿洲区块。然而，散碎的湿岛空间导致了绿洲城镇经济的碎片化孤岛效应，阻碍了城镇体系的联通与伸展。以新疆为主体的中国丝绸之路经济带建设核心区正是典型的干旱区域，而依靠绿洲而生的中小城镇群落格局十分显著，这凸显了以绿洲为单元的区域性中小城镇群模式对于绿洲空间的契合性。值得一提的是，干旱区绿洲多为旅游资源富集区，因此旅游业适宜作为丝绸之路经济带核心区中小城镇群发展的战略性支柱产业。

2023年，新疆旅游人数达2.14亿人次，收入超2337.62亿元，旅游人数超过了2019年同时期水平，其中新疆国际大巴扎、赛里木湖、喀什古城、喀纳斯等景区成为热门旅游目的地。与此同时，甘肃敦煌莫高窟、鸣沙山、月牙泉等六大景区共接待中外游客531.3989万人，相比2019年增长26.95%，相比2022年增长379.63%。

6.3.2　产业节水方案

1. 农业节水方案

长期以来，我国农业灌溉采用传统的畦灌、大水漫灌等粗放型灌流方式，地下渗透及地表蒸发较为严重，导致农田水分利用效率较低。此外，农民节水意识比较薄弱，一味通过提高水肥等栽培措施达到高产目的，使农田灌溉用水量与正常灌溉用水量相比，增加了0.5~1.5倍。"十三五"期间，我国节水灌溉技术快速发展，全国每年新增高效节水灌溉面积2000亩。膜下滴灌技术在棉花、玉米生产中得到了普遍应用，成为旱区节水技术应用的成功典型。截至2020年底，我国的喷微灌面积已经达到了1.5亿亩，仅次于美国的2亿亩，位居世界第二。在农业用水总量没有著增加的条件下，灌溉面积由7亿亩增加到10亿亩以上，以约占全国耕地50%的灌溉地上生产了全国75%的粮食和90%以上的经济作物，为农业可持续发展作出了重要贡献。农业节水方案可分为技术措施以及保障措施。

1) 农业节水技术措施

我国水资源分布不均衡，部分处于干旱或半干旱的地区，且由于地势问题，作物水分利用率仅达到0.5，远低于发达国家的0.7。同时，随着我国人口不断增长，可用水资源短缺的问题已成为影响我国粮食安全的重要因素之一。因此，利用现代农业节水技术提高作物水分高效利用的同时，保证粮食稳产增产成为可持续发展的必然要求。农业节水的具体技术措施有以下几点。

（1）选用抗旱作物品种。在农业生产上应优先选择耐旱性强、抗病性较好的作物品种，以减少作物对水的需求量，这也是最直接、最有效的节水措施。在高温危害频发、水资源匮乏的地区，应重点选择种植耐旱品种来控制需水量，从而达到节约用水的目的。

（2）应用覆盖保墒技术。覆盖保墒技术作为农艺节水技术的一部分，在实际应用中具有较高的效率。它可以分为4种类型，包括覆盖秸秆保墒技术、覆盖化学保墒技术、覆盖砂石保墒技术和覆盖地膜保墒技术。覆盖保墒技术能够合理控制土壤温度，从而达到节约用水的效果。将覆盖保墒技术应用到农业生产中，可以实现地表保护，因为为植物提供良好的生长环境是提高农作物产量、增加农民收益的关键。此外，对于普通作物的水分利用来说，采用覆盖保墒技术可以扩大无效水分的利用范围，确保水资源得到充分利用。在这种情况下，覆盖保墒技术的应用能够发挥抑制作用，使农业蓄水功能得到充分发挥。在4种覆盖保墒技术中，覆盖地膜保墒技术和覆盖秸秆保墒技术的应用频率较高，并且应用范围广泛。覆盖秸秆保墒技术主要是将干草放置在土壤表层，保持土壤温度稳定，为农作物提供良好的生长环境。为了提高覆盖效果，需要结合农作物种植面积情况，确定覆盖率。一般来说，覆盖率控制在35%左右，以确保水资源充分渗透到土层15cm的位置，提高水分利用效率，既节约了水资源，又增加了农业产量。

（3）灌溉渠道防渗。目前农田灌溉输送水源的方式主要为渠道输水。这种方式输水快，可以避免阳光直射、避免水暴露在地表、降低水温，从而减少蒸发。但是，一些因素会导致渠道输送水源时发生渗漏。例如，一些穴居动物在地下挖掘时会对渠道造成破坏，导致渗漏通道；在建造水利渠道时，如果建筑材料不合格、建筑技术不合理，工程质量便得不到保障，会导致后期渠道发生渗漏，这就要求人们必须做好渠道防渗工作。

（4）改进农业灌溉技术。喷灌可将水均匀地喷洒在作物上，它可以根据作物的不同生长期、不同需水量科学控制灌水定额。喷灌工程不需平整耕地、修建田间毛渠和打埂。喷灌灌水均匀、用水节约、对地形的适应性强。与地面灌溉相比，大田喷灌一般可省水30% ~50%，增产10% ~30%。滴灌工程是目前科技含量最高、起点最低的节水形式，是高效农业的首选。滴灌优点主要体现在以下四方面：一是省水，滴灌属局部灌溉，仅湿润作物根区附近的土壤，避免了输水损失和深层渗漏损失，地表湿润，减少了地面蒸发，节水率可达80%，能最大限度利用水源。二是省肥，在滴灌过程中，用施肥罐将可溶性肥料随水滴入作物根部发育区。三是省工，无须平地、筑埂、打畦；滴灌土壤不板结，垄间干燥，可减少中耕和除草等投工。四是适应性强，它对地形适应能力强，在坡度为50° ~60°的陡坡上，也可以采用滴灌系统，由于滴灌是小水勤滴，适时适量，土壤理化性能好，可有效地改善作物的品质。

2）农业节水保障措施

（1）加强农田水利设施建设。在一些地区，由于农田水利设施的落后和土壤自身蓄水能力较弱，一旦遭受强降雨，容易发生水土流失现象，导致大量雨水浪费。因此，应该加大农田水利设施建设的投资和保障力度，充分利用自然降水，增加可用水量，同时防止水土流失，从而减轻洪涝灾害带来的减产和经济损失。这种措施不仅有助于改善农田的水资源利用效率，还能提高农田的抗洪抗旱能力，减少农作物因水灾而受损。通过加强农田水利设施建设，可以有效地保护土壤、水源和植被，维护生态平衡，提高农业生产的稳定性和可持续性。

（2）增强农民节水意识。目前的农业节水项目，特别是田间基础配套设施建设，更多地注重了规模农业和新型农业经营主体，而忽视了小规模农户。然而，农户作为农业用水的主体，其自身的行为和意识在节水方面起着至关重要的作用。如果农户没有深入认识到水资源科学合理利用的必要性，节水技术的推广和实施将难以取得良好效果。多年以来，大多数农户尚未形成强烈的节约用水意识，尤其在水资源充足的地区。

因此，政府和农业技术推广部门应利用各种途径开展节水宣传教育活动，包括媒体、报纸、网络等，引导农民增强节水意识。尤其在水资源丰富的地区，农民的节水意识相对薄弱，需要通过广泛而深入的宣传活动，改变错误观念，让全社会都树立起节水意识。通过宣传和培训，让农民掌握农业节水灌溉的技术和方法，实现科学用水、合理用水，将提高水资源利用率作为农业生产的重要目标之一。这样可以更好地促进农业节水工作的深入开展，为水资源的可持续利用和农业可持续发展作出贡献。

（3）各级政府应当高度重视农业节水工作，将其纳入重要议程，并提供政策和资金支持，引导社会各界重视农业节水工作。同时，需要对节水工作的领导和分工进行细化，确保责任能够落实到相关责任人，任务能够落实到具体环节。

在实施节水规划的过程中，政府部门需要加强监督工作。特别是对于那些高污染、高耗水的行业，需要进行定期监督、抽查和考核，以确保节水工作得以切实落实。只有通过监督和考核，才能够保证节水工作真正落到实处，达到预期的节水效果。

（4）做好水土保持工作对于保护水资源和提高水资源利用率具有重要意义。实施水土保持工作可以有效地拦蓄降水，增加土壤的存水能力，并在一定程度上缓解旱灾和水灾。采取水土保持措施能够减少土壤被水流冲走的概率，保护植被，同时有助于增强土壤水分的储存能力，从而形成良性循环。

通过做好水土保持工作，可以有效地防止土壤侵蚀和水土流失，维护生态环境的稳定性和可持续性，这不仅有助于改善土壤质量，增加土地的生产力，还能够减少水资源的浪费，提高水资源的利用效率。因此，做好水土保持工作对于维护水资源生态环境、保障农业生产和促进可持续发展具有重要意义。

（5）完善农业基础设施建设，加大资金投入力度。基础设施作为农业生产的重要部分，对于推进农业的长远发展有着至关重要的作用，因此在农业发展过程中，应加强对农业基础设施的完善。应当积极创新及研发基础设施建设相关理论及技术，加强对技术、设备等方面的资金投入。深入调查并分析地区农业实际情况，使基础设施能够充分发挥效用。要选择专业水平较高的人员，做好对基础设施的维护。与地区农户进行细致沟通，减少农业生产过程中浪费水资源的现象。

3）绿洲农业节水方案实例

渠道输水是目前我国农田灌溉的主要输水方式。传统的土渠输水渠系水利用系数一般为 0.4 ~ 0.5，差异仅在 0.1 左右，也就是说，大部分灌溉水都通过渗漏损失。渠道渗漏是农田灌溉用水损失的主要原因。目前我国 80% 以上的渠道无防渗处理措施，渠系水利用系数平均不到 0.5。根据河南省人民胜利渠实测，渠道渗漏占到了灌溉水总损失量的 80%；陕西泾惠、渭惠和洛惠三个灌区，1955 ~ 1963 年每年从各级渠道渗漏的水量达 3 亿 m³，相当于一座大型水库的容量；山西估算的年渠道渗漏水量约 30 亿 m³，河北估算的年渠道渗漏水量为 30 亿 m³，新疆估算的年渠道渗漏水量则高达 100 亿 m³。采用渠道防渗技术后，一般可使渠系水利用系数提高到 0.6 ~ 0.85，比原来的土渠提高 50% ~ 70%。

低压管道输水灌溉是一种将水通过低压管道输送至田间进行灌溉（通常是地面灌溉）的方法，其关键在于利用管道进行水的输送和配水，工作压力一般在 0.02 ~ 0.2MPa。低压管道系统通常由水源、动力机、水泵、输水管道系统、配水装置、安全保护装置及其他附属设备组成。低压管道系统一般分为半固定式、固定式和地面移动式 3 种类型。与明渠相比，低压管道具有诸多优点：①在节水方面，低压管道可以减少渗漏和蒸发，输水利用率可达到 95% ~ 97%，比明渠输水节约水量约 35%；②在节能方面，虽然低压管道的能耗较明渠稍高，但因提高了水的利用率而减少了能耗，节能效果远大于输水管道所增加的能耗，一般可节约能源 20% ~ 45%；③在管理方面，由于主干管道在地下，采用管道代替渠道，管理更加便捷，适用范围广泛，可适用于单产和联产的经营管理。

喷灌技术是一种利用压力或自然升降落差将水输送到喷头，在喷头处形成压力差，将水均匀地喷洒在作物表面的灌溉技术。相比传统的地面灌水方法，喷灌技术具有显著的优势：①喷灌布水均匀，用水量较省。喷灌技术通常采用管道输送水源，输水损失很小。通过喷头将水均匀喷洒到作物上，各处受水时间相同，不会产生深层渗漏和地面径流。喷灌的灌水均匀度可达 80% ~ 90%，水的利用率可达 60% ~ 85%，比地面灌溉用水可节约 20% ~ 30%。②喷灌技术有助于提高作物产量。通过均匀喷洒水分到作物表面，增加了作物对水滴的接触面积，有利于水分吸收。喷灌技术还可形成田间小气候，降低周围温度，减少水分蒸发，同时湿润土壤表面，促进土壤中微生物的活动，改善土壤肥力，提高作物产量。③喷灌技术适应性强。由于喷灌管道直径较小，对地形复杂的山地、丘陵等地形适应性良好。可以根据地形和水源情况设计管道布置位置，无须为灌溉而平整土壤和控制地面坡度。④喷灌可用于防止或减小灾害性天气对作物的影响，如防霜、提高空气湿度、降低局部气温等。⑤喷灌工程的自动化程度高，节省了大量劳动力，提高了作业效率，减少了维护修理成本，省地省工。

微灌技术是世界上省水率最高的先进节水灌溉技术之一。与传统的地面灌溉方法相比，微灌技术具有以下优点：①省水。微灌系统通过微型管道输送水到作物根系或土壤表面，水分不易蒸发，不产生地表径流，节水效果显著，比喷灌节水 15% ~ 25%。②节能。微灌工程的工作压力较低，能耗较小，比喷灌节能。③灌水均匀。微灌系统可以控制喷头大小和水流量，实现水的均匀喷洒，喷灌均匀度高达 80% ~ 90%。④增产。微灌直接为作物的根区提供水分，使土壤水、热、气、养分条件良好，有利于提高作物产量。⑤适应性强。微灌工程根据土壤性质设计进水深度，能直接到达作物有效根区，适应性强，节省劳动力和土地。⑥自动控制。微灌系统无须平整场地、修建渠道和开沟，可实现自动控制，减少田间灌水的人力劳动和劳动强度。

滴灌工程根据作物的生长发育需求，通过滴灌系统及时向作物根区有限的土壤空间供水，从而实现浇作物的目的，避免了水分的深层渗漏和地表流失，具有显著的节水效果。同时，滴灌系统还能精确、适量地输送各种作物生长所需的养分到作物根部，节约了施肥、用地、人力和机械投入，大大降低了生产成本。尤其在棉花和葡萄种植中，滴灌技术能够科学有效地控制灌水的质量、时间、量和均匀度。通过实地测算，滴灌亩均节水量为 $200 \sim 250 m^3$，亩均节电 $28.8 \sim 34.6 kW \cdot h$，亩均经济效益 200 元左右，有着很好的经济和社会效益。

在农业节水方面，敦煌市持续推进高标准农田及水肥一体化建设，2022 年敦煌市新建高标准农田 5.53 万亩，节水率达到 50% 以上。在民勤绿洲，2022 年打造农业高效节水示范点 43 个，示范面积 6.65 万亩。通过示范推广滴灌、喷灌、垄膜沟灌和精准化灌溉等国际国内先进节水灌溉技术，打造农业产业深度节水、极限节水示范点，落实轮作休耕约 13 万亩；完成地下水计量设施更新改造 1368 套，预计每年可压减地下水开采量 1 亿 m^3 以上，使"大水漫灌"方式变身"精准滴灌"，实现农民节本增效、增收节支，为乡村振兴提供了强有力的"水支撑"。武威市农业节水注重提质增效，大力发展高效节水农业、旱作农业、设施农业，累计建成高标准农田 143 万亩，推广膜下滴管、垄膜沟灌、垄作沟灌等高效农业节水技术 252 万亩，农业配水比例下降到了 64.8%，节水效果显著。新疆林果的标准化、规范化产业之路始终坚持全过程践行高效节水。在新疆的吐鲁番绿洲，相关部门制定并印发了《2023 年度吐鲁番市实行最严格水资源管理制度工作要点》，农业节水是重中之重，通过实施水肥一体化管理，改电井沟灌为滴灌灌溉，每亩成熟葡萄地每年至少节水 $120 m^3$。

2. 工业节水方案

1）工业用水现状

工业用水主要包括三大部分：一是工业生产用水，包括生产过程中制造、加工、冷却、洗涤以及空调、锅炉等用水；二是原料用水，如食品、酿酒、饮料等行业要进入产品里的用水；三是其他用水，包括工厂内员工的生活用水、绿化、环卫用水等。所有企业生产几乎都需要利用到水资源，特别是钢铁、化工、电力、纺织、食品、造纸等行业，对水资源的消耗量巨大。2010 ~ 2020 年，我国工业用水量由 1447.3 亿 m^3 下降到 1030.4 亿 m^3，而生活用水由 765.8 亿 m^3 增加到 863.1 亿 m^3，人工生态用水由 119.8 亿 m^3 增加到 307.0 亿 m^3。可以预测到，随着我国城镇化水平的提高和生态保护修复力度的加大，我国生活用水量和生态补水量将持续增长，需要通过不断强化工业节水、控制甚至压缩工业用水规模等措施，才能保障全国总用水量维持在用水总量红线范围内。因此，必须在实现工业经济高质量发展的基础上，促进水资源的合理配置和高效利用，提升水资源安全保障技术，提高工业绿色全要素水资源效率。

2）工业节水措施

（1）构建系统节水观是当前治水工作的重要任务。我国治水历史表明，过去主要采取工程手段来处理水问题，侧重于兴利除害，确保水资源安全和提高供给能力。然而，随着水资源过度利用问题日益突出，地下水超采等情况更加严重，我们必须意识到治水工作已经进入了一个新的阶段。在当前情况下，治水模式需要转型，重点是加强制度建设和体制创新，构建适应新时期的水资源安全框架。这一转变的核心在于：首先，要坚持节水优先原则，从重视供给增加向需求管理转变，严格控制用水总量，提高用水效率。这意味着我们需要采取有效措施，包括技术创新、管理手段和政策支持，以减少浪费和提高水资源利用效率。其次，要坚持空间均衡的原则，根据水资源分布情况和需求特点，制定合理的经济社会发展结构和规模，以实现人与自然的和谐。这需要在规划和决策中充分考虑水资源的地域性和可持续性，确保资源的合理配置和利用。最后，要充分发挥市场在资源配置中的作用，同时发挥政府的引导和监管作用。这意味着要在市场机制下引导水资源的有效配置，同时加强政府的监管和管理，以确保资源的合理利用和保护。综上所述，构建系统节水观需要综合运用技术、制度和管理手段，促进水资源的合理利用和保护，实现经济社会的可持续发展。

（2）坚持节水优先，差异对待、以水定产、适水发展。根据水资源承载能力，因地、因业优化产业结构，合理设计产业布局，强化水资源的集约利用，更全局、更系统地综合考虑产业关联度，以及区域内企业水资源的合理配置、循环利用，缓解区域水资源压力。北方资源性缺水地区，要强化用（取）水定额管理；南方水质性缺水区域，要强化节水减污，从源头管控，积极推进工业废水资源化利用。京津冀、黄河流域等严重缺水及水生态脆弱地区，应当严格控制钢铁、石化化工等高耗水行业，淘汰落后产能，推动高耗水行业逐渐向区域外布局和转移。

（3）完善用水定额标准体系。在行业监管层面，完善用水过程技术规范，持续推进国家鼓励的工业节水工艺、技术和装备目录，以及高耗水工艺、技术和装备淘汰目录的制定。针对各行业取用水定额管理的管控目标、标准制（修）订技术方法、所涉行业（产品）范围等进行专项研究，切实提高定额管理的可操作性。基于充分调查，探索建立各行业水效领跑者水效标准，发挥标杆用户的节水示范引领作用，推进各行业企业向水效领跑企业的水效对标。

（4）建立节水激励机制。长期以来我国存在着水资源是公共物品而不是经济产品的观念，随着水资源稀缺性的增加，人们虽然改变了水公共品的观念，但水资源经济性的市场特征还未充分体现。如果水价不能反映其真实稀缺性，就会影响水资源的有效配置。国家应完善节水补贴政策，通过财政补贴、政府购买服务、政府采购等方式支持节水产品的推广和使用。银行可将节水纳入绿色信贷管理指标，将企业节水情况作为审批贷款的必备条件之一，对不符合节水政策的企业和项目进行信贷控制。

（5）推进工业用水多元化。工业发展越来越需要考虑"非常规"的新的水资源。在实现安全处理、安全使用的前提下，回用水、再生水、海水淡化水等是常规水资源用途的可靠替代。实施工业用水多元化主要有4种方式：一是城市污水回用，如再生城市污水用于冷却塔，这一措施特别适用于水资源短缺、水环境不断恶化的北方地区。二是海水综合利用，发展海水淡化和直接利用技术，如海水反渗透、低温多效蒸发和多级闪蒸等技术，扩大沿海企业海水使用量。三是矿井水资源化利用，矿井水经过处理后可以作为煤矿矿区工业用水和生活用水等替代水源。四是雨水收集，雨水不但廉价，而且水质好，应当引起企业的充分重视。

（6）大力推进工业水回用。通过对生产过程水资源利用的物质流分析，全流程废水处理与回用，源头治理、分段分治、分质利用，对工业废水进行适当深度处理，使其水质达到回用水标准，实现工业废水循环再利用，延长水资源的使用寿命。工业生产内部的工业用水回用主要有3种方式：一是对水质影响不大的同一生产环节的循环利用；二是对水质要求不同的各生产环节的串联使用；三是对废污水进行再生处理后的再利用。

3）工业节水实例分析

2005～2020年，我国工业用水总量得到有效控制，并趋于下降；万元工业增加值用水量急速下降，用水效率也得到极大改善（图6-1）。根据2021年《中国水资源公报》，我国工业用水总量为1049.6亿 m^3，其中火（核）电直流冷却水507.4亿 m^3，占工业用水总量的48.34%。

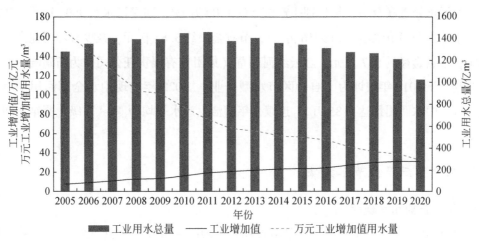

图6-1 2005～2020年我国工业用水变化趋势

钢铁企业通过成立节水管理领导小组，制定完善的取水、用水管理制度和考核办法，严格节水管理制度，增强节水意识，提升管理水平；开展水平衡测试与用水审计工作，强化节水目标；通过建立水系统数据中心、管控平台等方式，实现对取水、用水、中水回用、中水排放等环节的实时监控、运营管理和优化，推动用水管理系统智能化升级；通过收集利用雨水、海水、城市污水等非常规水源，加强非常规水源开发利用；通过先进节水工艺技术改造，实现高效节水和废水循环利用。

近年来，甘肃省酒泉钢铁（集团）有限责任公司深入贯彻新发展理念，落实水资源管理制度，严格控制水资源消耗、保障饮用水安全、防止地下水污染，推动黄河流域生态保护和高质量发展，推动用水方式转变和水资源综合利用。2022 年，酒泉钢铁（集团）有限责任公司通过内部加强管控，完成了上级水行政主管部门下达的年度取水控制计划，废水排放量为零，回用率达 100%。在用水方面，酒泉钢铁（集团）有限责任公司建立了用水定额管理考核机制，强化行业用水定额理念，推行用水定额管理，严格落实取用水定额要求。按照主线产量管控各生产工序用水指标，将用水定额列入各单位绩效考核，建立定额指标日监控、周分析、月考核体系，形成逐级管控机制。依据人员及部门管理职责，各单位均按要求定期开展动力监察工作，对于用水单位存在的跑、冒、滴、漏等不合理用水问题，酒泉钢铁（集团）有限责任公司要求责任单位及时整改，杜绝水资源浪费。

近年来，中国石油天然气股份有限公司新疆油田分公司通过技术改造、冷却水降温再利用等节水措施，提高了工业用水重复利用率，实现年节水近 60 万 m^3。中国石油天然气股份有限公司独山子石化分公司是集炼油化工于一体的企业，年平均用水量约 3000 万 m^3，通过大力推行清洁生产、发展循环经济等措施，该公司年回用污水达 475 万 t，实现节水减排。中国石油天然气股份有限公司新疆油田分公司是克拉玛依市用水大户，该公司将节水纳入企业整体发展规划，采用先进的用水工艺和节水处理技术，提高水的重复利用率，开发公司污水处理联合站，年处理生产废水约 1100 万 m^3，回用污水约 950 万 m^3，自 2013 年以来累计为公司节约清水约 9416 万 m^3，节省金额约 5.65 亿元，减少含油污泥产生量约 19 284t，节省金额约 837 万元。红云红河烟草（集团）有限责任公司作为新疆唯一的卷烟生产企业，于 2018 年被评为"自治区节水型企业"，2022 年实现中水全部回用、污水零排放，每年中水回用量达 5.85 万 t，连续 5 年清洁生产水平均为"4A"级，凝结水回收率达 95%。

3. 绿洲第三产业节水方案

1）第三产业用水现状

近 50 年来，我国总用水量总体呈增长趋势，2010～2019 年增速变缓，2015 年达到峰值 $6.1032×10^{11} m^3$，其后出现了负增长或振荡微增长，并趋于稳定。其中，第三产业用水量在 1970～2019 年始终保持增长状态，2019 年第三产业用水量约为 $3.754×10^{10} m^3$，约占总用水量的 6.2%，占城市总用水量的 59.7%（城市总用水量包括居民生活用水、工业用水、第三产业或公共用水、生态用水），是城市用水构成中最大的用水去向。

根据预测，2035 年我国第三产业总产值将达到 142.24 万亿元，若不积极实施节水措施，推算 2035 年第三产业用水量将达到 1000×10^8 m^3，是现状用水量的 2.7 倍，约是城市现状用水总量的 1.6 倍。

为应对这一挑战，我国必须积极推进第三产业节水工作。根据国际经验，如果能够达到英国或日本的用水效益水平，即单位 GDP 所需用水量降低，那么 2035 年我国第三产业的用水量将大大减少，甚至可以略低于城市现状总用水量。这说明，通过实施有效的节水措施，可以在保障第三产业持续发展的同时，降低对水资源的压力，实现经济、社会和环境的可持续发展。因此，推进第三产业节水工作具有重要的经济、社会和环境效益，有助于减少水资源的浪费和污染，提高水资源利用效率，推动经济结构升级和可持续发展。

2）第三产业节水措施

（1）积极实施水权交易制度，鼓励在整个经济系统中作用较为显著（影响力或感应度系数较大）且耗水量较大的行业部门，依据相关行业规范把水权分配给耗水量较大且产出较大的部门，以保障高价值用途的行业部门用水需求，实现产业结构进一步优化和交易双方的利益均衡化。

（2）加强行业部门节水技术和工艺的研究，推广节水新设备的应用。着重对住宿和餐饮业、房地产业、教育、卫生社会保障和社会福利等高用水行业的用水设备进行技术改造，淘汰落后的高耗水设备和工艺。在原有基础上，适当上调该类行业的水价，改进污水回用与再生水利用技术，完善阶梯水价制度。

（3）结合《水污染防治行动计划》（简称"水十条"）政策法规，严格控制产业用水总量，实施最严格水资源管理，建立万元 GDP 水耗指标等用水效率评估体系，把节水目标任务完成情况纳入地方政府政绩考核中。建立与完善再生水回用的政策管理体系，促进再生水利用。针对住宿和餐饮等高耗水行业，应强制执行使用符合市场准入标准的节水设备的措施，努力将全行业的节水工作纳入法律保障范畴。

3）第三产业节水实例

2019 年张掖市发布《张掖市落实国家节水行动实施方案》，其中对公共领域节水作了明确要求，公共机构要开展供水管网、绿化浇灌系统等节水诊断，推广应用节水新技术、新工艺和新产品，提高节水器具使用率。大力推广绿色建筑，新建公共建筑必须安装节水器具。推动城镇单位、学校、园区和居民家庭节水，普及推广节水型用水器具。大力推广城市绿化中水喷灌、滴灌技术。推广节水型器具，完善节水器具市场准入制度，凡是未进行水效标识的产品，不得进行销售。到 2020 年，市直机关建成节水型单位；到 2022 年，市级行政事业单位、县级主要行政机关、县级水务机关建成节水型机关，市县有条件的城区学校、乡镇中心学校建成节水型校园。

6.3.3 水资源保护与高效利用对策

水是人类生存和发展不可替代的资源，是维持社会经济持续发展的物质基础，是稳定生态系统的重要因素。但水资源危机已成为全球性问题，水资源与水环境保护已成为21世纪可持续发展的重点，因此水资源保护是一项长期的战略任务。

从环境水利角度来讲，水资源保护包含水资源合理开发和水质保护两方面，主要体现在水资源的开发、利用、配置、节约、保护、治污六个方面。综合利用水资源，发挥水资源的多种功能，科学用水、节约用水，建立节水型农业、工业和节水型社会是水资源开发规划的主要内容。水资源保护规划，要突出体现水污染的治理和水资源的保护，即进行河流、湖泊、水库、地下水等环境水质调查、监测和评价；要在掌握水体自净能力的基础上，确定水体环境容量，明确污染物总量控制目标，实施污染物排放总量控制；要审核水域纳污能力；要做好水功能区划，以确定重点保护水域，强化水环境管理，规范排污口管理等。

要做到水资源的保护和高效利用，具体对策如下。

（1）加强水资源管理和保护。水资源管理是保护和高效利用水资源的基础。政府应加强对水资源的管理，建立完善的水资源管理制度，制定科学合理的水资源管理政策，加强水资源的监测、评估和预测，及时发现和解决水资源问题。同时，还应加强对水资源的保护，高效利用水资源是水资源保护的关键。政府应加强对水生态环境的保护，保护水源地、湿地和水生生物的生存环境，避免水资源的污染和破坏，严格控制水资源的开发和利用，避免对水资源造成过度损耗和污染。

（2）加强水资源利用的科学管理。水资源的利用需要科学的管理方法，政府应加强对水资源的利用管理，制定合理的水资源利用规划，加强对水资源的监测和评估，及时调整水资源利用方案。同时，还应加强对水资源的价格管理，制定合理的水价政策，引导公众节约用水，推广节水技术。节水技术是保护和高效利用水资源的重要手段。政府应加大对节水技术的支持力度，鼓励和推广先进的节水技术，如喷灌、滴灌、雨水收集利用等，减少水资源的浪费。同时，还应加强对公众的宣传和教育，增强公众的节水意识，倡导绿色生活方式，从源头上减少对水资源的需求量。

（3）加强水土保持工作。实施水土保持措施，防止水土流失和水土流失造成的水资源损失，保护水源地和水生态环境。

（4）加强国际合作。水资源是全球性问题，需要加强国际合作。政府应加强与国际组织和其他国家的合作，共同应对全球水资源问题。同时，还应加强与邻国的水资源合作，加强跨界水资源的管理和利用，共同开发和保护跨界水资源。

6.4 绿洲水资源开发与保护

6.4.1 绿洲水资源开发现状

自古以来，民勤绿洲就是武威、金昌等重要经济区的生态屏障。近半个多世纪以来，中游地区水土资源的大规模开发利用以及地下水开采量的不断增加，导致了区域性地下水位大面积持续下降、溢出带泉水资源近于枯竭、进入下游的水资源量持续减少，使得民勤绿洲灌溉水源严重短缺，不得不超采未盐化的地下水维持生计，形成水资源利用上的恶性循环，引起了比中游更为严重更为突出的一系列水环境问题。在人为因素和自然因素综合影响下，石羊河流域地下水补给量逐年减少。这种递变趋势，除受山区河流来水量减少的影响外，主要是引用河水量的增加和渠系利用率的提高所造成的。根据水均衡计算结果，石羊河流域的地下水，20世纪60年代中期较50年代后期减少20.90%；70年代后期较60年代中期减少18.41%；80年代中期较70年代后期减少4.98%；90年代后期较80年代中期减少6.93%。近50年来，石羊河流域地下水补给量减少了42.92%，其中武威盆地减少51.50%。

石羊河流域是河西走廊开采利用地下水最早且开采量、机井数量及密度最大的地区。大规模开采是从20世纪60年代后期开始，随着中游水资源利用率不断提高，溢出带的泉水资源逐年削减，被迫在泉水灌区打井取水以弥补水源之不足。相应的灌溉格局也由历史上形成的河水灌溉带-泉水灌溉带-河水泉水混灌带逐步演变为河水灌溉带-河水井水灌溉带-井水泉水混灌带-井水灌溉带，流域地下水开采量由1965年的$1.4×10^8 m^3$增大到1999年的$1.3825×10^9 m^3$，35年来增加了近10倍，超采量达$7.662×10^8 m^3$（1999年），其中中游超采$3.658×10^8 m^3$、下游超采$4.004×10^8 m^3$，进一步导致中下游盆地地下水位平均每年以0.55～1.20m的速度持续下降。

水资源开发的方式不同，开发的强度也不一样。在水文地质单元上，新疆绿洲地下水开采集中在山前倾斜平原潜水溢出带，地下水开采量占到流域地下水可采量的90%以上，导致溢出带地下水位下降过大；而溢出带以下的细土平原由于引灌水量不减，地下水开采力度很小，加之排水条件较差，地下水位升高，土壤次生盐渍化现象严重。绿洲流域中下游地带，属细土平原，地下水补给来源缺乏，多年来地下水超量开采，开采成本连年升高，水位持续下降，土壤盐渍化分布范围广，导致地面植被枯死，生态环境恶化。例如，黑河流域发源于祁连山，流经青海、甘肃、内蒙古三省（自治区），注入东西居延海，遥感显示地处河西走廊的黑河流域在20世纪70～90年代，天然绿洲不断萎缩，过渡带面积减少了6972km²，荒漠面积扩大了14 281km²。水文地质普查资料显示，1979～1994年，该地区地下水位平均下降了 2～3m，最大降幅超过 5m。额济纳旗绿洲地表来水量由 20 世纪 40 年代的 10.5 亿 m³ 减至 90 年代的 2.5 亿 m³，先后打井 360 多眼，农耕面积由 20 世纪 50 年代的 0.67 万 hm² 减至 90 年代的 0.35 万 hm²，比 50 年代减少近 50%。近 50 年黑河干流正义峡（中下游分界）下泄水量逐年递减。根据实测，20 世纪 40 年代年均入水量为 10.5 亿 m³，50 年代为 8.0 亿 m³，70 年代减少到 4.0 亿 m³，90 年代只有 2.5 亿 m³，断流期由五六十年代的 100 天左右延长至 90 年代后期的 300 天以上，且来水季节错位，仅在冬闲和夏季大洪水期有水。从 2000 年黑河开始实施中下游分水方案后，正义峡径流量开始回升，同时 2000 年之后黑河一直处于丰水年，也进一步保障了正义峡下泄流量，基本每年保持在 10 亿 m³ 以上，但是从莺落峡到正义峡的径流差可以看出黑河中游的水资源开发利用强度没有减弱的趋势。

6.4.2　水污染防治

1. 水污染

水污染主要是由于人类排放的各种外源性物质进入水体，导致水体的化学、物理、生物或者放射性等方面特性的改变，超出了水体本身自净作用所能承受的范围，造成水质恶化的现象。

2. 污染源

导致水体污染的原因是多方面的。这些原因包括：向水体排放未经适当处理的城市污水和工业废水、化肥和农药，以及城市地面的污染物被雨水冲刷进入水体。此外，通过大气扩散的有毒物质也会通过重力沉降或降水过程进入水体。

按照污染源的成因进行分类，可分成自然污染源和人为污染源两类。自然污染源是由自然因素引起的污染，如某些特殊地质条件（特殊矿藏、地热等）和火山爆发等。由于现代人们还无法完全对许多自然现象实行强有力的控制措施，因此也难控制自然污染源。人为污染源是指由人类活动所形成的污染源，包括工业、农业和生活等所产生的污染源。人为污染源是可以控制的，但是不加控制的人为污染源对水体的污染远比自然污染源所引起的水体污染程度严重。人为污染源产生的污染频率高、污染的数量大、污染的种类多、污染的危害深，是造成水环境污染的主要因素。

污染源按其存在形态进行分类，可以分为点源污染和面源污染。点源污染是以点状形式排放而使水体造成污染，如工业废水和城市生活污水。它的特点是排污频繁，污染物量多且成分复杂，依据工业废水和城市生活污水的排放规律，它的量可以直接测定或者定量化，其影响可以直接评价。而面源污染则是由面积形式分布和排放污染物造成的水体污染，如城市地面、农田、林地等。面源污染的排放是以扩散方式进行的，时断时续，并与气象因素有联系，其排放量不易调查清楚。

3. 水污染的综合治理

1）水质管理规划

水质管理就是调节城市和工业的污水排放及水体的污染负荷，经济合理地把污染及其造成的损失限制在一个可接受的水平上，并保持水体的规定功能。一条河流或一个湖泊往往是多功能的，即不但要提供多种用途所需的水量水质，而且要消纳和运送排入的各种污染物。这种水体所担负的既提供优质水的水源又运送废物的通道的双重功能是互相矛盾的。水体的水质标准定得太严格，意味着要求排入的污染物量要少，这种规划在追求经济高速增长的地区，往往难以实现。任何一个地区都应该用需求、费用和效益有关的经济观点来仔细考虑所追求的标准的影响。通常实施一种质量标准，保证人体健康和保护水源所得的经济效益不能低于由此而支付的直接经济费用。并且，标准也不能定得太低，否则，不能控制和消除污染，甚至可能加剧，而以后为了消除这种加重的污染，将需要付出更大的代价。

根据人们对水污染防治采取的不同对策，可将水质管理方法分为以下4种：①消极对待。开始时放任污染自行发展，只有到了产生危害的时候，才采取减缓的措施。这种管理办法对防止未来的污染极为不利，其管理的对象仅限于重要的污染源（如城市污水处理厂和污染严重的工厂）或对污染特别敏感的地区（如城市供水的水源或重要的娱乐休闲水体），而不去追溯造成污染的根本原因。②综合治理。这种治理方式需要有法律体系和财政支持作支撑，且若一味追求严格的法律规定，而财力又不足，这种行动计划在实践中不可行。这种治理办法的重点集中在控制污染源及排入水体的污染负荷。对于湿润和半湿润地区，这是一种适当的水质管理办法，而对于水资源的开发已接近其可供水量的干旱和半干旱地区则并不适宜。在后一种情况下，有必要采取积极预防的水质管理办法。目前较一致的意见是：在工业发达和某些发展中国家，综合治理是水质管理可接受的最低水平。③规划治理。这种治理方式不是在污染发生后才采取防治措施，而是在污染发生前力求去预测并及时采取有效措施，把污染降低到一个可接受的水平或者至少是推迟污染的出现。此方法不仅重视主要的污染源，还重视预测污染的全面情况（即地点、时间、浓度和污染特性）。④战略预防。综合治理的管理办法着重于污染源的有效控制，规划治理则根据预测规划好对水资源系统的水质管理，而战略预防的办法则是扩大分析的范围，除水资源系统和污染源外，还包括水的用途，以及所有可能直接或间接污染水源的工业产品制造和使用等因素。

2）水污染防治的有效对策

（1）提高水污染防治力度。一方面，政府职能部门要增加有关污水防治的资金投入，全面完善配套硬件设施，及时检查和升级水质监测设备。科研人员和水污染防治工作者要创新水污染监测技术，全面提升技术水平，保证水污染防治的科学性与合理性，实时了解当下的水资源情况，及时有效地预防与治理水污染。另一方面，政府职能部门还要注重对企业、居民进行宣传教育，令其能够明确认知水污染防治的时代意义。政府要引导各大企业在实际生产与经营管理过程中积极规范个体行为，将废水进行全面处理后再排放，要制定生态红线和环保高压线，对于那些不顾生态环境而盲目排放污染物的企业，要严肃追责，进行环保处罚。除此之外，政府职能部门要构建完善的全流域生态补偿系统，借助经济手段对利益攸关方实施科学管理，并对利益受损方给予一定补偿。这样可以鼓励更多利益攸关方积极保护生态环境，保护水资源，并为国家水污染防治贡献其力量。

（2）建设统一的水污染防治管理体系。为提升水污染防治成效，各级生态环境部门要积极建设统一的水污染防治管理体系，正确处理水污染防治与水资源利用的关系；要把水污染防治和水资源利用置于同等地位，方便对其展开协调管理；在开发和利用水资源时，要贯彻环保与节约理念，保护生态环境，规避水资源浪费；建设统一的水污染防治管理体系，有助于贯彻落实《水污染防治行动计划》，降低污染治理难度，落实可持续发展理念，实现水环境质量的阶段性改善与整体改善，初步恢复水生生态系统功能。为实现生态环境质量的整体优化和生态系统的良性循环，各级政府部门应针对区域污染企业实施严格监管，并做好长期规划，提升区域水污染防治水平。

（3）全面发挥大众的监督作用。现阶段，国内水污染防治普遍将政府与企业置于主体地位，社会大众鲜少参与，所以水污染防治并没有全面落实全民参与这一理念。因此，各地政府应借助电视、网络平台与广播等渠道，加大水污染防治宣传力度，倡导社会大众积极参与水污染防治。基层地方政府要定期面向农村居民展开水污染防治教育，引导其正确使用化肥、农药等产品，减少对地下水造成的污染。各地政府要完善奖励制度，对做出卓越贡献的民众给予适当表彰，从而充分激发大众参与水污染防治的积极性。

（4）借助市场机制，做好水污染处理。充分发挥市场机制在水污染防治中的作用，做好水污染的处理工作，提高水污染整治效果。具体来说，可以采取以下几方面措施：政府要制定水污染的防治政策，采取"谁污染、谁治理"的治理策略，让企业承担水污染防治的责任，从源头解决水污染的问题；推动水污染治理市场化，规范水污染治理市场法则，从根源上整治水污染问题；水体中的污染物并非全无价值，对于有一定再利用价值的污染物，可以采取互利互惠的方式来进行污染物处置。政府可以采取招标的方式，将水体中污染物的处理权交给企业，由企业进行水体治理，并将有价值的废弃物提取出来再次利用，并按照相关标准对其他污染物进行处理。通过建设生态湿地、旅游湿地等，促进水利生态建设，实现人与生态环境的协调发展。当前，随着市场经济的发展，消费者在市场中逐渐占据了主动地位。消费者的喜好甚至可以直接决定企业未来的发展，在这样的背景下消费者可以对企业的各种行为进行有效监督。通过生态湿地、旅游湿地的建设，将水环境和消费者的利益进行捆绑，让消费者对企业行为进行监督，防止企业对水环境造成污染。

（5）优化政府定位，转变管理职能。针对水污染，一直以来都存在先污染后治理的问题，对水环境造成了严重的破坏，而且治理效果也不是特别理想。针对这种情况，实现水污染的有效治理，政府需要对自身定位进行优化，明确其在水污染治理中的主导地位，从宏观上对水污染治理情况进行掌控，制定出水环境污染治理的相关政策。

在实际工作中，政府可以引进和应用国外先进的水污染治理方式和管理技术等，提高我国污染治理工作的效率。要以政府为主导，充分发挥市场机制的作用，通过制定法律法规实现对环境污染整治体系中的市场体系进行管理，将污染防治的具体工作交由市场来解决。总之，在水污染防治工作中，政府需要对自身定位进行优化，从以往的直接管理和控制的实施者转变为监督者，从监督者的角度上对水污染防治问题进行管理和控制，从而促进水污染防治措施向多元化和全面化方向发展。

6.4.3　水土流失防治

1. 绿洲区水土流失的特点及其危害

土壤侵蚀是造成水土流失的重要组成部分。河西走廊地区特殊的自然环境导致其风蚀、水蚀、盐渍化、冻融侵蚀并存等。根据《全国水土保持区划（试行）》，河西走廊地区共涉及河西走廊农田防护防沙区、祁连山山地水源涵养保土区两个三级区。其中，祁连山山地属温带大陆性半干旱气候区，以水力侵蚀为主，局部地区兼有风力侵蚀和冻融侵蚀，侵蚀强度以轻度、中度为主。此区因地处高海拔且属冻土地貌，土壤坚硬，因此地下水难以下渗和储存，为传统林区和牧场，持续垦荒、过度放牧使草原"三化"（退化、沙化、盐碱化）面积逐渐扩大，植被逆向演替、退化严重，水土流失加剧。河西走廊农田防护防沙区涉及酒泉市、嘉峪关市、张掖市、金昌市、武威市5市的16个县（市、区），以平原低山盆地为主，地势平坦狭长，以风力侵蚀为主，侵蚀强度以中度、强烈、极强烈为主，风力剥蚀和流沙堆积作用明显，沙尘暴频繁。此区水土流失主要由自然因素和人为因素造成，自然因素以风蚀为主，人为因素主要是人口不断增加、不合理利用水土资源而引发绿洲生态系统的退化。

《2020年甘肃省水土保持公报》显示，河西走廊地区5市水土流失总面积为129 334.85km²。其中，剧烈侵蚀面积为29 884.08km²，占水土流失总面积的23.11%；极强烈侵蚀面积为17 880.88km²，占比13.83%；强烈侵蚀面积为7607.58km²，占比5.88%；中度侵蚀面积为11 012.02km²，占比8.51%；轻度侵蚀面积为62 950.29km²，占比48.67%。

2. 防治对策

坚持预防为主，保护优先，遏制新增人为水土流失。今后相当长的时间内，各类生产建设活动扰动地表的规模和强度仍会维持在一个较高的水平，必须进一步加强预防保护工作。一是严格水土保持方案制度。生产建设活动只要有扰动地表、挖弃土石方的，都应该采取水土流失防治措施，编报水土保持方案。建设中及时拦挡，不乱挖乱弃，在建设后及时恢复。把破坏面积大、造成人为水土流失严重的农林开发项目纳入生产建设项目管理。二是强化对重点区域水土资源的保护。对重要的生态保护区、水源涵养区禁止或限制各类生产建设活动。三是加大封育保护力度，充分发挥生态系统的自然修复能力。采取封育保护、封山禁牧、轮牧轮封，推广沼气池、节能灶，以电代柴、以煤代柴等人工辅助措施，促进大范围生态恢复和改善。四是加强基层水土保持监督管理和执法能力。主要是对生产建设项目建设过程中水土流失防治工作加强监管，督促生产建设单位认真落实各项水土流失防治措施。加大对各类破坏水土资源和生态环境行为的处罚力度，提高违法成本、杜绝"守法成本高、违法成本低"的现象。五是建立水土保持生态补偿机制。坚持"谁占用破坏，谁恢复补偿"的原则，建立和完善水土保持补偿制度。同时，对于水土流失区的水电、采矿等工业企业，要建立和完善水土流失恢复治理责任机制，从水电、矿山等资源的开发收益中，安排一定的资金用于企业所在地的水土流失治理。

6.4.4 水生态系统保护

1. 水生生态系统的重要性

水生生态系统是指自然生态系统中由河流、湖泊等水域及其滨河、滨湖湿地组成的河湖生态子系统，其水域空间和水陆交错带是由陆地河岸生态系统、水生生态系统、湿地及沼泽生态系统等一系列子系统组成的复合系统，是生物群落的重要生活环境。水生生态系统的空间尺度可分为流域尺度、河流廊道尺度、河段尺度。其中，流域生态系统是以河湖为主体、边界清晰、结构功能完整的生态系统。水生生态系统在维系自然界物质循环、能量流动、净化环境和缓解温室效应等方面功能显著，对维护生物多样性、保持生态平衡有着重要作用。

河流作为生态系统的重要组成部分，能为各种生物的生存、繁殖等提供必需的活动空间、食物来源及栖息庇护等，是物质循环、能量流动、信息传递的重要通道。20世纪80年代，欧洲、美国、南非、澳大利亚等国家从水量、水质、栖息地以及水生生物等角度出发，开展了大规模的河流生态系统保护工作。与水有关的生态系统具有涵养水源、蓄洪防涝、净化水质等方面的作用，与水有关的生态系统保护与修复则是按照山水林田湖草沙生命共同体的系统思想，将湿地、河流、湖泊、水库和地下水，以及在水源涵养和维持水质方面发挥着特殊作用的山区和森林中的生态系统进行系统保护与治理，阻止其退化和破坏，恢复已退化的生态系统，确保与水有关的生态系统功能可以持续。

2. 水生生态系统保护的措施

绿洲是沙漠中的水源，能够调节区域水资源的供应和利用，保持当地水环境的平衡。绿洲内部有稳定的植被覆盖，具备拦截降雨、缓冲径流及提高土壤含水量等功能。要想成为沙漠中一片"绿色的海洋"，具体的保护措施有如下。

（1）健全水生态文明法制体系，加快实施水生态红线管理。加快建立系统完整的水生态文明制度体系，引导、规划和约束各类开发、利用、保护水资源和水生态的行为；结合国家主体功能分区、生态区划，明晰水生态功能定位和空间分区，划定河流、湖泊及河湖滨带的管理和保护范围，切实维护水生态空间，划定水生态环境敏感区和脆弱区等区域水生态红线；严格限制建设项目占用自然岸线，城市规划应保留一定比例的水域面积；控制用水总量，逐步退还挤占河道内生态环境的用水和超采的地下水；确定江河主要控制断面以及区域地下水系统的生态水量标准和湖泊、地下水的合理水位。

（2）强化流域统筹协调管理，实施山水林田湖草沙综合治理。坚持水量、水质和水生态统一规划，统筹考虑地表水与地下水、水生态保护与修复、点源与非点源污染治理等方面的关系，科学制定流域水生态保护与修复规划方案。加快实施全国及七大流域水资源保护规划，在全流域层次上立足山水林田湖草沙生命共同体的方案，统筹流域水资源开发利用与节约保护、防洪减灾、水污染防治和生态治理等要求，科学配置流域、河流廊道及具体河段不同空间尺度下水生态保护与修复工程和管理措施。

（3）推进以流域为单元的综合管理，完善水资源保护与水污染防治协调机制，全面落实全国重要江河湖泊水功能区划，建立流域防污控污治污机制。建立和完善流域水生态补偿机制，协调生态环境保护及其经济利益之间的分配关系，创新河湖管理模式，推行水体治理及管护"河长制"。

（4）实施重点区域水生态修复方案。以重要生态保护区、水源涵养区、江河源头区、重要湿地以及水生态脆弱和恶化区域为重点，开展水生态修复工程，开展退耕还湿、退养还滩，逐步扩大水源涵养林、河湖水域、湿地等绿色生态空间。结合"一带一路"、京津冀协同发展及长江经济带等，继续实施塔里木河、黑河、石羊河等内陆河的生态综合治理。综合运用调水引流、截污治污、河湖清淤、生物控制等措施，修复湖泊湿地生态环境。对鱼类"三场"、洄游通道等重要生境保护实行统一规划和管理，划定为水生态重点保护和保留河段，采取禁止或限制开发的措施，开展重要水域增殖放流活动，保护水生生物多样性。同时加强地下水超采区治理和修复，实施地下开采量与地下水位双控措施。

（5）以水生态文明城市建设为引导，构建人水和谐的水生态保护格局。推进水生态文明城市建设试点构建河畅、水清、岸绿、景美的人水和谐的宜居生活空间，并以此为引导，探索水生态文明建设经验，辐射带动流域、区域水生态的改善和提升；加快推进海绵型城市建设，综合应用"渗、滞、蓄、净、用、排"等工程和非工程措施，因地制宜地安排雨水滞渗、收集利用等削峰调蓄设施，增加下凹式绿地、植草沟、人工湿地、可渗透路面、沙石地面和自然地面，以及透水性停车场和广场等城市透水空间，保障足够的洪涝水蓄滞空间。

（6）促进科技创新，强化监管能力。开展与生态用水、配置与调度、生态修复技术、生态补偿、水生态评估与监测、管理机制与保障措施研究等关键技术科技攻关；建立健全水生态保护标准和技术规范体系；加强水生态保护与修复新技术、新材料、新工艺的开发和推广应用；加快我国水生态监测与管理信息系统建设，开展河湖水生态状况持续、系统监测，进行水生态安全评估、建立水生态预警及决策系统；加强监督管理能力建设，建立多形式、多层次的监督机制和监督机构，加大对违规活动、无序开发活动和破坏水生态行为的监督管理。

6.4.5　水资源保护对策

1. 水资源保护意义

我国水资源分布存在如下特点：总量不丰富，人均占有量低；地区分布不均，水土资源不相匹配；年内年际分配不均，旱涝灾害频繁。水资源开发利用的供需矛盾日益加剧：首先是农业干旱缺水，随着经济的发展和气候的变化，我国农业特别是北方地区农业干旱缺水状况加重，干旱缺水成为影响农业发展和粮食安全的主要制约因素。其次是城市缺水，特别是改革开放以来，城市缺水越来越严重。

目前，我国的水资源环境污染已经十分严重，根据有关报道，我国的主要河流有机污染严重，水源污染日益突出。大型淡水湖泊中大多数湖泊处在富营养状态，水质较差。另外，全国大多数城市地下水受到污染，局部地区的部分指标超标严重。一些地区过度开采地下水，导致地下水位下降，引发地面的坍塌和沉陷、地裂缝和海水入侵等地质问题，并形成地下水位沉降漏斗。

水资源保护工作应该贯穿人与水的各个环节。在更广泛的意义上，正确客观地调查和评估水资源，以及合理规划和管理水资源，都是保护水资源的重要手段，因为这些工作是保护水资源的基础。从管理的角度来看，水资源保护主要包括"开源节流"、预防和控制水源污染。这既涉及水资源、经济和环境三者之间的平衡与协调发展，又涉及各地区、各部门、集体和个人用水利益的分配与调整；既涉及工程技术问题，又涉及经济学和社会学问题。同时，广大群众应积极响应并参与其中，因为水资源保护也是一项社会性的公益事业。

2. 水资源保护具体对策

随着我国逐渐进入工业化中期，人们对于水资源的依赖程度有了质的改变，所以加强对水资源的保护具有十分重要的战略意义，当下水资源保护也已经成为展现国家综合素养的重要组成部分。《世界水资源发展报告》中明确指出当下水资源污染问题已经成为影响全球经济发展的重要因素，若水资源问题持续得不到改善，不仅会影响到人们的生存和发展，还会加剧民族和国家之间的战争与冲突。因此，近些年来我国也不断加大对水资源的保护和治理工作，并提出了一系列环保、可持续发展的理念，在一定程度上也提升了人们对水资源保护和利用的重视程度。目前，实行的主要水资源保护具体对策如下。

（1）加强节约用水管理，落实建设项目节水"三同时"制度。即新建、扩建、改建的建设项目，应同时制定节水措施方案并配套建设节水设施；节水设施与主体工程同时设计、同时施工、同时投产；新建、改建、扩建的建设项目，需先向水行政主管部门报送节水措施方案，在审查同意后，项目主管部门才可批准建设，项目完工后，对节水设施验收合格后才能投入使用，否则供水企业不予供水。

（2）大力推广节水工艺、节水设备和节水器具。新建、改建、扩建的工业项目，项目主管部门在批准建设和水行政主管部门批准取水许可时，以生产工艺达到省级政府规定的取水定额要求为标准，对新建居民生活用水、机关事业及商业服务业等用水强制推广使用节水器具，严禁投入使用不符合要求的节水器具。通过多种方式促进现有非节水型器具改造，对现有居民住宅供水计量设施全部实行户表外移改造，所需资金由地方财政、供水企业和用户承担，对新建居民住宅要严格按照"供水计量设施户外设置"的要求进行建设。

（3）调整农业结构，建设节水型高效农业。推广抗旱、优质农作物品种，推广工程措施、管理措施、农艺措施和生物措施相结合的高效节水农业配套技术，农业用水逐步实行计量管理和总量控制，并实行节奖超罚的制度，适时开征农业水资源费，由工程节水向制度节水转变。

（4）合理开发利用水资源。严格限制自备井的开采和使用；已被划定为深层地下水严重超采区的城市，今后除为解决农村饮水困难确需取水的，不再审批开凿新的自备井；市区供水管网覆盖范围内的自备井，限时全部关停；对于公共供水不能满足用户需求的自备井，安装监控设施，实行定额限量开采，适时关停。为实现水资源可持续利用战略，满足生态环境需水量，需要对水资源进行合理配置和调控，以改善水资源分布不均，缓解流域或区域水资源不足的矛盾，进一步加强节约用水，提高水的利用效率，保护生态环境需水量。

（5）做好水资源优化配置。鼓励使用再生水、微咸水、汛期雨水等非传统水资源；优先利用浅层地下水，控制开采深层地下水，综合采取行政和经济手段，实现水资源优化配置。积极推进城镇居民区、机关事业及商业服务业等再生水设施建设。建筑面积在万平方米以上的居民住宅小区及新建大型文化、教育、宾馆、饭店等设施都必须配套建设再生水利用设施；对于没有再生水利用设施的在用大型公建工程，也要完善再生水配套设施。

（6）加强领导，落实责任，保障各项制度落实到位。水资源管理、水价改革和节约用水涉及面广、政策性强、实施难度大，各部门要进一步提高认识，确保责任到位、政策到位。落实建设项目节水措施"三同时"和建设项目水资源论证制度，取水许可和入河排污口审批、污水处理费和水资源费征收、节水工艺和节水器具的推广都需要有法律、法规做保障，监管部门对违法、违规行为要依法查处，确保各项制度措施落实到位。政府要大力做好宣传工作，使人民群众充分认识到我国水资源短缺的严峻形势，增强水资源的忧患意识和节约意识，形成"节水光荣，浪费可耻"的良好社会风尚，形成共建节约型社会的合力。

第 7 章

气候变化与人类活动对绿洲水文与水资源的影响

要了解水文资源，就需要了解生态系统中存在于生物的栖息过程中所需要的能量源头，以及形成次系统体系的生物群落和内部物种的发展关系，并根据生态系统的内部生物群落分析，得出外部环境因素的影响。绿洲的气候变化与人类活动是了解绿洲水文水资源的重要方面。现代自然环境的逐步恶化，其根本缘由就在于人类对生态环境的破坏，期望本研究有助于绿洲生态社区的恢复，有助于现代绿洲生态文明的可持续发展。

7.1 气候变化对绿洲水文与水资源的影响

工业革命以来，全球气候变化不断加剧，气温持续上升、降水量时空分布不均匀、极端气候事件频发、海平面不断上升、生态环境恶化等问题突出。气候变暖加速了全球水循环过程，加快了极端气候水文事件的发生频率，并导致全球不同尺度水资源的重新分配，进一步加剧绿洲地区水资源的供需矛盾，导致水资源与生产力时空不匹配的特征进一步凸显。水资源匮乏和生态系统的脆弱性给绿洲地区经济社会发展和生态安全带来更加严峻的挑战。

7.1.1 降水变化对绿洲水文与水资源的影响

1. 全球降水格局变化

近百年，北半球中纬度地区年降水量整体呈增加趋势。而在南半球，夏季降水量的年际变化比较明显，这种气候变化正在加剧全球降水量分布不平衡。全球气候变暖，大气持水能力增加，全球水循环将持续增强。在全球尺度上，这表现为总降水量增加和降水极端性增强，某些地区极端降水事件可能提前发生。据预测，21 世纪末在典型浓度路径 RCP 8.5 情境下，高纬度和赤道太平洋地区的年降水量将呈上升趋势，中纬度和亚热带干旱地区的年降水量可能会减少，而中纬度湿润地区可能会有所增加。随着气候变暖，全球水循环将加快，部分中纬度和热带湿润地区的极端降水事件很可能变得更加频繁和强烈。未来百年，南北半球降水量差距和降水量季节波动可能加大，旱季更旱，雨季更湿。

2. 降水变化对绿洲水文与水资源的影响

1）水文

近 40 年来，特别是 1987 年以后，全球气候变化导致我国大部分绿洲地区的降水量有增加趋势，气候趋于湿润，气温升高，蒸发减弱，冰川融化，河流流量增加，湖泊水量增加，植被逐渐恢复，荒漠化趋势减缓。但是，降水量变化的季节分配有差异，而且各地区的变化幅度不同。

2）水资源

（1）河川径流。天然降水是地表水资源的主要补给来源，是影响地表水资源的最直接因素，年降水量的变化和地表径流量的变化规律基本一致。降水量可反映地表径流深度，累积降水量迅速上升时，地表径流深度峰值呈上升趋势，其最高峰值总是出现在累积降水量刚达到或即将达到最大；累积速率开始变缓时，地表径流深度呈下降趋势；当累积降水量平稳不变时，地表径流深度迅速下降至零。

（2）地下水。降水量的变化会直接或间接地导致地下水位变化。在雨季，地下水系统不断得到大气降水的补给，而出现地下水位的上升；在旱季，蒸发会引起地下水位的下降。同时，降水量的变化将影响径流出现的时间及干旱频率和强度，对地下水的形成和演化有重要作用。

（3）冰川积雪。冰川可以直接从降水中吸收热量，从而加快冰川融化的速度。冰川的稳定主要依赖于积累区的积雪量。然而，近年来降水量分布不均匀的情况变得越来越常见，降水量增加地区导致冰川消融速度加快，影响冰川和积雪的质量和稳定性。

（4）湖泊。降水量会影响湖泊萎缩的速度，降水量增加时可缓解水体污染，加快底层水体溶解氧，促使好氧细菌的生长繁殖，加快水中有机污染物的分解。

7.1.2 气温变化对绿洲水文与水资源的影响

1. 全球气温变化

工业革命以来，全球 80% 陆地面积的气温呈现显著增加趋势，年平均气温升高速率最大的区域位于 80°N ~ 90°N，其次是 70°N ~ 80°N、60°N ~ 70°N，高纬度区域年平均气温升高速率大于中、低纬度区域，格陵兰地区、乌克兰、俄罗斯等中、高纬度国家和地区增温速率较快，尤以格陵兰地区增加速率最快，气温变化速率为 0.654℃/10a；增温最慢的地区主要位于新西兰和赤道附近的南美洲、东南亚、非洲南部等地，气温变化速率不足 0.15℃/10a。

2. 绿洲气温变化

全球绿洲整体年平均气温呈上升趋势。冬季升温最为明显,秋季升温率和冬季接近,夏季最小,升温主要出现在气温较低的季节。大部分绿洲地区低温日数呈显著减少的趋势,高温日数呈明显增多的趋势,这导致了日较差的显著减小。

3. 气温变化对绿洲水文与水资源的影响

1) 水文

在全球变暖,尤其在当前气温持续高位振荡的影响下,势必会导致绿洲地区水资源的时空分布和形式改变,加快以冰川和积雪为主体的"固体水库"的消融和萎缩。

绿洲地区地形地势复杂,其河流的水源主要来自冰川消融水源的补给,在全球气温不断变暖的趋势下,冰川的消融速度加快,在丰水季,流域的径流量会急剧增加,造成流速加快及水位升高,而且冰川比例越高,其提高水平越大,而到枯水季,河流的变干速度也在加快。

由于气候变暖,绿洲地区冰川积雪融水补给河流的最大径流量出现时间已经发生了季节性变化,一般表现为冰川和积雪消融期提前、径流量峰值提前等一系列水文响应。以积雪融水为主要补给源的河流,水文过程对气候变暖的响应表现为最大径流量峰值前移,夏季径流量明显减少;以冰川融水补给为主的河流,一般表现为 6~9 月汛期径流量明显增大,汛期洪水增多,年径流量增加。例如,位于西天山锡尔河的支流河,由于冬季气温上升和日最高气温高于融化积温的天数增加,流域内冰川已由 20 世纪 90 年代末的 $1019km^2$ 退缩到 21 世纪前 10 年中期的 $926km^2$,冬季和早春的径流量明显增加;对于以冰川融水补给为主的库玛拉克河,在 1998 年以后,冬季、春季和夏季的径流增加量分别为 13%、15% 和 15%;而以融雪径流补给为主的托什干河流域,冬季、春季和夏季的径流量分别增加 65%、56% 和 11%,也证明了以融冰水和以融雪水补给为主的河流对气候变暖响应的差异性。

连续高温会降低水体的自净能力,主要是由于连续高温会导致蒸发量增加,加上降水量减少,会造成水体容量和水体动力不足,削弱水体的自净能力。同时,气温的升高会缩短绿洲地区河流的结冰期。

2) 水资源

(1) 河川径流。温度的升高带来冰川融水、季节性积雪融水等大量水资源,对增加地表水有重要作用,但同时温度升高导致农业灌溉用水增加,对地表水资源的利用程度加大。

(2) 地下水。气温升高,导致蒸发、蒸腾等的增加,直接影响地下水补给和储存。高温会加速水分的蒸发和植物的蒸腾作用,地下水会逐渐减少,从而导致地下水资源的枯竭和生态环境的恶化。而气温升高带来的极端天气事件，如干旱和洪涝灾害，更是直接影响地下水资源的补给和储存。同时，温度的变化会导致地下水化学性质的变化。这种改变不仅影响地下水的供需平衡，还会影响当地人民的健康和生存环境。

（3）降水量。温度的升高，在很大程度上使绿洲地区降水量有所增加。在全球气候变暖的大背景下，干旱区大尺度环流形势、水汽输送和汇聚机制发生了变化，使干旱区越来越湿润、降水量越来越多，从而增加绿洲地区的降水量。

（4）冰川积雪。随着全球气候变暖，绿洲地区的冰川积雪融化加速，冰川积雪数量急剧减少，从而导致水量增多。

（5）湖泊。气候变暖导致湖泊的蒸发加剧，水分不断蒸发，湖泊水量大大降低，从而导致很多湖泊出现干涸的现象，同时导致水资源污染严重，大大制约了生态发展的平衡，造成生态失衡。气候变暖也会导致降水量波动增强，降水变率（降水变率指降水事件可能的波动或振荡范围）变大，变率越大，异常降水发生越频繁、降水的不均匀性越强，极端事件也越强，对民生和社会经济发展的影响也越大。

7.1.3 蒸散发变化对绿洲水文与水资源的影响

蒸散发是陆面过程研究中的重要内容之一，是水循环过程中尤为重要的环节，每年通过蒸散发进入大气的水分约占全年平均降水的60%。蒸散发作为重要的水循环要素，是水资源高效利用、生态环境评价和水平衡维持的重要依据。由于环境的限制性和试验的困难性，以及对绿洲蒸散发过程研究的薄弱，蒸散发迄今仍然是绿洲地区陆面水文水循环研究中的难点。

1. 蒸发变化

1）全球蒸发变化

全球年潜在蒸发量自20世纪60年代中期以来呈波动减小趋势，20世纪80年代中期之后减小趋势更加明显，2000~2009年呈增加趋势，潜在蒸发量的年际变化倾向率为负。从空间分布来看，倾向率由北向南逐渐减小。从季节来看，秋季和冬季潜在蒸发量呈增加趋势，春季和夏季潜在蒸发量呈减小趋势，春季潜在蒸发量减小趋势大于夏季，秋季潜在蒸发量增加趋势大于冬季。例如，我国横断山区，气温、风速和日照时数的变化是横断山区潜在蒸发量变化的主导因素，风速和日照时数的下降导致春季和夏季潜在蒸发量减小，气温上升导致秋季和冬季潜在蒸发量增加。

2）绿洲蒸发变化

全球绿洲地区地表水的蒸发量在逐渐增加。气温和湿度是影响蒸发损失的主要气象因素，水库建设和农田灌溉是影响蒸发损失的主要人为因素。例如，黑河绿洲是我国西北干旱区典型的绿洲农业区。随着经济的发展，绿洲土地利用方式不断发生变化，特别是中游地区农业的发展，致使流域内蒸发量较大，用水矛盾突出。

2. 蒸腾变化

1) 全球蒸腾变化

随着全球气候变暖，气候系统能量和水分循环相互作用的变化加剧，水分平衡变化导致极端旱涝事件频发，同时全球蒸腾量正在不断上升，蒸腾加速，土地和植被也被加速干燥。科学家推测，由于全球温度上升，地球的水循环将因获得更大能量而变得更加剧烈。

2) 绿洲蒸腾变化

绿洲土壤湿度大，空气湿度大，随着气温的升高，蒸腾量会相应增加。例如，我国石羊河流域植物蒸腾、地表蒸发和平流蒸气对降水的平均贡献分别占11%、6%和83%，绿洲地区分别占21%、7%和72%，沙漠地区分别占10%、5%和85%。植物蒸腾和地表蒸发的贡献在时间变化上相似，最大值出现在7月。

3. 蒸发和蒸腾变化对绿洲水文与水资源的影响

在季风边缘带内陆河流流域的山地、绿洲、沙漠地区的生长季节，评估植物蒸腾、地表蒸发和平流蒸气对降水的贡献发现，平流蒸气贡献始终占主导地位，但在水蒸气循环过程中，植物蒸腾和地表蒸发的循环水分不容忽视。植物蒸腾和地表蒸发的贡献与时间变化相似，与温度变化有较高的一致性。总体而言，回收水分的贡献在4~7月增加，在8~10月减少。绿洲地区植物蒸腾的贡献始终大于沙漠和山区。石羊河流域循环水分的贡献随着海拔的降低而增加，在其绿洲地区，对循环水分的贡献最大的主要来自植物蒸腾、地表蒸发和平流蒸气。绿洲地区植物蒸腾的贡献较高，说明在水资源短缺的内陆流域，人工绿洲的合理开发具有重要意义。

4. 绿洲蒸散发对气候变化的响应

参考蒸散发量的变化主要由气候因子，包括平均气温、日照时间、风速、相对湿度和气压等因子变化引起。其中，平均气温、日照时间、风速和相对湿度是蒸散发量变化的普遍影响因素，而气压变化只对局部地区参考作物蒸散发量产生影响。

绿洲风速、气压减少和相对湿度的增加引起蒸散发量的减少，对绿洲蒸散发量的变化贡献为正，而平均气温和日照时数的增加缓和了绿洲蒸散发量的减少速度。从各因子的贡献率来看，绿洲风速对蒸散发量减少的贡献率最大，相对湿度其次，二者贡献远大于平均气温、日照时数和气压的贡献率，对蒸散发量的变化起主导作用。

7.1.4 冰冻圈变化对绿洲水文与水资源的影响

1. 基本概念

1) 冰冻圈

冰冻圈是指地球表层具有一定厚度且连续分布的负温圈层，又称为冰雪圈、冰圈或冷圈。冰冻圈内的水体一般处于冻结状态。冰冻圈的组成要素包括冰川（含冰盖）、冻土（包括多年冻土、季节冻土）、积雪、河冰和湖冰、海冰、冰架、冰山和海底多年冻土，以及大气圈对流层和平流层内的冻结状水体。

2) 冰冻圈变化

冰冻圈变化是指冰冻圈内热状况和质量的时空分布变化。其具体是指冰冻圈各组成要素的变化，包括冰川和冰盖的面积、厚度、冰量及末端或边缘变化；冻土（包括多年冻土和季节冻土）面积或范围、厚度变化；积雪范围和雪水当量变化；海冰范围和厚度变化；河、湖冰冻和解冻日期、冻结日数、厚度变化等。冰冻圈内部的变化，如温度、物质结构、几何形态与体积等的变化，也属于变化的内容。

2. 冰冻圈变化对绿洲水文与水资源的影响

随着全球气候变暖趋势加剧，地球冰冻圈正在加速变化。研究显示，目前全球几乎所有冰川均在退缩。与1992~1999年相比，2010~2019年全球冰盖消失速度增加了4倍。南极海冰面积已创下有卫星观测记录以来6月的历史新低，比平均水平低17%。

冰盖和冰川消融，大量陆地水体注入海洋，导致海平面不断上升。自1880年以来，全球海平面已从21cm上升至24cm，或将直接影响沿海一些居民和产业。冰川退缩和多年冻土融化，会降低山地稳定性，影响下游居民的生存环境。冰冻圈退缩还会破坏陆地和水生生态系统的服务功能，导致冰雪融水径流补给不足，影响灌溉用水，威胁全球粮食安全。

联合国相关报告指出，自1750年以来，人类活动造成全球温室气体浓度增加，导致大气圈、海洋圈、冰冻圈和生物圈均发生广泛而迅速的变化。尤其是煤炭、石油和天然气等化石燃料的燃烧释放了大量温室气体，如二氧化碳、甲烷等，这些气体能够吸收和重新辐射地球热量，导致地球温度升高，进而导致冰冻圈退缩。因此，有效减少温室气体排放仍是减缓气候变暖、减少冰冻圈退缩的主要途径。

1) 冰川变化

全球变暖背景下，冰川退缩显著，对区域水资源产生深远影响。山区冰川退缩和积雪消融，一方面导致冰川储量减少，山区水资源储量减小，进而影响区域水资源利用；另一方面随着冰川和积雪面积减小，原冰川和积雪覆盖区域反射率降低，从而吸收更多的太阳辐射量，使得冰冻圈的升温加速，进一步加剧冰雪消融。

绿洲山区若以升温过程为主，地区降水形式将由降雪向降雨转变，降雪率减少，导致冰川和积雪积累的物质来源减少。同时，气温上升直接加速地区冰川和积雪消融。这两方面导致地区固态水体的消融速度大于积累速度，导致水储量减少，进一步影响流域水资源。

山区冰川变化对气温的敏感性较降水要高。冰川是山区最主要的水资源储量，因此冰川退缩速率大的区域，水储量的递减速率也大。例如，天山中东部的冰川退缩速率大，其水储量递减速率也大，达−7.95~−4cm/a。冰川退缩速率较小的区域，水储量的递减速率也小，如天山西部的冰川退缩速率小，其水储量递减速率也小，在−1cm/a以内。另外，天山东部的博格达山的升温速率较大，但是该区域的水储量递减速率比较小，主要是因为该区域的冰川分布面积较小，冰川退缩严重，而剩下的冰川末端海拔较高，在当前升温趋势下退缩速率较慢，因而即使升温，其水储量的递减速率也相对较小。

2) 多年冻土变化

多年冻土变化严重影响区域水循环、地表能量和水分平衡、土壤−大气界面交换、生态系统及工程建设。研究发现，多年冻土升温加剧，导致地表浅层水分向深层流动，改变了区域的水循环和补径排特征，加快了地表水和地下水的循环交替，有利于水资源的开发和综合利用。例如，近10年来青藏高原不同站点多年冻土发生了显著的变化，活动层厚度增加，地温升高以及活动层底部土壤含水量增加。

3) 积雪变化

积雪是冰冻圈的重要组成部分，被认为是气候变化的重要指示器。随着全球变暖，极端气候事件频发，积雪也在发生显著改变。从20世纪20年代中期至21世纪初，欧亚大陆和北极积雪范围呈减少趋势，从积雪范围的季节性变化来看，20世纪70年代以来欧亚大陆春季积雪范围明显缩减。

作为积雪的基本属性之一，积雪深度对气候系统具有显著作用，影响地表能量平衡、春季融雪径流、水资源补给以及人类经济社会活动。冰雪融水对绿洲地区流域径流量变化具有明显的调节作用，冰川面积占整个流域总面积的比例越大的流域，径流量年际变化越稳定。自21世纪以来，气温升高导致全球冰川融水径流量发生了变化。我国内流水系中，塔里木河水系冰川融水径流绝对变化量最大。

我国干旱区内陆河重要的水塔大多数发源于冰冻圈地区。在未来冰冻圈持续萎缩的态势下，流域产流过程、径流量和水量平衡将发生变化，势必会对干旱区水资源、生态与环境安全以及经济社会可持续发展产生深远影响。鉴于此，应开展不同类型冰川、多年冻土、积雪水资源对气候变化的响应机理、影响评估及预测，从而揭示冰冻圈水资源对地表水及河流水文过程的影响，科学规划区域水资源的分配、利用及开发，正确认识区域气候对冰冻圈水资源的调控作用。

7.2　人类活动对绿洲水文与水资源的影响

生态水文是绿洲地区最重要的生态过程，与景观格局及其演变有着十分紧密的联系。人类活动对地下水的影响包括人类从河流和地下含水层以及湖泊中直接提取用水，减少了河、湖、地下水的天然数量，改变了水文环境。工农业、城市生活废水及各种有害物质（包括各种重金属无机物和农药化肥等有机物）的排放，污染水质。城市附近天然河道的整治、渠化或裁弯取直可加速洪水的排泄，改变水流性质和水质，并影响河流的生态条件。

人类活动对地下水改造的影响包括水利工程措施，如兴建水库、蓄洪区、防洪堤坝、水闸和大型水电站，航道整治，跨流域引水等均可直接改变河湖水流、地下水水文情势及水量与时空分布特征。城市化和工业开发，包括城市的兴建、采矿、开辟工业区等，都可使不透水的地面扩大，加大地表径流，加剧洪水威胁。地表下渗量减少，再大量开采地下水，造成地下水位大幅度下降，改变了地下水的天然排泄通道和补给条件。

7.2.1　地表水开发利用对绿洲水文与水资源的影响

地表水主要来自江、河、湖泊、水库等，其特点主要包括：①地表水多为河川径流；②地表水资源受季节变化影响较大，水量时空分布不均；③地表水量一般较为充沛，能满足大流量的需水要求；④地表水水质容易受到污染，浊度相对较高，有机物和细菌含量高；⑤地表水在地形、地质、水文、卫生防护等方面均较复杂。

地表水开发利用的主要途径包括河岸引水工程、蓄水工程（水库）和扬水工程等。河岸引水工程主要包括：①无坝引水：当小城镇或农业灌区附近的河流水位、流量在一定的设计保证率条件下，能够满足用水要求时，即可选择适宜的位置作为引水口，直接从河道侧面引水，这种引水方式就是无坝引水。②有坝引水：当天然河道的水位、流量不能满足自流引水要求时，须在河道上修建壅水建筑物（坝或闸），抬高水位，以便自流引水，保证所需的水量。③提水引水：利用机电提水设备（水泵）等，将水位较低水体中的水提到较高处，使其满足用水需要。

1. 地表水开发利用对绿洲水文的影响

由于人为因素的影响，近几十年来绿洲地区的生态环境发生了巨大的变化，地表水资源量逐渐减少，绿洲水质污染加重，矿化度升高，各类天然和人工植被大量衰退、物种多样性锐减、植被退化、土壤旱化加剧、土地荒漠化严重等问题极为突出。加上全球气候变化，绿洲地区局地气温有所上升，雪盖减少、冰川退缩，最终导致绿洲地表水资源减少。除此之外，部分绿洲地区水源的利用由于缺少长远的统筹规划，从而缺乏有效的统一管理。上、中游对水资源的蓄引比例越来越大，大量水资源消耗于山前冷凉灌区和中游绿洲灌溉区。

（1）修建水库：修建水库可以调节绿洲地区径流。水库建成后，水库下游的洪峰流量减小，枯季最小流量提高。库区及其周围地区地下水位将升高，增加了土壤含水量。建库后10~20年，库底原来的包气带才能达到饱和。库区周边的地下水位升高的范围随当地的水文地质条件而异，一般可扩散到库区周围10~20km。由于水库的调节，水库下游水温也将改变，从而影响到下游河流冰情的变化。由于水库对上游来沙的拦蓄和排放，水库下游河道的冲淤规律也将改变。

（2）灌溉利用：灌溉耗水在水资源利用中所占的比例很大。绿洲地区大规模的灌溉可以引起绿洲地区河川径流量的年内分配、流域总蒸发、地下水位、灌区气温和湿度的显著变化，其影响范围常可超出灌区的周界。灌溉可使土壤中的盐分排入河流而改善土质，同时改变河水化学组成。但过量的灌溉会使地下水位升得太高，也可能导致灌区土壤的次生盐碱化。

（3）生态输水。生态输水使绿洲地区的河道径流量明显提升、地下水位逐渐抬升，有利于绿洲地区生态恢复及水资源管理，促进绿洲地区的可持续发展。

2. 地表水开发利用对绿洲水资源的影响

（1）超量开采。超量开采是绿洲地区大部分灌区普遍存在的问题，机井灌区的超量开采造成绿洲地区水资源地下水位下降，形成地下漏斗；上游渠道灌区超量开发水资源，造成下游断流。

（2）污染严重。城市污水会对下游水体造成严重污染，虽然人们对此已经有了比较充分的认识，但是有法不依、有令不止的现象还十分严重，而人们对农业灌溉工程对下游的污染还缺乏足够的认识，所以存在山西省大禹波电灌工程等还在向下游大量储放泥沙、河北省辛集市等灌区还在向下游排放大量咸水等问题。

（3）浪费严重。绿洲地区水资源极为贫乏，这已成为我们的共识，而这些地区每年又在大量地浪费有限的水资源。农业发达的以色列和美国，水的利用率已超过99%，有我国水的利用率平均不足57%，而西北地区平均还不到45%，有的甚至小于30%。

（4）灌溉方式不当。观察灌区不难发现，大水漫灌依然没有绝迹，比较节水的沟灌和渗灌很少被采用，而喷灌、滴灌和微灌等节水灌溉技术仍在新灌区中试验和试用推广。虽然这些灌溉方式节约了水量，提高了产量，但对地区水量平衡作用有限。

正因如此，我们必须遵循自然规律，加强试验研究，在确保生态环境的前提下，合理开发水资源，恰当配置水资源，充分利用水资源，以达到各地区乃至全国的水量平衡。

3. 绿洲地表水资源的合理开发利用

绿洲地区对地表水资源的主要利用途径为灌溉用水，因此需要采取正确的灌溉方式以合理利用绿洲地区水资源。

1）选择正确取水方式

灌溉初期（一般 5~10 年）的取水方式选择：绿洲地区新建的灌区，由于植被覆盖率低（一般在 70% 以下），非耕地蒸散发量占有相当的比例（一般大于 10%），因此农业用水量中必须考虑非耕地蒸散发量。而工业、林业及人畜饮水所占的比例较小（一般小于10%），可以不考虑。在此阶段农业用水量很大，本区水量严重亏损应该予以补充，必须利用外部水源进行补给。应当采用渠灌取水的方式，即从河流、水库、湖泊等处取水。

灌溉中期的取水方式选择：随着灌区运行时间的延续，植被覆盖率有所提高，非耕地蒸散发量也有所减小，而工业、林业等已经有了一定的发展，人民生活水平也有所提高，当非耕地蒸散发量和工业、制造业、林业用水量及人畜饮水量都必须予以考虑时，宜采用渠灌取水和（浅）机井取水相结合的方式。

灌溉远期（一般至少需要 15~20 年）的取水方式选择：随着灌区运行时间的不断延续，植被覆盖率逐步提高，非耕地地表蒸散发总量也随之减小，当其占农业总用水量的10% 以下时，可以不予考虑。而此时工业、林业等已经有了比较大的发展，人民生活水平也普遍提高，当工业、林业用水量及人畜饮水量占农业总用水量的 10% 以上时，必须予以考虑。此阶段农业用水总量相对较小，本区水量亏损相对较少，所需补充量也相对较小，应当尽量利用内部水源进行灌溉，宜采用灌溉取水和机井取水相结合的方式，机井取水应选用深井、浅井相配合，取用不同水层的地下水。

各地在灌区规划和设计阶段，必须根据灌区的特点、外部水源和内部水源的可开采量及农业用水量等的变化，确定各个时期取水方式的比例，避免单一的取水方式，以及"一灌到底"所带来的各种弊端。

2）确定合理的灌溉方式

漫灌：这是一种最原始、最古老、最浪费水的灌溉方式，水的利用率最低，应尽量予以改进。

畦灌：布置简单，施工方便，投资少，而且有利于本区水量储蓄和地下水补给，但水的利用率较低，主要用于地下水的补给性灌溉。

串灌：布置简单，施工方便，投资省，水的利用率较高，但是上游、中游容易跑肥，使其土地贫瘠，主要用于山地的自流小型灌区。

沟灌：布置较简单，施工较方便，投资较低，而且有利于本区水量平衡和地下水补给，但水的利用率较低，主要用于高秆作物和大棚灌溉。

渗灌：水的利用率较高，但布置较复杂，施工较困难，投资较高，地下水水质与灌溉水水质容易相互影响，由于目前我国缺乏经验，主要用于远期、中期灌溉。

喷灌：水的利用率高，但布置复杂，施工困难，投资高，不能补给地下水，主要用于远期、中期灌溉。

滴灌：水的利用率很高，但布置复杂，施工困难，投资高，不能补给地下水，主要用于远期、中期灌溉。

微灌：水的利用率最高，但布置复杂，施工困难，投资高，不能补给地下水，主要用于远期灌溉。

灌区的灌溉方式将直接影响到用水量的大小、工程规模、工程投资、年运行费用和工程效益等，因此必须根据灌区特点、运行特征等，确定合理的灌溉方式。

3）充分利用其他水资源

绿洲地区的水资源自身比较匮乏，但这有限的水资源又不能全部开采利用，还必须考虑其下游各用水部门对水资源的需求，只能开采其中的一部分，故必须考虑开发其他水资源的可能性。

城市污水：目前我国绝大部分城市中的污水（包括雨水、生活污水、工业污水等）直接排入河道，形成了城市污染、级级需要处理的恶性循环，不仅严重污染了下游水体，而且也造成了水资源的极大浪费，浪费了许多不必要的人力、物力和财力，因此我们应该就地处理，利用这些水资源进行灌溉，使其变废为宝，走向良性循环的发展道路。

灌溉余水：随着灌溉时间的不断延续，灌区的地表水和浅层地下水不断下渗，浅层和深层地下水不断得到补充，地下水位不断上升，浅层地下水的蒸发量亦随之增加。地下水在蒸发过程中，不断地将地下盐分带到地表，形成"返碱"现象。试验证明，随着灌溉用水量的增加，作物的亩产增加，但增加到一定程度反而减小，重盐地尤其如此。

由此可见，绿洲地区的灌区在规划和设计中不仅要考虑灌溉，还要考虑排水问题。不仅要利用外部水源，还应利用内部水源，尤其是灌溉的中期、远期。除了利用浅层地下水外，还应考虑利用深层地下水，特别是灌溉远期。只有如此，才能算得上是比较合理地开发了当地的水资源和充分利用了当地的水资源，这样的灌区才能称得上是比较合格的灌区。

塘坝蓄水：西北地区一般位于河道的上游，天然坡度较陡，洪水陡涨陡落，汛期降水来不及下渗，而降水又集中在汛期，因此必须建造必要的塘坝进行拦蓄，以充分利用这些宝贵的水资源，还可以提高防洪能力，防止水土流失和非灌溉期存储水量，灌溉期用于灌溉，以缓解灌溉期的压力；另外，还可以利用排水沟储存部分水量，用于灌溉期的灌溉。

泉水、雪水：有泉水或者山区融雪水源条件的灌区，应当尽量利用这些水资源。例如，收集雪水可以满足人们的生活需要。在缺水的干旱地区，收集雪水就成为一个重要的补充水源，可以用来满足人们的生活需要，包括洗涤、灌溉等。同时，收集雪水可以减轻城市的供水压力，避免过度开采水源的做法，从而节省水资源。

集流雨水："121 雨水集流工程"就是利用水窖汇集雨水，用于解决人畜饮水和灌溉，产生了良好的效益，对干旱的绿洲地区来说很有推广价值。

4）循序渐进逐步完善

灌区的设计和试验应当与运行管理一样，是一项长期的工作，必须根据灌区特点和发展变化的实际情况，进行必要的试验、研究、探索和改造，只有如此，才能不断地予以改善，才能建造好灌区。对于一个灌区而言，没有最好，只有更好。

7.2.2　地下水开发利用对绿洲水文与水资源的影响

地下水是水资源的重要组成部分，在保障城乡居民生活用水、支持社会经济发展、维持生态平衡等方面具有十分重要的作用。绿洲开发利用地下水是一项重要的水事活动，具有悠久的历史，尤其在地表水资源比较缺乏的绿洲地区，地下水具有不可替代的作用。合理开发地下水，实行科学用水，能改良绿洲地区的自然环境和社会环境。不合理开发地下水，则会使水环境恶化，带来一系列生态环境问题，从而影响社会经济的可持续发展。地下水资源不仅具有可恢复性、水利水害两面性、地表水与地下水相互转化性，还具有开发利用简便、使用方便灵活、投资少、见效快、维修少、易管理、安全卫生等特征。在地表水源不足的绿洲地区，适度开采地下水，科学利用地下水，对绿洲地区是有益的，还可以美化环境，创造更多的物质财富。

1. 地下水开采对绿洲水文的影响

随着人们对地下水开采量的增加，地下水中的淡水层会出现下降的情况，从而导致咸水层开始向淡水层不断下涌。这一现象的出现会使得地下水环境被破坏，甚至出现环境失调的情况。地表径流的减少会引起地下水补给量急剧减少。另外，由于农业灌溉面积扩大等需水规模的迫切需求，地下水井数量及开采量大幅度增加，水利工程措施也会使绿洲地区的地下水补给量减少，结果导致参与水循环的水资源数量减少，引起非回归性的耗水量增大，从而引起局部区域性的地下水位不断下降。

随着地表水可利用空间的减小，地下水开采强度则日益增强。灌溉定额偏高，部分绿洲是以农业为主的灌区，种植结构不科学、不合理，缺少以高效益和高产值为主的特色农业，农业灌溉技术也相对落后，计划和节约用水的观念弱化及措施不当等都会产生地下水资源浪费，从而导致地下水位的逐渐下降。

经济高速发展和城镇化趋势的加快，使得流域中游区域城市废污水排放量显著增加。一些流域干流流程短，地表径流小、河道自净能力差、环境容量低、纳污量非常有限等特点致使进入下游绿洲的地表水被严重污染，再经过灌溉条件下多次反复的水循环过程，加剧了对地下水的污染。

绿洲地区日益枯竭的大量地下水被长时间反复开采，产生强烈的蒸发浓缩作用，另外河川带来的盐分积累下渗，使绿洲衍生了严重的浅层地下水水体盐化问题。

2. 地下水开采对水资源的影响

1) 有利影响

地下水开采不仅减少了地下水资源量，而且还可有效地消除或减轻渍涝灾害。当毛细管水上升高度达不到地表蒸发（土壤蒸发和植物蒸散发）的影响范围时，水中的盐碱成分不会随水上升，因而不会出现经蒸发将这些成分残留在表层土壤中的现象。特别在降雨之后，雨水渗入土壤，还会起到淋盐和洗碱的作用，能减轻盐碱化之害。地下水位降低后，扩大了土壤中的包气带部分，即加大了地下的蓄水库容量，使原来导致渍涝的水，部分或全部渗入地下，补给地下水。

2) 不利影响

地下水过度开采的直接影响就是绿洲地区地下水位下降，存水量减少。地下水相较于地表水的优势在于储存地下，接触到的污染源少，自我净化能力强，经过长期自然土壤的净化和沉淀汇聚成优质的水源。过度开采地下水会破坏绿洲水源储存环境，地下水的净化时间不够导致水质没有达到标准；过度开采导致地下水漏斗扩展，地下水承受补给范围扩大到安全水源保护区的范围，增大地下水受到污染的概率，影响到地下水饮用安全。

地下水充足，水位高，极大程度上保护了地下水的纯净程度，保证了地下水补给一直处于安全状态。超采地下水极易造成绿洲地区地表下陷，打破地表水和地下水的平衡，出现地表水倒灌地下水的状况，地表污水也会随着地表下陷出现的裂缝渗透进地下，长期污染地下水。例如，最难以治理的污染为工业废水，一些工厂违规将未经处理的工业废水排入河流或直接排放在工厂后地，若在这些地区周围进行地下水开采，未经注意而开采过度导致地表下陷，工业废水就有机会沿地表下陷地段向下渗透，由于工厂排放污水具有长期持续性，工业废水不断得到补给，不断向下渗透，其对地下水的污染也是长期持续且不可逆转的，地下水自然净化这些污染需要非常长的时间，且要在不再受到后续污染的前提下进行，即使通过人工手段进行调节改善，也需要非常大的投入，同时限制了该地区地下水开采，严重影响到当地人民用水需求。

3. 绿洲地下水资源的合理开发利用

1) 强化保护水资源意识

节约用水是实施可持续发展战略的重要措施，因此需要强化人们保护水资源的意识，努力创建绿洲节水型城市，实施可持续发展；大力普及节水型生活用水器具，节约用水、保护水资源；另外，要做到开源与节流并重，节流优先、治污为本、科学开源、综合利用。

2）加强地下水管理

要进一步完善节水管理的法规体系，在贯彻实施国家现有法律法规的基础上，进一步加强水资源的管理，提高城市供水价格，提高污水处理收费标准，应尽快研究污水回用问题，关闭自备井。同时，要加强节约用水技术的进步，提高我国节约用水的科技水平，要进一步加大保护地下水资源和节约用水工作的宣传力度。

3）强化立法执法

国家和政府要实行计划用水，厉行节约用水的措施，加大水资源立法执法，真正做到惜水、爱水、节水，从个人做起，坚持把节约用水放在首位。要做到依法管水、科学用水、自觉节水，强化我国节约用水管理，节约和保护水资源，合理开采地下水资源。另外，相关管理机构不能推脱责任，应该把地下水资源开采列入相关规划中，避免水资源利用与经济发展的矛盾。

4）合理开发水资源

如何合理开发、利用水资源，做到可持续发展，首先要解决水污染问题，其次要处理好水循环利用的问题，最后要注重水的来源开发，也就是水质、水量、水源。尤其是绿洲作为缺水地区，水资源分布极不均匀，节约用水和合理开发利用水资源是每个公民应尽的责任和义务。例如，在新疆的一些绿洲地区，如何合理开发利用水资源，已成为当地普遍关注的问题，发展节水农业，种植用水少的农作物，节约用水，防治水污染，这些都是控制地下水资源过度开采的主要措施。

5）加强监测管理

合理开采地下水，加强监测地下水资源利用也是一种有效的方法，要通过严格的监测与管理，做到不盲目开采。除了合理开采地下水之外，地下水人工回灌和优化工程设计是控制地面沉降的好办法。人工回灌就是将水源通过泵机再注入地下含水层中。这样做可以保持含水层水头压力，防止地面沉降，而且水源水经过热泵机组后，只是交换了热量，水质几乎没发生变化，不会引起地下水污染。对地下水开采实行动态控制，打破条块分割，实现地下水开采协调管理，优化地下水的开采布局。

6）严格控制地下水开采系数

在地下水开采过程中，要制定地下水开采系数，并且严格按照这个系数执行。所谓地下水开采系数是用于地下水潜力评价的一个标准，对地下水潜力的评估一般采用"开采程度"的概念，以采补平衡为基础，即地下水开采系数＝地下水开采量/可开采资源量。如果地下水开采系数为1，说明达到平衡，这一地区的地下水潜力为零。根据这一概念，一般认为地下水开采系数小于0.3为潜力巨大地区，地下水开采系数大于1.2为严重超采区。通过对地下水开采系数的控制，加强对地下水资源的保护。

7）加强水资源综合管理

在水资源综合治理过程中，可以通过以下方法来执行：第一，以预防为主，加强管理，加强供水水源地保护。进行城市规划时，应将可能形成污染源的居民点、厂矿企业布置在远离含水层补给区的下游方向。第二，要综合防治地下水污染，鉴于地下水污染的治理相当困难，防治工作的重点是控制污染源，有效地切断污染物进入地下水的途径。第三，开展地下水环境脆弱性调查评价及编制评价图册，建设地下水环境管理示范区，选择少数地区，作为地下水环境管理示范区进行长期的建设。

8）强化危机意识

要清楚地认识到水资源危机，针对目前地下水过度开采的状况，制定一些可行性的保护地下水资源的措施。由于地下水污染往往是逐渐深入的，难以及时发现，需要处理好工业污水、农业污水和生活污水，如对一些污染较为严重的企业要实行限期治理，抓好水资源的综合利用，以减小过度开采对地下水的危害，杜绝城市新污染源的产生。根据当地的实际情况，建立地下水处理项目。

总之，地下水的开发对工农业生产和社会发展起到了极大的促进作用，产生了显著的经济效益，这是有目共睹的。在地表水资源相对缺乏的绿洲地区，地下水具有不可替代的作用。但是，由于过去一味追求经济的增长，忽视了水资源的可持续利用与水环境的保护，过量开采地下水，引发一系列水环境问题和生态环境问题，产生严重的负效益。而水资源的短缺及水环境的恶化又将进一步制约绿洲社会经济的可持续发展。因此，如何实现绿洲地区水资源与环境、社会经济的协调和谐发展，已成为21世纪所面临的战略性任务之一。

7.2.3 土地利用变化对绿洲水文与水资源的影响

土地利用与土地覆盖变化（LUCC）是全球环境变化的重要组成部分。LUCC主要表现在生物多样性、土壤质量、地表径流、侵蚀沉淀及实际和潜在的土地第一性生产力等方面。目前人类面临的许多环境问题都与LUCC有关。LUCC对区域环境的影响主要包括对生态环境安全、水文变化、土地退化、污染物的循环等方面的影响。

LUCC是人类活动的结果，因而认识人类活动导致的土地利用变化对水资源的影响和作用机理，对指导干旱区水资源的可持续利用具有重要意义。它直接体现和反映了人类活动的影响水平，其对水文与水资源的影响主要表现在对水分循环过程及水量水质的改变作用两方面，最终直接导致水资源供需关系发生变化，从而对流域生态和社会经济发展等多方面产生显著影响。LUCC通过与流域水循环过程的联系影响以水为纽带的地表物质的迁移，加上人类活动的农业、工业、城市、社会经济过程往往是通过土地利用方式的改变作用于资源环境系统，因此土地利用的水文水资源效应分析成为区域资源、生态、环境及经济部门利益的协调等可持续发展问题中政策分析的重要手段。

绿洲区土地利用变化的特点表现为：在 20 世纪土地利用强度和速度都有比较明显的增加趋势，各种土地利用变化类型在不同地区的空间分布存在明显的差异，即使是同种土地利用变化类型在不同地区的空间分布状况也不同。20 世纪中后期至 21 世纪初，尤其在近 50 年来，我国土地利用时空变化研究中，发现我国土地利用结构发生了明显的变化，主要表现在耕地、林地、园地、居住、工矿用地及交通用地等都有不同程度的增长，而草地、后备耕地、天然水体明显减少。例如，绿洲地区城市化进程不断加快，城镇人口逐渐增加，其城镇建设用地占比也随之逐渐增加。绿洲农田化现象也较明显，绿洲地区鼓励种植农作物，对闲置土地等加大了利用程度。

1. 城市化对绿洲水文与水资源的影响

全球城市化的加速发展对城市水系以及所在流域的自然水循环造成严重的干扰、破坏，由此引发的淡水资源短缺、洪涝灾害频繁、水体污染、河道断流、湿地萎缩、荒漠化扩展、地下水超采、海水入侵、水土流失以及河流生态系统破坏等问题往往综合并发，城市化水文效应已经成为全球气候与环境变化领域研究的前沿和热点问题之一。

随着世界城市化的发展，城市化地区人口集中，工厂与建筑物林立，地面透水性能降低，废水浓度和排放量增大，排水速度加快等因素势必引起城市地区水体环境（包括水量和水质）的变化，从而产生城市地区特有的水文与水资源问题，如城市地区的给水水源问题，城市及其下游的洪水排放问题，城市地区面积水问题和城市水体污染控制问题。

城市化对水文与水资源的影响主要表现在以下几方面：城市化对城市地区水循环过程的影响，包括城市下垫面条件改变造成的蒸散发、降水、径流特征变化；城市化对水量平衡的影响；城市化对水环境的影响，包括城市化对地表水水质、地下水水质的影响及对水土流失的影响；城市化对水资源的影响，主要为用水需求量的增加以及由污染造成的水的去资源化。

1）城市化对绿洲水文的影响

大规模建造房屋、铺砌道路使下垫面不透水层大大增加，其结果是下渗量和蒸发量减少、地表径流量和径流总量增加、径流系数增大并使洪峰流量加大。城市排水系统管网化增加了城市排水能力，使暴雨径流尽快就近排入当地接收水体，从而改变了城市原先集水区域形状，使城市径流流态、洪水过程形状及洪峰流量均发生变化。其特点是洪量集中，汇流速度加快。又由于城市化改变了区域自然地貌和排水系统，对区域暴雨洪水汇流特性产生明显影响，增加了区域洪涝灾害发生的概率，再加上城市防洪标准偏低，使洪涝灾害频率增加。

城市发展侵占天然河道洪水滩地，降低了洪水滩地储洪容量和泄洪能力，使城市遭遇大洪水时河道调蓄能力减弱。

天然流域地表具有良好的透水性，雨水降落时，一部分被植物截留蒸发，一部分降落地面填洼，一部分下渗补给地下水，一部分涵养在地下水位以上的土壤孔隙内，其余部分产生地表径流，汇入受纳水体。城市化后，天然流域被开发、植被受破坏、土地利用状况改变、不透水性下垫面大量增加，使得城市地区的水循环过程发生巨大的变化。城市快速扩张和新城镇的建设将原始天然的透水地表改变为不透水地表，从而导致径流特征发生了质的变化：糙率相对减小、下渗通量减少、汇流速度加快、地表径流量增加、基流减少并降低地下水位。此外，城市化过程中土地利用的变化会导致流域上下游水量空间分布和产流持续时间的变化，使得水量在河流上下游或干支流上的分配趋向于极端化，增大流域洪灾发生频率。城市化对洪水过程的影响主要表现为使洪峰及洪量增大、过程线峰型尖瘦、陡涨陡落、洪峰频率及其分布形式发生变化。

城市化可以使城区及其下风方向降水量增多。由于城市热岛效应，热能促使城市大气层结变得不稳定，容易形成对流性降水；城市参差不齐的建筑物对气流有机械障碍、触发湍流和抬升作用，使云滴绝热升降凝结形成降水；城市特殊的下垫面对天气系统的移动还有阻滞作用，增长城市降水持续时间；城市空气污染，凝结核丰富，也有利于降水的生成。在上述因子的共同作用下，城市降水量往往多于郊区。总结为：市区降水量大于郊区降水量；市区及其下风向的降水强度比郊区大；降水量时空分布趋势明显，降水量以市区为中心向外依次减小；城市化使得城市暴雨日数增多。

城市化导致绿洲地区蒸发减少。第一是因为城市化增加了硬化路面的面积。当雨水落下时，其落在泥土里会被土壤吸收保持住，气温升高后被蒸发，而硬化路面吸水性差，大部分水被城市的排水设施排走，从而减少蒸发。第二是城市相对于农村和自然状态的植被覆盖率更低，绿色植物的蒸腾不明显，所以城市化会减少蒸发。第三由于城市化进程极大地改变了地形地貌，使地表面的粗糙不平阻碍了空气运动，加之城市的热岛效应、大气污染增加了吸收太阳辐射能力和减少了地面热量散发，从而造成了蒸发量的逐年减少。

影响下渗的因素包括降水（持续时间及强度）、土壤、植被、地形和人类活动等。降水持续时间长、强度小，植被茂密、土壤粒径大、地形坡度小，将有利于地表水下渗。而城市化导致地面硬化，不透水路面增加，建筑物覆盖密度高，植被覆盖率降低，导致下渗减少。同时，城市化的发展使一些商业区、市政设施等建筑对河道以及河道的集水面积形成挤占，导致地表径流发生变化，影响下渗。

2）城市化对绿洲水资源的影响

城市化进程迅速引发的水资源危机越来越严重。城市化程度越高，对水资源的需求量就越大。随着城市化的发展，居民生活用水量和工业需水量随着人口和经济的发展而不断增加。绿洲地区城市人口高速增长，城市生活用水量增长，人均拥有淡水资源量急剧下降。淡水紧缺已成为当前世界性的生态环境问题之一。

城市化对径流水质的污染主要包括点源污染和面源污染两种方式。城市发展导致大量工业废水、生活污水排放进入地表径流，而这些废污水因富含、重金属有机污染物、放射性污染物、细菌、病毒等而污染水体。另外，城市地面、屋顶、大气中积聚的污染物质，被雨水冲洗带入河流，而城市河道流速的增大，不仅加大了悬浮固体和污染物的输送量，还加强了地面侵蚀、河床冲刷，使径流中悬浮固体和污染物含量增加，水质恶化。无雨时（枯水期），径流量减少，污染物浓度增大；暴雨时（汛期），径流量和流速增大，使下游污染物负荷明显增加。在点源污染被控制后，雨水径流的污染就更为突出。随着世界各国城市化水平的不断提高，污染的方式将会变多，程度将会不断加大，只有在充分了解面源污染的方式、过程及其与人类活动之间关系的基础上，才能为城市地表水质量的评价提供依据，进而采取相应措施，控制污染。

城市化过程中强烈的人为活动使地表植被和自然地形遭到严重破坏，由此使得水土流失问题日益严重。一方面，城市化导致城市地区的一些水塘、河流等天然水体消失或被改造，加上不透水地表面积显著增加，使暴雨径流产生的洪峰流量和能量集中，加大了水流的侵蚀能力；另一方面，城市化基础建设产生的大量松散堆积物以及城市生活垃圾的乱堆乱放为径流侵蚀提供了丰富的物质基础。严重的水土流失不仅造成城市生态区土层变薄，土壤功能下降，同时土壤侵蚀产生的大量泥沙淤积于城市排洪渠、下水道、河道等排洪设施中，大大降低了这些设施的排洪泄洪能力。

3）绿洲城市化的应对措施

（1）节约城市用水。传统的城市取排水模式为"取水（由近及远）—输水—用户—排放"的单向粗放型流动，这种模式已经导致了供水、治污成本急剧上升、河流生命丧失、景观和地貌形态改变以及上下游城市之间的潜在争端。节约用水对于所有城市而言都具有普遍的意义。节约用水减少了对新鲜水的取用量，减少了人类对自然水循环的干扰，是维持水循环健康的基础；节制用水可实现流域水资源的统一管理，可以提高水的使用效率，减少水的浪费；节约用水减少了污水排放量，从而节省相应的排水系统和其他市政设施的投资及运行管理费用，同时，减少污水排放量，改善了环境，可以产生一系列环境效益和生态效益；节约用水不仅仅是用水户的行为，更重要的是政府行为，可以增强全社会节水意识，是创建节水型、水健康循环型城市的前提条件；节约用水可以促进工业生产工艺的革新，反过来又可进一步降低水的消耗量；节约用水可以节省市政建设投资，提高资金利用率，在目前我国市政建设资金普遍紧缺的情况下，具有重要的现实意义；通过节约用水的推广，社会水循环的改善和城市良好形象的树立，会产生一系列的增量效益，如由于城市卫生的改善而相应提高了人们的生活质量和城市的投资环境，自来水厂由于原水水质的改善而减少了运行、改造的费用等。

（2）与城市化同步的雨水水循环补偿与修复。传统的城市规划习惯于将雨水视为"洪水猛兽"，采取立足于"排干输尽"的雨水管理模式。这就忽略了雨水在水循环中的基本功能，忽略了雨水蓄存、调节是涵养地下水、补充地表枯水径流量的水循环规律。国内外城市雨水利用与管理的实践表明，需要彻底改变传统的以"弃、排"为核心的雨水管理模式，代之以"蓄排兼顾"的新理念，在城市发展的同时通过改善下垫面的水文特性，定量、合理地调控降水的径流、蒸发、存储和入渗比例，从而补偿与修复城市地区的雨水水循环。

（3）雨污分流。减轻城市排水管网的压力统计表明，雨水在城市的公共污水排放中的比例可以达到30%，甚至更高。这不仅造成了水资源的浪费，还在无形中增加了排水管网的建设成本和污水处理的成本。国内外的实践经验表明，只要措施得当，这部分雨水完全应该回归自然，而且可以经过雨污分流走上回归之路。现有的排水模式中不管是"合流"还是"分流"，都要依赖管网系统。

（4）蓄排兼顾，量化雨水的回归指标。20世纪80年代以来，不断得到重视的城市雨水利用管理反映出人们对城市洪涝、水资源短缺和水污染的高度关注。"蓄排兼顾"就是要根据流域的自然水循环规律，在雨水的排、蓄之间找到一个平衡点，是以蓄为主、以排为辅，蓄而后用、用而后排，既不能简单地将雨水"一排了之"，又不应将雨水"截光用尽"。而雨水集蓄也不仅仅是为了一般意义上的雨水利用，它还应该是城市雨水蒸发、入渗的缓冲区和地表径流的源区，据前文所述，集蓄入渗量应该占到雨水的50%左右，这样才能使城市雨水以其自然方式参与流域的水循环过程。

（5）污水深度处理与回用。欲维系流域健康水循环的功能，应该认真讨论污水处理程度与普及率。诚然，提高污水二级处理普及率是控制水污染、恢复水环境必不可少的措施，但因为深度处理的出水水质可以满足工业用水、市政府用水的要求，污水得以再生，重新加入水的社会循环，称为再生水。

2. 农田化对绿洲水文与水资源的影响

绿洲地区鼓励农业生产，加大农业投入，使得绿洲地区未开垦的荒地和闲置土地被重新利用，耕地面积增加，灌溉用水量也随之不断增加，流域河流在出口年径流量呈减少趋势，许多河流流程缩短甚至断流，对绿洲地区的生态环境产生重大影响。

河流径流受绿洲灌溉耕地面积变化和灌溉引用水量的影响较大。随着耕地面积和自河道引水量的不断增加，绿洲地区河流下泄的年径流量递减趋势十分明显。随着绿洲耕地灌溉面积的不断扩大与引水量的增加，特别是受灌区排水与回归水增加的影响，河水矿化度也发生明显变化，绿洲中下部河水矿化度不断升高，其中灌溉季节矿化度呈现大幅度升高的趋势。由于绿洲地区植被稀疏，泥沙含量较大，大量的河流的水被引用于绿洲耕地灌溉，使得河流含沙量逐渐增大。

7.2.4 植被变化对绿洲水文与水资源的影响

在绿洲地区，植被的砍伐增加了下游洪水泛滥的频率和强度，一般会增加每年下游河流的流量，使得降水的再分配不平衡，并且不同程度地增加了流域的产水量。原因是：林冠及枯枝落叶层有更高的降雨拦截率，其土壤的渗透率也比较高；林冠使空气运行的路径更加粗糙，引起空气动力的变化，使水分的蒸腾率升高；树木的根系能从更深的土壤层中吸取水分，近地表土壤的产流可能会减少，且由土壤浅表层下渗到潜水层的水也会减少；植被的破坏将使更多的土壤暴露在降雨之下，水分下渗会因裸露土壤的板结而减少，发生暴雨时会加剧流域的产流，地下水的补给量也比植被覆盖状态良好的情况下少。

在全球变化的背景下，区域尺度上的植被覆盖变化成为影响水文过程的原因之一。通过植被建设改善区域生态环境，减缓二氧化碳浓度升高的气候效应是土地覆被变化的一项主要内容，我国的三北防护林工程、天然林保护工程、退耕还林（草）工程等均是植被生态建设的典型代表。植被生长过程在很大程度上能够促进土壤–植被之间水分的交换，通过生物物理过程与生物化学循环直接或间接对区域水量平衡过程产生影响。植被除了通过根系吸水和蒸腾作用参与水循环过程外，还通过植被冠层对降水的拦截作用影响降水的重新分配，其拦截能力受植被类型、降雨强度和郁闭度等因素影响。

退耕还林（草）对水文与水资源的影响包括引起绿洲地区径流和土壤水分的变化。退耕还林（草）通过增加植物覆盖度，减少水土流失的频繁度和强度，并使降雨的再分配趋于均匀。退耕还林（草），在增加绿洲地区地表植被，提高覆盖率的基础上，涵养水源，将天然降雨较多地保留在土壤中，减少了绿洲地区土壤水分蒸发，使土壤保持长期湿润，增加了土壤含水量。

植树造林对水文与水资源的影响包括绿洲地区水分蒸发、径流等。①对蒸发影响表现为绿洲林区的降雨被林冠枝叶和林下枯枝落叶层截留。截留作用主要发生在降雨初期，一次降雨最大截留量有一定的数值。林冠枝叶截留的雨量最终消耗于蒸发，它与散发量（通过根、茎、叶向大气逸散的水量）、林内地面蒸发量共同构成林地蒸散发。林地蒸散发中散发量占很大比例，地面蒸发量较小。气候湿润、有充沛水分供给蒸发的地区，森林对流域的蒸散发影响不大；气候干燥、水分供应不足的地区，林区的蒸散发比非林区大。②对径流影响：对于一次孤立的洪水，林地有明显地降低洪峰、减少洪水流量、延缓洪水过程的作用。对于连续洪水，林区洪水流量通常比非林区大。在一般情况下，流域内林区枯季径流量比非林区大，年内分配也较均匀。

第 8 章

绿洲水文灾害预防与应对

水文灾害是指由于水文要素的异常对人类生命财产、生产生活和生态环境等造成损害的自然灾害（冯利华，1998）。绿洲区水文灾害是一个严峻的问题，绿洲地区水文灾害主要包括干旱、洪涝、地下水位下降、沙尘暴和水污染等。绿洲地区降水量较少，水资源匮乏，干旱灾害一直是绿洲地区的主要问题之一；在夏季降雨集中的情况下，洪涝、泥石流等灾害也经常发生；过度开采地下水导致地下水位下降，会造成地面塌陷等灾害；农业和工业等人类活动会导致水污染，蓝藻水华等问题也时有发生。在这些水文灾害中，干旱和洪涝给绿洲地区人类的生产生活带来了巨大的负面影响，甚至可能使环境不再适合人类居住。识别、判定和防护水文灾害已成为当前科学研究中不可或缺的重要环节（王毅等，2021）。

8.1 干 旱 灾 害

干旱灾害主要是由于长时间降水偏少，土壤和地表水分缺乏，影响农作物生长，并导致水资源缺乏和生态环境恶化，若长时间干旱，就会造成人畜饮水困难，严重影响生存环境（钱正安等，2001；黄荣辉和杜振彩，2010）。

干旱涉及气象、农业、水文及社会经济等学科，各学科对干旱有不同的理解和定义（孙荣强，1994）。气象干旱常指一段较长时间内降水明显偏少的现象。我国常用某时段内的降水距平百分率及降水量标准差指数作标准；美欧国家常用综合了降水、气温和土壤湿度的帕尔门干旱强度指数（PDSI）作标准；俄罗斯等常用布德科辐射干旱指数作标准。农业干旱包含特定农作物生育期内的降水短缺和土壤缺水状况。例如，Kulik（1962）曾用作物需水量与 $0 \sim 20cm$ 土壤表层内的有效土壤水分之差值表示早期农业干旱的强度。水文干旱涉及河流径流量干涸、水库水位下降等。社会经济学则注重干旱对社会经济及生态环境等的影响。干旱首先影响农业，继而影响交通、能源等其他部门。这样，不同学科会对同一干旱事件划分出不同的干旱期和强度等级（张强等，2011）。水文及社会经济学的干旱期常明显滞后，社会经济学上的干旱还受政治、地理及生产力水平等诸多因素制约。发展中国家的生产力水平低、抗旱能力弱，即使出现同样强度的干旱，其灾情相对发达国家将更加严重。

绿洲区域是干旱区的主要粮食产区，也是自然灾害频发的农业区域，干旱是绿洲区最严重的水文灾害之一，每年都有不同程度干旱灾害损失。因此，通过对绿洲区域的干旱的成因、干旱的判定指标、干旱的典型案例等进行分析和评价，可为绿洲区域防御干旱灾害、降低经济损失提供支撑，同时为开展干旱灾害损失预估、定量评价及风险管理提供科学依据（程国栋和王根绪，2006）。

8.1.1　绿洲干旱的成因及类型

1. 绿洲地区干旱的成因

随着气候变化、人口增长和经济发展等因素的影响，绿洲干旱现象逐渐加剧，给当地社会、经济和生态环境带来了严重的威胁。绿洲作为干旱区的重要组成部分，其干旱现象受到了干旱区气候大背景的影响。

（1）降水不足：降水量不足导致土壤缺水，影响植被生长，同时也限制了田地灌溉和水资源的蓄积。例如，约旦河谷和非洲撒哈拉以南的撒哈拉绿洲等地区，由于降水量较少，往往遭受干旱的困扰。

（2）气候变化：全球气候变暖引起的气候极端事件，如干旱和高温，对绿洲地区的干旱加剧产生重要影响。气候变化可能导致区域性降水模式的改变，进而导致绿洲地区的降水不均衡和干旱加剧。

（3）地形因素：山脉的存在可影响降水分布和流向，使某些区域变得干旱。地形的起伏导致局部回收降水和地表径流，增加了水资源的不稳定性。

（4）水资源管理和利用不当：过度提取地下水或超量开垦灌溉用地可能导致水资源枯竭和土地退化，从而进一步加剧干旱。

（5）人类活动：过度放牧、森林砍伐和土地开垦等活动可能导致土地沙漠化和水源的破坏，进而加剧干旱。

（6）自然灾害：如干旱导致的草原火灾和风沙暴等，也会对绿洲地区的干旱造成严重的影响。

绿洲地区的干旱是一个复杂的系统性问题，涉及多个因素的相互作用。深入了解这些因素及其相互关系，制定和实施合理的水资源管理和适应性措施是减缓与应对绿洲地区干旱的关键。

2. 绿洲区干旱的类型

（1）气象干旱：指某时段内，由于蒸发量和降水量的收支不平衡，水分支出大于水分收入而造成的水分短缺现象（卢绿萍，2021）。

（2）农业干旱：指在作物生育期内，由于土壤水分持续不足而造成的作物体内水分亏缺，影响作物正常生长发育的现象。

（3）生态干旱：指自然生态系统中的水资源短缺，影响植被和生态多样性的干旱。这可能导致生态系统退化、物种灭绝和生态平衡破裂。

（4）水文干旱：指由于降水的长期短缺而造成某段时间内，地表水或地下水收支不平衡，出现水分短缺，使江河流量、湖泊水位、水库蓄水等减少的现象。

（5）社会经济干旱：指由自然系统与人类社会经济系统中水资源供需不平衡造成的异常水分短缺现象。社会对水的需求通常分为工业需水、农业需水和生活与服务行业需水等。如果需大于供，就会发生社会经济干旱。

8.1.2 绿洲干旱的评估

干旱灾害是一个世界范围的问题。干旱评估是对干旱现象进行全面和系统性研究，通过评估可以深入了解干旱的成因、演变过程和产生的影响，为提高对干旱的科学认识提供支持；通过评估干旱的程度和产生的风险，可以预测干旱发生的可能性，及时向社会和农民发出预警，提前采取相应的防灾减灾措施，以减少干旱灾害造成的损失。干旱评估结果可以为政府和决策者提供制定干旱灾害应对策略所需的决策支持，帮助他们制定科学合理的政策和措施，以保障粮食生产、水资源管理等领域的可持续发展。同时，通过干旱评估可以了解土壤水分状况、地下水位、气候变化等方面的情况，为优化水资源利用和管理、保障农业和生态系统可持续性发展提供科学依据。干旱评估的结果还可以指导灌溉农业、水资源调配、植被恢复等方面的规划和决策，帮助农民和相关部门制定科学有效的干旱灾害应对方案（李芬等，2011）。

1. 干旱评估原则

（1）综合性原则：干旱评估应综合考虑多个指标，包括降水量、蒸发蒸腾量、土壤含水量、地下水位等。单一指标的评估容易忽略其他因素的影响，而综合多个指标可以更全面地评估干旱的程度和影响。

（2）长期性原则：干旱评估应基于长期统计数据，以了解干旱的长期变化趋势和周期性。因为干旱是一个长时间的现象，所以单一年份的数据可能无法准确描述整体的干旱情况。

（3）区域性原则：干旱评估应考虑特定地区的气候、水文和地质特征。不同地区的干旱现象有所不同，因此需要针对地区特点制定相应的评估方法和指标。

（4）系统性原则：干旱评估需要考虑水文系统的整体运行，包括地表水和地下水之间的相互作用、生态系统对水资源的需求，以及人类活动对水资源的利用等因素，以充分了解干旱对水资源管理的影响。

2. 干旱评估流程

（1）收集数据：收集相关的气象、水文和地质数据，包括降水量、蒸发蒸腾量、土壤含水量、地下水位等。这些数据可以来自气象站、水文观测站及其他相关研究机构。

（2）数据预处理：对收集的数据进行预处理，包括数据的清洗、填补缺失值、去除异常值等，应确保数据的可靠性和一致性。

（3）制定评估指标：根据所采集的数据，制定适当的评估指标，如降水量指数、干旱指数（如 SPI、PDSI 等）、蒸发蒸腾指数等，以反映干旱的程度和时空变化特征。

（4）分析评估指标：基于所制定的评估指标，对数据进行分析，综合考虑气象、水文和地质等因素的影响。通过计算和统计分析，得到干旱评估结果。

（5）不确定性分析：对评估结果进行不确定性分析，包括敏感性分析、模拟实验分析等。通过考虑不确定性因素，可以提高评估结果的可靠性和准确性。

（6）评估报告和决策支持：根据评估结果编写评估报告，向相关的决策者和管理者提供干旱评估的结果和建议，为干旱地区的水资源管理和相关的适应措施提供科学依据。

3. 干旱评估方法

由于各个部门或学科对干旱概念的定义不尽相同，如水文部门以径流量的丰枯等级来划分干旱程度，农业部门以土壤湿度的大小来确定干旱程度，气象部门则大多以降水量的多少来确定干旱程度。由于考虑到人类活动有时会加剧干旱、有时会减缓或避免干旱的现实，使得干旱在一定程度上也受到社会因素的影响，因此还出现了社会经济干旱的概念。鉴于各学科对干旱的分析研究都需要客观地确定干旱事件，以进行不同时期和地区干旱事件的比较，所以将干旱数字化即制定干旱指标是必由之路（姚玉璧等，2013；王劲松等，2007）。

考虑不同的角度和地区，主要把干旱分为气象干旱、水文干旱、农业干旱和社会经济干旱。一般来说，对不同的干旱类型要采取不同的干旱评估方法。下文将从这四个不同的干旱类型来对不同的干旱指标的研究进展进行回顾和讨论（袁文平和周广胜，2004；于艺，2011）。

1）气象干旱

气象干旱是指长时间（或农业生产的关键期）降水偏少而产生灾害的一种现象，是土壤-植物-大气连续系统（SPACS）中水分循环、水分再分配和水分平衡的共同结果。气象干旱主要考虑从降水量、降水百分数、降水距平百分率、气温、蒸散发、无降水连续日数等要素来建立干旱指标（王劲松等，2012）。

A. 降水量干旱指标

McKee 等（1993）发展的标准降水指数（SPI）是单纯依赖于降水量的干旱指数，它是基于在一定的时空尺度上，降水的短缺会影响到地表水、库存水、土壤湿度、积雪和流量变化等而制定的。它可由气象部门的地面观测站点提供。Agnew（2000）指出该指数的一个优点是，相对于所选时段的不同，它可反映不同时间尺度的干旱。结合某一时段内降水的测量值来定义干旱标准，达到所定义的干旱标准时，干旱发生。例如，美国的一些干旱标准将连续15天无降水，或21天或更多天数降水少于其平均值的1/3，或月降水量少于其平均值的60%，或年降水量少于其平均值的75%，或任何（天数的）降水量少于其平均值的85%，定义为干旱（Jr等，2006）。类似于上述美国以时段降水量为要素的干旱标准在其他国家也被广泛使用，如英国定义连续15天降水量小于0.25mm（或1.0mm）为干旱；利比亚定义年降水量小于180mm为干旱；印度定义时段降水量的不足量超出均方差的2倍以上为干旱；中国定义某时段降水量的百分数在60%~80%时为轻旱，40%~60%时为中旱，小于40%时为大旱。

但降水量干旱指标只考虑了当时的降水量，而忽略了前期干旱持续时间对后期干旱程度的影响，所以在实际应用中还存在一定的局限性（姚瑶，2014）。

B. 多要素气象干旱指标

在判断是否出现了干旱的问题上，多要素的气象干旱指标不但考虑了当时的时段降水量，而且考虑了气温、蒸发量和前期降水量的影响（张和喜，2013；张莉莉，2009）。

（1）干燥度。朱炳瑗等（1998）用干燥度确定干旱的等级，是一种气候意义上的划分，其定义为多年平均水面蒸发量与多年平均降水量之比：

$$K = E/P \tag{8-1}$$

式中，K 为干燥度；E 为多年平均水面蒸发量；P 为多年平均降水量。K 小于1时为湿润区，$1 \sim 1.5$ 时为半湿润区，$1.5 \sim 2.0$ 时为半干旱区，大于2.0时为干旱区。这对了解某些地方的气候类型很有帮助，但是对于降水量差异大的地方，干旱监测就有一定的局限性。

（2）Z 指数。张存杰等（2007）用 Z 指数描述干旱情况，这是对降水量进行了必要的转化，然后用 Z 指数划分干旱等级。这个指标比单一的降水要好一些，但是对某些地区来说，等级过多，不利于区分干旱程度。Z 指数假设某时段的降水量服从 PersonⅢ型分布，其概率密度函数为

$$f(x) = \frac{\beta}{\Gamma_{(\alpha)}} (x-\alpha)^{\alpha-1} e^{-\beta(x-\alpha)} , \quad (x > \alpha) \tag{8-2}$$

然后对降水量进行正态化处理，这样可将概率密度函数 PersonⅢ型分布转换为以 Z 为变量的标准正态分布。转换公式为：

$$Z_i = \frac{6}{c_s} \left| \frac{c_s}{2} \Phi_i + 1 \right|^{\frac{1}{3}} - \frac{6}{c_s} + \frac{c_s}{6} \tag{8-3}$$

式中，c_s 为偏态系数；Φ_i 为标准变量。计算公式分别为

$$c_s = \frac{\sum_{i=1}^{n} (X_i - \overline{X})^3}{n\sigma^3}, \Phi_i = \frac{X_i - \overline{X}}{\sigma} \tag{8-4}$$

式中, $\sigma = \sqrt{\frac{1}{n}\sum_{i=1}^{n} (X_i - \overline{X})^2}$, $\overline{X} = \frac{1}{n}\sum_{i=1}^{n} X_i$。

根据 Z 变量的正态分布曲线, 划分为 7 个等级, 并确定其相应的 Z 界限值, 各级旱涝指标见表 8-1 (穆艾塔尔·赛地等, 2016; 曹永强等, 2014)。

表 8-1 Z 指数变量旱涝指标

等级	Z 值	旱涝类型
1	$Z>1.645$	重涝
2	$1.037<Z\leqslant 1.645$	大涝
3	$0.842<Z\leqslant 1.037$	偏涝
4	$Z=0.842$	正常
5	$-1.037\leqslant Z<0.842$	偏旱
6	$-1.645\leqslant Z<-1.037$	大旱
7	$Z<-1.645$	重旱

（3）I 指数。郭江勇等（2005）用近期降水、底墒和气温综合考虑干旱的程度, 是一个较好的干旱指标, 其表达公式为:

$$I=A+B+C \tag{8-5}$$

式中, I 为干旱指数; A 为近期降水距平百分率; B 为底墒; C 为气温距平。I 小于 1.5 为无旱, 1.5~3.0 为轻旱, 3.0~4.0 为重旱。I 指数不但考虑了当时降水对土壤水分的补充, 同时考虑了前期降水对土壤水分的供给, 还考虑了气温对干旱的影响, 需要的资料也容易获取, 便于计算、监测和应用, 是一个理想的干旱指标。但是, 对于前期降水时段的选取可能对不同的地方有不同的要求, 不易掌握。

（4）荒漠化指数。用年降水量与年潜在蒸散量表示干旱的程度, 有气候湿润指数 CMI 和土壤湿润指数 SMI 两种表达方式。气候湿润指数 CMI 是由联合国荒漠化防治公约在 1994 年定义的, 是年降水量与年潜在蒸散量之比, 以百分比表示。它给出了由气候条件 (降水量和气温等) 确定的气候湿润状况。值越大表示气候越湿润, 值越小表示气候越干旱。土壤湿润指数 SMI 是年实际蒸散 (又称耗水量, 是一个实际值) 与年潜在蒸散 (又称需水量, 是一个理论值) 之比, 以百分比表示。它给出了地表实际的干旱或荒漠化状况, 值越大表示地表越湿润, 值越小表示地表越干旱或荒漠化状况越严重。值得注意的是, CEWBMS (China Energy and Water Balance Monitoring System) 土壤湿润指数能够提供中国及周边地区地表能量与水分平衡信息。其产品中最具应用价值的是实际蒸散。实际蒸散是由于蒸散过程导致的地表实际失水量，可用于定量评价干旱和荒漠化程度及定量估计农作物长势和灌水需求。通常以实际蒸散与潜在蒸散之比的形式来表示这一信息。其旬、月比值为相对蒸散，其年比值就是土壤湿润指数。

该指数不足之处在于未计入灌溉或径流等非降水因素对土壤湿润状况的影响，并且潜在蒸散量不容易得到，同时对某时段的干旱监测描述也不够充分。

（5）Palmer 干旱指数。Palmer 干旱指数是综合考虑了前期降水、水分供给、水分需求、实际蒸散、潜在蒸散等要素，以水分平衡为基础而建立的一个气象干旱指数。至今美国的官方网站上仍在发布该指数的分析结果。该指数被广泛应用于各国的干旱评估、旱情比较，以及对旱情的时空分布特征的分析中。

2）水文干旱指标

水文干旱指标主要体现了降水和水资源收支不平衡时造成的水分亏缺的程度，该指标大多采用月径流量占平均径流量的百分比来表示，一般用 5 个整数（-2，-1，0，1，2）来代表不同等级的径流量，分别是：径流量距平 $\Delta < -30\%$，代表枯水年，用-2 表示；$-30\% \leq \Delta < -10\%$，代表偏枯年，用-1 表示；$-10\% \leq \Delta < 10\%$，代表正常年，用 0 表示；$10\% \leq \Delta < 30\%$，代表偏丰年，用 1 表示；$\Delta > 30\%$，代表丰水年，用 2 表示。

Richard 对美国干旱指数的评价中总结了如下两个水文干旱指标，一是地表供水指数（SWSI），是 1981 年美国科罗拉多州开发的经验水文指数。Wilhite 和 Glantz（1985）指出经验水文指数作为地表水状况的度量，SWSI 弥补了 Palmer 指数未考虑降雪、水库蓄水、流量及高地形降水情况的不足。由于 SWSI 指数对评估和预测地表供水状况非常有用，Doesken 和 Garen（1991）进一步研究完善了 SWSI，指出下列几个值得关注的问题：①地表供水的定义缺乏一致性；②权重因子随不同的州而变化，有些情况下，还随月份而变化，导致 SWSI 具有不同的统计特性；③美国西部河谷盆地特有的水文气候差异导致 SWSI 在不同的地方和不同的时间并非总具有相同的意义。二是利用长期平均的年径流量资料，提出了发生水文干旱事件的随机模式并用它进行区域干旱频率分析。Richard 定义每个干旱事件由平均年径流量低于长期平均值的持续年份构成，并将干旱事件用下列三个属性描述：持续期（年径流量低于长期平均值的连续年份）、强度（期间径流量的累积短缺）、程度（期间径流量的平均短缺）。

水文干旱指标有较强的专业性，对于调水、灌溉有很好的指导意义。但是河流流量监测站的选取有很大的局限性，流量受上游用水的影响很大，而上游用水量是一个不好确定的因子，同时某地的降水量对下游的流量贡献大，对于本地的流量影响小。上述矛盾在实际工作中不好解决。

3）社会经济干旱指标

社会经济干旱指标是指水分总需求量大于总供给量的情况，如果把社会对水的需求分为三方面，社会经济干旱指标的判别式为

$$W < A_1 + A_2 + A_3 \qquad (8-6)$$

式中，W 表示总供水量；A_1 表示工业需水量；A_2 表示农业需水量；A_3 表示生活与服务行业需水量。这对掌握整个水资源情况有一定的意义，但是对水资源的年、月具体变化描述不够。

4）土壤水分干旱指标

从某种意义上来说，农业干旱又可称作土壤干旱，是指长期无雨或少雨的情况下又缺少灌溉条件，土壤中水分长期得不到补充，作物得不到正常的水分供应而导致的干旱。土壤干旱的危害，以播种期、水分临界期、作物需水关键期的影响最大，每年都造成巨大的经济损失。农业干旱指标一般由最初的土壤含水量指标发展到作物水分供需差。

（1）土壤湿度指标。一是用土壤相对含水率表达干旱的程度，计算某时段末的土壤含水量，依此判断干旱的程度，常用土壤相对含水率 r 表示：小于 40% 为重旱，40%～60% 为中旱，60%～80% 为适宜，大于 80% 为过湿。二是土壤含水量指标，用某时段的土壤含水量、作物需水量、降水量、地下水利用量表达干旱的程度，其表达公式为

$$W_2 = W_1 + P + W_K + W_r - E_0 \qquad (8-7)$$

式中，W_1、W_2 分别为时段初、末计划湿润层的土壤含水量；E_0 为作物需水量；P 为时段内降水量；W_K 为时段内地下水利用量；W_r 为时段内计划湿润层加深而增加的水量。若 W_2 大于作物凋萎含水量则认为不旱，若小于作物凋萎含水量则认为干旱。

干旱实际是土壤干旱，用土壤湿度确定干旱最直接、理想，但是我国目前与水文相关的业务使用的土壤湿度资料是每旬逢 8 测定一次，往往漏掉中间的干旱时段或明显的降水过程，使得土壤湿度资料失去代表性。如果土壤湿度的自动观测业务化，这是一个很好的干旱指标。

（2）农作物干旱指标。王密侠等（1998）用作物需水量、降水量、供水量、农作物亏盈水量和水分指数划分干旱的程度。一是作物需水量与降水量之比，根据某时段降水量与农作物需水量之比来划分干旱标准：

$$K = P/W \qquad (8-8)$$

式中，K 为干旱指标；P 为作物生育期的降水量；W 为作物生育期的需水量。当 K 大于 1.5 为涝，0.9～1.5 为正常，0.6～0.9 为旱，0.4～0.6 为大旱。二是作物供水量与需水量之比，其表达公式为

$$K = S/E$$

式中，K 为干旱指数；S 为作物供水量；E 为作物需水量。K 小于 0.5 为旱，0.5～0.8 为偏旱，0.8～1.3 为正常，大于 1.3 为偏涝。三是农作物亏盈水量指标，其表达公式为

$$G(t) = A(t) - E_0(t)$$

式中，$G(t)$ 为农作物亏盈水量；$A(t)$ 为有效降雨量；$E_0(t)$ 为农作物需水量；$G(t)$ 小于 60 为不旱，60～90 为轻旱，90～120 为重旱，大于 120 为极旱。

农作物水分指数（CMI）是基于每月平均温度和降水的干旱指数，是专门为农业干旱设计的指数。CMI 取决于该周开始时的干旱强度和该周的蒸散短缺或补充土壤水分。该指数既度量蒸散短缺（干旱）又度量过度湿润（降水多于蒸散需求并补充土壤水分）。CMI已被美国农业部采用并在其《天气和作物周报》上作为满足短期作物水分需求的指标发布。CMI 是暖季（即生长季）最有效的农业干旱指数。

农作物干旱指标充分考虑了降水、作物需水、供水量、农作物亏盈水量和水分指数，对描述农作物干旱可以说是滴水不漏，但是有关参数的选取需要大量的中间试验，而中间试验的年代都较短，加之农业气象的小气候效应非常明显，作物种类多，资料的代表范围有限，精度也有待提高。

8.1.3 绿洲干旱灾害的特点和典型案例

1. 绿洲地区的干旱的特点

（1）降水不足：绿洲地区通常位于沙漠或半干旱地区，降水量较少，导致水资源短缺和土壤干燥。

（2）土壤贫瘠：绿洲地区的土壤通常贫瘠，缺乏养分和水分，对干旱更为敏感，影响植被生长和农作物产量。

（3）蒸发量大：绿洲地区的气候炎热干燥，蒸发量大，水分很容易蒸发失去，加剧了干旱的程度。

（4）植被脆弱：由于缺乏水源和土壤贫瘠，绿洲地区的植被通常较为脆弱，对干旱更为敏感，容易受到干旱影响，导致植被凋零和生态系统失衡。

（5）水资源供需矛盾突出：由于水资源稀缺，绿洲地区的水资源供需矛盾较为突出，生活、农业和工业用水需求与实际供水量之间存在较大差距。

2. 典型灾例

1）石羊河流域

2021 年春季至夏季，西北地区出现阶段性气象干旱。影响较为严重的地区包括甘肃中东部、内蒙古中西部和陕西北部等。其中，7 月 11 日至 8 月 10 日，石羊河流域出现区域性伏旱现象，多地的干旱严重程度接近甚至超过 1961 年以来的历史记录。发生区域性高温、干旱的主要原因为：春夏极涡崩溃偏晚、大陆高压异常持续和东北冷涡偏西等使得东北、华北、西北地区缺少降水动力条件，从而影响降水，造成干旱。而西太副高持续的异常偏西、偏强，南支槽位置偏西，使西南、华南地区长时间被副高控制而缺少降水动力条件，导致高温持续、降水缺少，最终出现高温干旱情况。

（1）20 世纪石羊河流域干旱年频次从高到低依次为中游永昌和凉州、上游天祝和古浪、下游民勤。石羊河流域干旱年频次随年代呈先减少后明显增多的趋势，20 世纪 60～80 年代较少，90 年代以来干旱频次明显增多，21 世纪以来干旱频次较多。石羊河流域各等级干旱频次变率较大，随着干旱强度的加重，干旱频次总体在减少，特旱频次最少，但干旱频次个别观测站点为重旱略多于中旱、特旱略多于重旱。干旱灾害具有普遍性，重旱、特旱出现概率虽小，但给工农业生产及人们的日常生活带来了极大威胁（杨晓玲等，2023）。

（2）石羊河流域凉州干旱频次最多，最大灾度为 1.28，灾害程度最严重；民勤干旱频次相对较多，但最大灾度最小，为 0.58。各县区出现的最大灾度与干旱频次不完全同步。

（3）石羊河流域凉州、古浪和民勤为中重度危险区，其他地区为中度危险区。石羊河流域属于干旱半干旱区，局地短时强降水偶有发生，对干旱时段及强度的影响较大，此外，流域内地形复杂，长序列资料的测站稀少，对干旱频次的确定及旱灾灾情的收集有一定影响，有待于进一步改进。另外，基于灰色理论计算出的危险度最大的地区与灾度最大的地区均出现在凉州，但危险度较大的古浪、民勤灾度反而相对较小，这可能与承载体环境的脆弱性和防灾减灾能力有关，还可能与干旱灾害危险度的评价中只用人口密度代替了承灾体有关，使得到的危险度值存在高估或低估的现象。在以后的工作中，需增加更多与干旱灾害相关的承灾体指标，或提高承灾体对危险度影响比例，具体修订方案需深入研究。

2）科罗拉多河流域

2021 年 8 月 16 日美国联邦政府首次宣布西南地区最重要的河流科罗拉多河进入"一级缺水"状态，将在流域内启动强制性节水措施。科罗拉多河是美国西南地区的"命脉"，为区域内 7 个州 4000 万人口提供水源和水电。

干旱本是自然界的正常现象，尤其是在美国西部。但科学家们表示，近几十年来的全球气候变化，正在以升高气温和改变降水量的形式出现，使情况变得失控。在可预见的未来，科罗拉多河逐渐"枯竭"的趋势难见逆转。

根据《经济学人》的分析，造成其流域水资源短缺的主要原因有两个。首先是气候变化，科罗拉多河的源头是从落基山脉的积雪而来，蜿蜒而下穿过沙漠西南部到达墨西哥北部。温室气体排放量增加导致的暖冬使得每年春天融入河流的积雪减少。在山区，更多的降水以降雨而不是降雪的形式降落，即使是积雪也融化得很快；此外，随着气温的升高，土壤和植被失去更多的水分。自 2000 年开始的"千年干旱"以来，科罗拉多河年流量已经缩减了近 20%，多项研究都将这种下降的主要原因之一归因于人类造成的气候变化。

8.1.4 绿洲干旱灾害的防治措施

绿洲主要位于干旱区，干旱区并非贫瘠之地的代名词。尽管水资源短缺，但其拥有充足的阳光和热量资源。实际上，美国中西部、哈萨克斯坦南部及我国新疆和河西走廊等干旱地区都是重要的粮食和棉花产区。同样，在以色列南部，尽管干旱，但通过发展地下管道滴灌等节水技术，农业产值在 25 年内增长了 10 倍，因此有干旱带来农业的说法。故合理利用并进行防治具有重要的意义（黄建平等，2013；王涛，2016），目前主要的防治措施有以下几个方面。

（1）在技术上，结合农业发展现状，加强抗旱减灾工程建设，加快国外先进减灾工程技术的引进。在缺乏灌溉条件的地方应发展旱作农业，采用伏耕、秋耕等一系列抗旱耕作技术，减少蒸发。扩大新增有效水地面积，加快老灌区改造，充分挖掘现有灌区潜力，广泛开展水土保持工作，改善生态环境。在平原地区应实行小畦灌溉，利用坑塘蓄水，实行涝蓄旱用，发展回灌等技术。实施人工增雨的技术，在新型催化剂和催化工具的开发利用上已取得了迅猛的发展，通过人工增雨技术，有望提高当地的有效降水量，缓解当地的干旱程度（任朝霞和杨达源，2006）。

（2）调整作物布局，大力发展旱作农业，扩大耐旱作物及耐旱品种的种植面积，搞好精耕细作。发展草场供水和灌溉草场，均衡利用草场，建立饲草基地和抗灾保畜基地，发展畜牧业生产。

（3）植树种草，严禁在江河上游砍伐森林，对 250m 海拔高度以上的山地退耕还草，建设农田保护屏障，改善生态环境。在干旱的阳坡等荒山秃岭，气候条件十分恶劣，人工造林十分困难，可以先种草或生命力较强的矮灌木，改良地表性质，待时机成熟后再进行植树造林。

（4）科学用水，发展节水农业。认真贯彻执行《中华人民共和国水法》，依法管理水资源，治理水污染，保护水资源环境。实行科学的用水管理，全面落实节水措施，解决供水区资源性缺水这一根本问题，最大限度地提高各项节水技术的效益，建立科学高效资产运营机制，实行水利设施的发展。

（5）加大资金投入。国家财政应设生态环境保护专项基金，用于水土保持、国土整治、植树种草和退耕还林还草等生态建设。完善小流域承包责任制，调动承包者的积极性，保护其合法利益。

（6）认真做好宣传和教育工作，提高全社会对干旱的认识。结合西北干旱区绿洲农业生产的实际情况和国内外干旱研究成果，逐步使抗旱工作常年化、制度化、规模化，为政府部门提供科学依据。

8.2 洪涝灾害

洪涝灾害是指因降雨、融雪、冰凌、溃坝（堤）、风暴潮等引发江河洪水和山洪泛滥以及渍涝等，对人类生命财产、社会功能等造成损害的自然灾害。2022 年，我国全年因洪涝和地质灾害造成直接经济损失达 1303 亿元，危害极大。洪涝灾害具有双重属性，既有自然属性，又有社会经济属性（刘彤和闫天池，2011）。它的形成必须具备自然和经济这两方面条件。只有当洪水发生在有人类活动的地方才能成灾，而绿洲作为干旱地区的人类活动主要场所，可以说，干旱区的洪涝灾害对绿洲地区的影响是最大的（汤奇成，1996）。

一般认为干旱地区年降水量稀少，径流的年际变化又小，不可能发生大的洪水，也就无大的洪涝灾害可言。事实上，干旱地区不但有洪水，而且直接与绿洲的安全息息相关。近年来的研究表明，在大部分年份中，绿洲地区的暴雨洪涝灾害的直接经济损失居所有气象灾害损失的首位。

由于突发性洪涝灾害是干旱区绿洲常见的水文灾害之一，而且往往引发其他共生灾害。因此，随着资源的开发利用，公路、水电站的建设和旅游事业的发展，世界许多国家对干旱区域突发洪水形成机制及其预测预报的研究十分重视，并取得重要进展（张国威等，1998）。

8.2.1 绿洲洪灾的成因及类型

绿洲洪灾成因复杂。由于地区的气候条件不稳定，加剧了干旱和洪涝等水文灾害的发生。洪水出现的时间，在很大程度上反映了洪水的成因。季节积雪融水洪水出现最早，高山冰雪融水洪水出现最晚，暴雨洪水虽也出现在夏季，但变率很大。洪水出现的时间上基本可分为春汛与夏洪两大类。由山地季节积雪融化所形成的春汛，主要发生在阿尔泰山地、准噶尔西部山地、伊犁河流域、帕米尔山地河流以及柴达木盆地东南部的河流（姜逢清等，2002）。绿洲区大部分地区都是夏洪，而且是全年径流量的主要组成部分。夏秋季汛期的径流量，为全年径流量的 50% ~80%（汤奇成，1996）。

洪水类型的复杂多样，是绿洲地区的基本水文特征。洪水基本上形成于山区，其垂直地带性规律十分明显。大致可概括为：中低山地为暴雨洪水；中山带为季节积雪融水形成的洪水；高山带属于高山冰雪融水洪水（冰川洪水）（谢国琴，2006）。

1. 绿洲地区洪水的形成条件

1) 气候条件
绿洲地区通常处于干旱、半干旱地带，大部分时间内降水相对较少。然而，在某些特定气候条件下，如持续性降雨、强降雨等，就会引发洪涝灾害。同时，由于这些地区的气候条件不稳定，洪涝灾害也随时有可能发生。

2）河道类型

绿洲地区的河道多为内陆河、盐碱河或者干河道，这些河道的水量大小不稳定，河床也较为平坦，易于被淤积。这些因素都会影响河道的排水能力和洪水储存能力，增加洪涝灾害发生的风险。

3）地形条件

绿洲地区地势起伏较小，流域面积相对较小，河水容易滞留在低洼地带，导致水位上涨，增加洪涝灾害的危险性。此外，绿洲地区还存在着大量裸露地表，水土流失严重的问题，所以即使降雨量不大，也可能引发严重的洪涝灾害。

2. 绿洲区洪水的类型

1）高山冰雪融水洪水

高山冰雪融水洪水主要发生在新疆的昆仑山、喀喇昆仑山及天山地区。根据洪水的成因，又可分为冰湖溃决型洪水与冰川融水型洪水两种（李抗彬，2007）。

（1）冰湖溃决型洪水。其主要特点是：①与气象要素无直接的关系，出现的时间较晚，一般在秋季，甚至冬季；②彻底破坏了高山冰雪融水补给型河流特有的流量日变化过程；③年际变化大。例如，叶尔羌河卡群站，洪水出现的年份短者间隔一年，长者可达7年。目前已经被发现有冰湖溃决型洪水的河流有叶尔羌、昆马立克河和四棵树河等。

（2）冰川融水型洪水。其只发生在夏季持续高温的天气情况下，冰川强烈消融时，因此，该类洪水多发在高山冰雪融水补给占较大比例的喀喇昆仑山、西昆仑山及天山的叶尔羌河、喀拉喀什河、玉龙喀什河、昆马立克河、木札提河、台兰河、玛纳斯河和四棵树河等。冰川融水型洪水有较明显的区域性，洪水的量大而峰不高，流量的日变化规律显著。

2）季节积雪融水洪水

季节积雪融水洪水是指当年10月至翌年4月的积雪在春季融化形成的洪水。其主要发生在阿尔泰山地、准噶尔西部山地及柴达木盆地的东部。洪水的特点是：①出现时间早，一般比高山冰雪融水洪水早一个月左右；②洪量大而洪峰不甚高；③冷季较多的降水量，以冰冻形式储存在流域内，而春季较高的温度能使积雪融化成径流。

3）暴雨洪水

暴雨仍然是绿洲地区洪水的主要成因之一。绿洲地区的低山普遍存在着机械风化的碎屑物质和冰碛物，因此在发生暴雨洪水时常伴随有泥石流的出现。从垂直地带分布规律可以看出，暴雨洪水多发生在中低山带；有时平原地区也出现暴雨洪水，形成局部地区的溃涝。暴雨洪水的特点是来势凶猛，陡涨陡落，历时短暂，年际变化极大，同一地点的暴雨可能几年、几十年或更长时间才能出现一次。暴雨洪水的挟沙量大，水质矿化度高，出现日期集中在夏季。

4）混合型洪水

绿洲地区的洪水都来源于山区，从山地到平原要经过不同的垂直地带，每个地带都有着独特的洪水成因与类型，因此各大河流在出山口处，多数是几种洪水类型相互交错叠置的结果。以下几种混合型洪水比较常见：

（1）季节积雪融水与暴雨混合型洪水。此类洪水多发生于 5～6 月，此时积雪已大量融化，如遇暴雨，则一方面加速了积雪的融化，同时也增加了洪峰流量，如 1959 年额尔齐斯河流域发生的较大洪水就属于此类型。

（2）高山冰雪融水洪水与暴雨混合型洪水，如 1959 年 9 月 5～6 日伊犁河流域的哈什河发生的洪水就属于此类型。

8.2.2　绿洲洪灾的评估

绿洲地区由于特殊的自然环境、气候条件，往往容易发生水文灾害，其中洪涝灾害是较为严重的一种。针对绿洲地区常见的洪涝灾害问题，建立完善的指标体系和计算方法，能有效地预测洪涝灾害的发生及其影响，为灾害防范和治理提供科学依据（傅湘和纪昌明，2000；冯民权等，2002）。

从灾害系统论的角度看，洪涝灾害是在一定的孕灾环境下，由致灾因子作用于承灾体后而形成。可见，洪涝灾害损失就是致灾因子对承灾体的破坏。承灾体可以划分为社会资源与自然资源两大类，因此洪涝灾害的损失也分为社会资源损失和自然资源损失。洪涝灾害造成的损失更明显地体现在社会生产和经济生活中，因此评估的重点主要是洪涝灾害对社会资源造成的损失和影响。包括洪涝灾害在内的自然灾害损失是以自然变异为主而产生的社会事件，是自然灾害社会属性的体现，是从社会财富积累和社会生产积累中支出的或负增长的部分（葛鹏和岳贤平，2012；葛鹏，2013）。

洪涝灾害对社会造成的损失是多方面的，从不同角度分类，结果有所差异（黄大鹏等，2007）。Milliman 和 Farnsworh（2011）把洪涝灾害造成的社会损失分为人员死亡、人员受伤、精神创伤、财产损失、经济活动中断和变更、社会秩序混乱六类。以前我国在洪灾损失计算中通常是按照产业或者部门来分类，（王友贞等，2005）等认为这样分类过于粗略，建议先将洪涝灾害损失分成直接经济损失、间接经济损失和非经济损失三种，然后再就各种损失进一步划分类别。本书借鉴赵阿兴和马宗晋（1993）自然灾害损失分类的观点，将洪涝灾害损失分为人员伤亡损失、经济财产损失和灾害救援损失（图 8-1）。

1. 洪涝灾害损失评估内容

洪涝灾害损失评估是对洪涝灾害给人类生存和发展所造成的破坏或影响的大小所作的

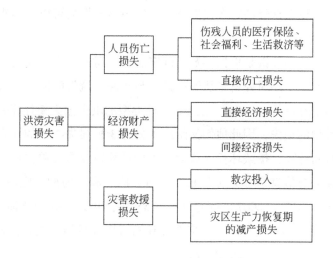

图 8-1　洪涝灾害损失分类

定量评估。洪涝灾害损失评估的内容包括：评估指标体系的确定、灾害损失的计量和灾情等级的划分。其中，指标体系的确定是基础，灾害损失的计量是关键，灾情等级的划分是防洪减灾工作的依据。

1）指标体系的确定

评估指标是洪涝灾害损失信息的载体，是灾情统计的重要内容。分析角度不同，构建的评估指标也不同。傅湘和纪昌明（2000）根据洪灾承灾体特点对损失进行分类，构建了包括人员伤亡、财产经济损失、生态环境损失及灾害救援损失在内的统一指标。陈秀万（1997）把洪灾损失分为有形损失和无形损失，并选取 4 个指标计算得出洪损度这个综合指标，用以表述洪灾总损失。

评估指标是洪涝灾害损失构成的体现，与洪涝灾害损失的分类密切相关。洪涝灾害损失的各个分类还有子分类，相应的评估指标也是多层次的。高庆华（1991）将洪涝灾害损失指标罗列为六大类四十六小类，涵盖了人口、财产、城镇、农业工业、交通运输业及水利设施的损失，比较全面地概括了洪涝灾害造成的损失。

2）灾害损失的计量

洪涝灾害造成的损失是多方面的，可以按照上述损失的分类和指标分别计量各项损失。每一项损失由于性质不同，计量方法也有所差异。

在人员伤亡损失中，伤残人员的医疗保险、社会福利、生活救济等可以通过政府和保险公司的支出金额来计量。对于人员直接伤亡损失的计量，陈秀万（1997）将因洪灾直接死亡 1 人和伤害 1 人分别折合经济损失 10 万元和 1 万元人民币（1950 年不变价），没有对伤亡人员因年龄、职业等的不同而分别计算。傅湘和纪昌明（2000）认为虽然因灾伤亡的每一个人从人道主义上讲意义相同，但是从社会经济角度看，价值不同。她们引用了人力资本的概念，以人的劳动价值损失来度量因灾伤亡所带来的损失，并给出了计算公式。

洪涝灾害评估的重点是经济财产损失评估，经济财产损失可以分为直接经济损失和间接经济损失两类。

直接经济损失评估的关键是损失参数的确定。经济财产的直接损失与洪涝灾害的水情有很大关系，国外很多早期研究就是从财产损失与水深、淹没时间、水流速度等水情之间的关系展开的，如王友贞等（2005）给出的 7 种类型的洪灾损失率计算公式，而洪灾损失率并不适用所有类型的损失，因此他们又给出了另外 3 种损失类型的计算方法和公式，即按经济活动中断时间计算、按毁坏长度或面积指标计算以及需要单独计算的其他类型。洪涝灾害直接经济损失总值就是各类财产的直接损失值之和，傅湘和纪昌明（2000）、冯民权等（2002）和王宝华等（2007）都基于这个思想给出了直接经济损失值的计算公式。下式是傅湘和纪昌明（2000）按洪灾损失率计算的直接经济损失值的计算公式：

$$S_D = \sum_{i=1}^{N} \sum_{j=1}^{M} \sum_{k=1}^{L} \beta_{ijk}(h,t) \, V_{ijk} = \sum_{j=1}^{M} S_{dj} \qquad (8\text{-}9)$$

式中，S_D 为洪灾损失率计算的一次洪灾引起的直接经济损失值；S_{dj} 为第 j 类财产的直接经济损失值；β_{ijk} 为第 k 种淹没程度下第 i 个经济分区内第 j 类财产的损失率，它是淹没深度 h 和淹没持续时间 t 的函数；V_{ijk} 为第 k 种淹没程度下第 i 个经济分区内第 j 类财产值；N 为淹没区内按经济发展水平划分的分区数；M 为第 i 个经济区内的财产种类；L 为淹没程度等级数（王宝华等，2007；李香颜，2009）。

间接经济损失不像直接经济损失那样明确，它是灾害对经济的间接影响，是一种深层次的经济损失。武靖源（1999）将洪涝灾害间接经济损失分为停产减产损失、产品积压损失及投资溢价损失，建立了评估洪灾间接经济损失下限的多目标优化模型，反映了洪灾间接经济损失的大小，体现了洪灾对经济发展的制约作用。洪涝灾害间接经济损失内容复杂，界限模糊，计量困难，尚无统一的计算方法，主要有调查统计、直接估算法和经验系数三种方法。调查统计法主要应用于救灾抢险所耗费用的计量；直接估算法是根据洪水淹没的范围和程度，分析其社会经济影响，估算各种间接经济损失；经验系数法要求对大量的洪涝灾害损失数据进行处理和分析，找出不同部门或不同财产的间接损失与直接损失之间的比例关系，一般用系数 K 来表示。

洪涝灾害救援损失是洪涝灾害发生后的救灾和灾区恢复的经济投入。这部分投入用于弥补因灾害造成的社会生产部分的破坏和停顿，是因救灾和帮助灾区恢复到灾前社会经济水平而投入的可计量的社会产品总和，是洪涝灾害损失计量中不可忽视的组成部分。

3）灾情等级的划分

灾情等级是根据灾害对人类生命财产造成的危害和损失程度划分的灾情级别。它虽然是灾情的定性描述，但是却有定量化的标准，一般是以人员伤亡和经济损失为划分灾情等级的主要依据。

马宗晋和高庆华（2010）以人口死亡数和财产损失值为分级标准，建立了灾度等级，将自然灾害损失分为微灾、小灾、中灾、大灾和巨灾五个级别，得到广泛应用。刘燕华等

（1995）将8个具体指标合成为绝对指标和相对指标，并以此为标准划分灾害损失等级，将灾害损失划分为较轻灾害、较重灾害、重灾害、重大灾害和特大灾害五级。这些灾情等级划分的标准适用于包括洪涝灾害在内的所有自然灾害。对于洪涝灾害的等级划分，李吉顺和徐乃章（1995）认为以受灾面积大小来划分暴雨洪涝灾害等级是可行的，因为这类洪涝灾害直接经济损失的95%左右是由受灾面积超过一定量的灾例构成，因此他们将受灾面积大于或等于66.67万 hm^2 的灾例定为大灾害，受灾面积在6.67万～66.66万 hm^2 的灾例定为中等灾害。

洪涝灾害灾情等级划分可以看作一个模式识别问题。徐海量和陈亚宁（2000）运用模糊聚类的方法，对新疆"96·7"特大暴雨洪灾进行了模糊聚类和等级划分。他们选用了受灾面积、受灾人口、破坏房屋和直接经济损失四个指标，并为它们赋予相同的权重。金菊良等（2001）提出了投影寻踪模型，用连续的实数值来划分洪水灾情等级，提高了灾情等级模型的灾级分辨率。杨小玲（2012）鉴于以往洪灾等级评估方法的不足之处，建立了基于熵值法的洪灾损失等级评估属性识别理论模型，解决了指标权重分配问题，并设定了等级划分标准。

2. 洪涝灾害损失评估方法

洪水灾害损失评估涉及多种评估方式，包括定量评估和定性评估。定量评估着重于对洪水灾害损失的量化，统计调查是获取损失数据的基础，并应用大量的数理统计计算以及相关分析和回归分析等统计计量方法。定性评估则针对灾情等级的划分，采用与模式识别有关的理论和方法，包括模糊聚类方法、灰色关联度方法、物元分析法、熵值法和遗传算法等。

此外，还有经济损失评估法、生命财产损失评估法和生态环境损失评估法等评估方法。经济损失评估法主要评估洪水灾害对经济方面的损失，包括农作物、房屋和基础设施等方面的损失，以及相关的经济指标，如产值和资产损失等。生命财产损失评估法则主要评估洪水灾害造成的人员伤亡和财产损失，通过对事故报告和救灾记录等的调查和分析，可以统计和估算出洪涝灾害造成的人员伤亡和财产损失情况。生态环境损失评估法则主要评估洪水灾害对生态环境的影响，包括生物多样性、土地利用和水质等方面的损失，从而评估洪涝灾害对生态环境造成的损失程度。

除了这些评估方法，还有模型模拟评估法，通过建立洪涝灾害模型，模拟和预测洪涝灾害的发生、发展和影响，从而估算出洪水灾害的损失情况，包括经济、生命财产和生态环境等方面的损失。同时，也可以综合考虑经济、生命财产和生态环境等多个方面的损失，采用综合评估法进行评估，得出全面的洪水灾害损失评估结果。

主要的评估流程有：①收集相关洪涝灾害的数据，包括洪水水位、降水量、洪水波及区域、受灾人口和财产、农作物受损情况等。②评估洪涝事件对不同方面的影响。③列举相关模型,如直接损失估算、间接损失估算、生命价值估算等。④提供损失评估报告给政府、救援机构和国际援助机构,以支持灾害管理决策和资源分配。

8.2.3 绿洲洪灾的特点

(1)洪灾的分布特点。绿洲洪灾在空间上呈斑块状分布,很少连成一片。绿洲地处干旱区,河流短小,绝大部分是内陆河流,绿洲分布零星不连续,因此洪灾的受灾体往往是河流的中下游地区的单个绿洲。

(2)洪灾的发生时间。从绿洲洪灾出现的时间上来看,几乎全年都可以发生,这是因为干旱地区洪水类型的多样化所致。季节积雪融水洪水主要发生在春季,暴雨及高山冰雪融水洪水主要发生在夏季,冰湖溃决洪水主要出现在秋季,也可能出现在冬季,如1972年1月9日四棵树河吉勒德站曾出现了百年一遇的洪峰流量。

(3)洪灾的强度。绿洲洪水洪峰流量大,但灾情一般较轻,这也是干旱地区特殊地理环境所决定的。干旱地区的山区及沙漠占有较大的比例,这些地区人烟稀少,与我国其他地区相比,经济损失与人员损失都较小。

(4)洪灾的持续时间。干旱地区暴雨出现的历时较短、频次低,因此灾情也相对较轻。干旱地区大强度的暴雨历时短暂,一般仅几小时甚至几十分钟,但其范围广,影响范围大致从至几千平方千米甚至几十平方千米。

(5)洪灾发生的概率。干旱地区暴雨在一定范围内出现的机会较小,固定地点出现机会更小。例如,新疆哈密、吐鲁番盆地及塔里木盆地边缘地区,平均要15~30年才出现一次。

8.2.4 绿洲洪灾的防治措施

绿洲地区洪灾主要是由于暴雨、融雪等造成的水位暴涨,淹没农田、村庄,导致人员伤亡和财产损失。针对绿洲地区洪灾的特点,可以采取以下防治措施(张国威等,1998;秦莲霞等,2014;陆智等,2014):

(1)加强宣传和教育工作,提高全社会对绿洲区洪灾的认识。长期以来人们总是认为干旱地区不会发生洪灾,因此在思想上极不重视,在防灾的措施和行动上也很不得力,导致到20世纪末洪灾损失逐年增大。随着气候变化,预测未来西北绿洲降水将增多,平原与低山区暴雨洪水灾害呈明显增大增多趋势。

(2)在流域规划和国民经济发展计划中重视防洪减灾规划。对灾害性较大的河流和重要城镇,要尽快做出防灾规划,尤其对病险水库的治理要加大力度。

(3)实施人工调蓄水资源工程,坚持综合治理,坚持工程与非工程措施相结合。加强对各类病险水库以及各种水利设施的检查与维修，对可能发生洪水的情况事先做好周密的安排，在绿洲境内尤其是城镇地区的防洪工程要重点对待。

（4）研究洪灾与绿洲环境的关系，如气候变化对干旱地区的影响，从而导致洪水特点可能发生的改变等问题要进行综合研究。

（5）建立监测系统网络。目前各部门都有自己的测报系统，但未能建设成网络。各个灾种间是相互联系的，就洪灾而言，加强监测工作显得特别重要。利用卫星资料，加上G1S系统就有可能对冰湖溃决洪水和季节积雪融水洪水做出预报，以减少洪水的损失。

综上所述，针对干旱、洪水等灾害，制定相应的防治措施，应从水资源管理、基础设施建设、生态修复和宣传教育等多个方面全面防治，减少灾害带来的损失，保障人民群众的生命财产安全。

总之，绿洲地区的水文灾害预防与应对是一个长期而艰巨的任务。只有制定科学有效的预防措施，提高水文灾害应对能力，才能降低灾害对人民生命财产的威胁，建设安全稳定、可持续发展的绿洲地区。

参 考 文 献

宾振, 蔡定军, 彭亮. 2010. 2000—2009 年江西空中水汽资源变化特征. 气象与减灾研究, 33 (4): 38-42.

曹永强, 邵文婷, 曲本亮, 等. 2014. 基于修正 Z 指数的淮河流域干旱时空特性分析. 中国水利水电科学研究院学报, 12 (4): 344-348.

陈成. 2013. 基于层次分析法的农业节水灌溉适宜技术的研究. 成都: 四川农业大学.

陈虹举, 杨建平, 谭春萍. 2017. 中国冰川变化对气候变化的响应程度研究. 冰川冻土, 39 (1): 16-23.

陈慧蓉, 阳建中, 林俊良, 等. 2021. 环境质量视角下广西北部湾沿海地区人居环境现状分析. 农村经济与科技, 32 (6): 7-9.

陈建平, 董思宏, 李艳, 等. 2013. 非点源污染地下水数值模拟进展. 水资源与水工程学报, 24 (2): 67-71.

陈琳, 曾冀, 李华, 等. 2020. 全球降水格局变化下土壤氮循环研究进展. 生态学报, 40 (20): 7543-7551.

陈鹏. 2002. 新疆地下水资源合理开发利用与保护措施. 地下水, (3): 156-159.

陈秀万. 1997. 遥感与 GIS 在洪水灾情分析中的应用. 水利学报, (3): 71-74.

陈亚宁, 等. 2010. 新疆塔里木河流域生态水文问题研究. 北京: 科学出版社.

陈亚宁, 郝兴明, 李卫红, 等. 2008. 干旱区内陆河流域的生态安全与生态需水量研究——兼谈塔里木河生态需水量问题. 地球科学进展, (7): 732-738.

陈亚宁, 李玉朋, 李稚, 等. 2022. 全球气候变化对干旱区影响分析. 地球科学进展. 37 (2): 111-119.

陈亚宁, 李稚, 方功焕, 等. 2017. 气候变化对中亚天山山区水资源影响研究. 地理学报, 72 (1): 18-26.

陈亚宁, 李忠勤, 徐建华, 等. 2023. 中国西北干旱区水资源与生态环境变化及保护建议. 中国科学院院刊, 38 (3): 385-393.

陈亚宁, 杨青, 罗毅, 等. 2012. 西北干旱区水资源问题研究思考. 干旱区地理, 35 (1): 1-9.

陈迎. 2022. 碳中和概念再辨析. 中国人口·资源与环境, 32: 1-12.

程国栋, 王根绪. 2006. 中国西北地区的干旱与旱灾——变化趋势与对策. 地学前缘, (1): 3-14.

程国栋, 肖洪浪, 陈亚宁, 等. 2010. 中国西部典型内陆河生态–水文研究. 北京: 气象出版社.

程慧. 2019. 景电灌区不同灌溉方式下水盐运移规律研究. 郑州: 华北水利水电大学.

程继军, 邢金良. 2023. 我国工业节水的进展、成效与展望. 中国水利, (7): 6-10.

程旭学. 2005. 甘肃省石羊河流域生态综合治理的必要性与紧迫感. 甘肃农业, (7): 63-64.

迟鹏飞. 2018. 地下水资源开发利用对地质灾害的影响及防治. 绿色环保建材, (8): 33, 36.

崔东海, 韩壮行, 姚琴, 等. 2007. 帽儿山林场不同河岸带植被类型土壤水分-物理性质. 东北林业大学学报, (10): 42-44.

崔浩浩, 张光辉, 王茜, 等. 2023. 石羊河流域下游天然绿洲地下水生态功能强弱周期性与机制. 水利学报, 54 (2): 199-207, 219.

崔雪芹 . 2021-08-04 . 研究发现降水变率将随气候增暖而增强 . 中国科学报 . (1) .

崔玉琴 . 1994 . 西北内陆上空水汽输送及其源地 . 水利学报, (9)：79-87, 93 .

邓海军, 陈亚宁 . 2018 . 中亚天山山区冰雪变化及其对区域水资源的影响 . 地理学报, 73 (7)：1309-1323 .

邓铭江, 董新光, 郭春红 . 2004 . 干旱区内陆河流域绿洲水循环监测及评价系统 . 水资源保护, (6)：16-19, 39-69 .

丁访军 . 2011 . 森林生态系统定位研究标准体系构建 . 北京：中国林业科学研究院 .

丁红 . 2010 . 三江平原粮食主产区旱情诊断分析及对策研究 . 哈尔滨：东北农业大学 .

丁宏伟, 张荷生 . 2002 . 近50年来河西走廊地下水资源变化及对生态环境的影响 . 自然资源学报, (6)：691-697 .

丁宏伟 . 2007 . 石羊河流域绿洲开发与水资源利用 . 干旱区研究, (4)：416-421 .

丁双英 . 2021 . 基于耦合模型的旅游经济与生态环境协调发展研究——以西北五省（区）为例 . 环境保护与循环经济, (10)：34-37, 41 .

丁文峰, 张平仓, 陈杰 . 2006 . 城市化过程中的水环境问题研究综述 . 长江科学院院报, (2)：21-24, 49 .

董建红, 张志斌, 笪晓军, 等 . 2021 . "三生" 空间视角下土地利用转型的生态环境效应及驱动力：以甘肃省为例 . 生态学报, 41 (15)：5919-5928 .

董雯 . 2010 . 人类活动和气候变化对水文水资源的影响研究 . 乌鲁木齐：新疆大学 .

董先勇, 樊明兰 . 2004 . 基于分布式水文模型的尺度分析 . 东北水利水电, (9)：33-35, 64 .

杜伟 . 2022 . 环境水质监测工作中的技术问题及改进措施 . 皮革制作与环保科技, 3 (5)：40-42 .

杜新忠 . 2012 . 流域水文模型的不确定性分析 . 长沙：长沙理工大学 .

段超宇, 张生, 孙标, 等 . 2014 . 呼伦湖夏季与冬季水质现状评价研究 . 节水灌溉, (4)：64-69 .

樊明兰 . 2005 . 基于DEM的分布式水文模型在中尺度径流模拟中的应用研究 . 成都：四川大学 .

樊英 . 2007 张家口市水资源可持续利用对策 . 河北水利, (7)：38 .

樊自立, 马英杰, 王让会, 等 . 2000 . 干旱区内陆河流域生态系统类型及其整治途径——以新疆为例 . 中国沙漠, (4)：49-52 .

方堃 . 2006 . 论我国现行《环境保护法》的完善及环境立法走向 . 上海交通大学学报（哲学社会科学版）, 14 (5)：25-30, 36 .

房用, 朱宪珍, 孙成南, 等 . 2008 . 林地最小生态环境需水量的研究 . 山东林业科技, (1)：35-37 .

冯利华 . 1998 . 水文灾害种种 . 科学, 50 (3)：53-54 .

冯民权, 周孝德, 张根广 . 2002 . 洪灾损失评估的研究进展 . 西北水资源与水工程, (1)：32-36 .

冯起, 高前兆, 司建华, 等 . 2019 . 干旱内陆河流域水文水资源 . 北京：科学出版社 .

冯起 . 2018 . 干旱内陆河流域水文水资源 . 北京：科学出版社 .

冯晓乐 . 2024 . 广州市无资料地区水文预报及参数区域化研究 . 邯郸：河北工程大学 .

傅湘, 纪昌明 . 2000 . 洪灾损失评估指标的研究 . 水科学进展, (4)：432-435 .

甘超华 . 2005 . 围场县土地利用变化及其持续利用研究 . 北京：首都师范大学 .

高前兆, 仵彦卿 . 2004 . 河西内陆河流域的水循环分析 . 水科学进展, (3)：391-396 .

高前兆 . 2003 . 河西内陆河流域的水循环特征 . 干旱气象, (3)：21-28 .

高庆华.1991.关于建立自然灾害评估系统的总体构思.灾害学,(3):14-18.

高云朝,李磊.2010.哈尔滨市水资源供需分析与预测.科技与管理,12(2):5-9.

葛鹏,岳贤平.2012.洪涝灾害评估研究综述.南通大学学报(自然科学版),11(4):68-74.

葛鹏.2013.区域洪涝灾害的模糊评估模型研究.南京:南京信息工程大学.

耿东梅,赵鹏,陈亚东,等.2024.石羊河尾闾青土湖荒漠植物群落种间关联及生态位研究.水生态学杂志,45(2):121-131.

耿雷华,黄永基,郦建强,等.2002.西北内陆河流域水资源特点初析.水科学进展,(4):496-501.

龚孟建.2008.山西省水污染防治与对策研究.水利发展研究,(5):52-54,58.

郭丰源,徐剑锋,徐敏,等.2022.我国工业用水现状、问题与节水对策.环境保护,50(6):58-63.

郭慧文.2020.基于氢氧稳定同位素的民勤绿洲玉米耗水规律研究.兰州:西北师范大学.

郭江勇,李跃清,王式功,等.2005.甘肃黄土高原春旱的气候特征及预测方法.中国沙漠,25(3):332-338.

郭鹏,李琳琳,金华,等.2016.盐胁迫下紫花苜蓿突变体形态结构特征和水分利用效率的研究.大连民族大学学报,18(3):193-197.

郭树江,杨自辉,王多泽,等.2016.石羊河流域下游青土湖近地层风尘分布特征.干旱区地理,39(6):1255-1262.

郭树江,杨自辉,王强强,等.2021.青土湖干涸湖底风沙流结构及输沙粒径特征.生态学杂志,40(4):1166-1176.

郭振宁,张圣敏.2004.河南黄河湿地的现状与保护对策.黄河水利职业技术学院学报,(3):17-19.

郭忠升,吴钦孝,任锁堂.1996.森林植被对土壤入渗速率的影响.陕西林业科技,(3):27-31.

韩德林.1999.中国绿洲研究之进展.地理科学,(4):313-319.

韩国才,澈丽木格.2008.模糊数学法在水环境质量评价中的应用——以滦河迁安段为例.南水北调与水利科技,6(5):101-104.

韩盟伟,赵广举,穆兴民,等.2017.黄土高原1959—2015年潜在蒸发量的时空变化.干旱区地理,40(5):997-1004.

郝丽娜.2019.面向生态的绿洲适度农业规模及布局优化研究.杨凌:西北农林科技大学.

何小勇,练发良,李因刚,等.2008.3种紫金牛属植物光合光响应特性的研究.浙江林业科技,(1):14-18.

何志斌,杜军,陈龙飞,等.2016.干旱区山地森林生态水文研究进展.地球科学进展,31(10):1078-1089.

何自立.2013.气候变化对流域径流的影响研究.杨凌:西北农林科技大学.

贺缠生.2012.流域科学与水资源管理.地球科学进展,27(7):705-711.

贺华,孙之南,伍倩,等.2006.Guelph入渗仪在测定盐田土壤渗透性上的应用.盐业与化工,(6):53-56.

赫明星,石晓磊,苏文峰.2016.气候变化对水文水资源的影响分析.科技创新与应用,(9):159.

宏瑾靓.2015.在水文水资源领域中同位素技术的应用.地下水,(6):70-71.

洪思扬,王红瑞,程涛,等.2016.北京市第三产业用水特征及其发展策略.中国人口·资源与环境,26

（5）：108-116.

胡和平，汤秋鸿，雷志栋，等．2004.干旱区平原绿洲散耗型水文模型——Ⅰ模型结构．水科学进展，
（2）：140-145.

胡晓利，卢玲，马明国，等．2008.黑河中游张掖绿洲灌溉渠系的数字化制图与结构分析．遥感技术与应
用，（2）：208-213，112.

黄秉维．1996.论地球系统科学与可持续发展战略科学基础（Ⅰ）．地理学报，（4）：350-354.

黄大鹏，刘闯，彭顺风．2007.洪灾风险评价与区划研究进展．地理科学进展，（4）：11-22.

黄辉．2008.塔里木河流域水资源合理配置研究．乌鲁木齐：新疆农业大学．

黄建平，季明霞，刘玉芝，等．2013.干旱半干旱区气候变化研究综述．气候变化研究进展，9（1）：
9-14.

黄金川，林浩曦，漆潇潇．2017.面向国土空间优化的三生空间研究进展．地理科学进展，36（3）：
378-391.

黄栎．2018.贵州赤水河污染防治的法律问题及对策研究．贵阳：贵州民族大学．

黄荣辉，杜振彩．2010.全球变暖背景下中国旱涝气候灾害的演变特征及趋势．自然杂志，32（4）：187-
195，184.

黄晓家，赵潭，于水静，等．2022.我国第三产业发展与节水研究．中国给水排水，38（4）：49-56.

惠丹．2016.内陆河尾闾湖生态重建实证对比研究．兰州：兰州大学．

贾恒义．1990.黄土区森林土壤理化特性的初步研究．林业科学，26（1）：74-78.

贾仰文，彭辉，申宿慧，等．2013.流域生态水文过程模拟与预测．北京：化学工业出版社．

贾仰文，王浩，严登华．2006.黑河流域水循环系统的分布式模拟（Ⅰ）——模型开发与验证．水利学
报，37（5）：534-542.

姜波．2021.水污染防治对策分析．中国资源综合利用，39（6）：183-185.

姜逢清，朱诚，胡汝骥．2002.新疆1950～1997年洪旱灾害的统计与分形特征分析．自然灾害学报，
（4）：96-100.

姜生秀，安富博，马剑平，等．2019.石羊河下游青土湖白刺灌丛水分来源及其对生态输水的响应．干旱
区资源与环境，33（9）：176-182.

姜毅．1992.BOD₅二元回归方程的试验研究．昆明工学院学报，17（3）：67-76.

蒋定建，方晓玲．2014.新疆高职院校工业分析与检验技术专业社会需求的调研．石油教育，（4）：33-37.

蒋定生，黄国俊．1986.黄土高原土壤入渗率的研究．土壤学报，23（4）：299-305.

蒋睿卿．2011.新疆铁矿资源特征及潜力分析．新疆钢铁，（2）：9-12.

金菊良，魏一鸣，丁晶．2001.水质综合评价的投影寻踪模型．环境科学学报，（4）：431-434.

金鑫，郝振纯，张金良．2006.水文模型研究进展及发展方向．水土保持研究，（4）：197-199，202.

金鑫．2007.黄河中游分布式水沙耦合模型研究．南京：河海大学．

康世昌，郭万钦，吴通华．等．2020."一带一路"区域冰冻圈变化及其对水资源的影响．地球科学进
展，35（1）：1-17.

康世昌，黄杰，牟翠翠，等．2020.冰冻圈化学：解密气候环境和人类活动的指纹．中国科学院院刊，
（4）：456-465.

孔妍蓉．2023．多功能共聚防蒸发材料的制备及其性能研究．兰州：西北师范大学．

赖华尧，黄凤辰，花再军，等．2017．一种低功耗地下水位监测仪器的设计与实现．计算机测量与控制，25（6）：282-285．

雷川华，吴运卿．2007．我国水资源现状、问题与对策研究．节水灌溉，（4）：41-43．

雷梦佳，易刚，彭英杰，等．2023．新型雨量计的设计和比测实验．中国防汛抗旱，33（3）：67-71．

雷志栋，胡和平，杨诗诱．1999．土壤水研究进展与评述．水科学进展，10（3）：311-318．

李常乐，张富，王理德，等．2024．民勤绿洲退耕地土壤微生物群落结构与功能多样性特征．环境科学，45：1821-1829．

李芬，于文金，张建新，等．2011．干旱灾害评估研究进展．地理科学进展，30（7）：891-898．

李国华，李畅游，史小红，等．2018．基于主成分分析及水质标识指数法的黄河托克托段水质评价．水土保持通报，38：310-314，321．

李国华，梁文俊．2012．森林对降水再分配研究进展．安徽农业科学，（15）：8568-8569，8586．

李国华．2018．黄河托克托段水质现状评价及一维水质模拟．呼和浩特：内蒙古农业大学．

李海红，袁令，王丽珍，等．2020．我国工业节水分析与推进建议．中国水利，（19）：44-46．

李红军，江志红，魏文寿．2007．近40年来塔里木河流域旱涝的气候变化．地理科学，（6）：801-807．

李吉顺，徐乃璋．1995．暴雨洪涝灾害灾情等级划分依据和减灾对策．中国减灾，（1）：36-39．

李佳骏．2023．人工智能园林规划辅助决策系统研究．长春．吉林建筑大学．

李江．2017．基于景观单元的黑河中游绿洲水文过程模拟研究．北京：中国农业大学．

李俊良．2014-3-24．我市水土流失问题及防治对策．邢台日报，（2）．

李抗彬．2007．新疆下坂地水库冰雪融水径流预报模型研究．西安：西安理工大学．

李丽娟，姜德娟，李九一，等．2007．土地利用/覆被变化的水文效应研究进展．自然资源学报，（2）：211-224．

李玲，周金龙，邵龙美，等．2021．和田河流域绿洲区地下水有机污染特征与健康风险评估．新疆地质，39（2）：319-322．

李猛．2007．西北地区节水农业发展战略研究．杨凌：西北农林科技大学．

李茜，张建辉，林兰钰，等．2011．水环境质量评价方法综述．现代农业科技，（19）：285-287，290．

李权，吕艳辉，孙崇倍，等．2012．浅谈水文水资源在城市中受到的影响．科技资讯，（11）：132．

李森，李凡．2004．黑河下游额济纳绿洲现代荒漠化过程及其驱动机制．地理科学，24（1）：61-67．

李师翁，陈拓，张威，等．2019．冰冻圈微生物学：回顾与展望．冰川冻土，（5）：1221-1234．

李香颜．2009．洪水灾害风险分析及其对农作物的影响评估技术研究．郑州：河南农业大学．

李小军，朱青祥，漆志强，等．2022．基于STIRPAT模型的碳排放峰值预测研究——以甘肃省为例．环保科技，（5）：38-44．

李鑫，闫成山，朱龙腾，等．2022．不同时期水文模型参数的不确定性研究．水电能源科学，38（11）：17-21．

李永生，张李拴，武鹏林．2004．一个基于GIS的分布式非线性水文模型．太原理工大学学报，（6）：739-742．

李原园，郦建强，秦福兴．2004．科学分析水资源规律 合理制定水资源配置方案．中国水利，（19）：10-

13，5.

林昌松，许国伟．2023．输电线路相位可视化现场安全技术交底方法．电工技术，(13)：108-111.

林金辉．2007．基于GIS的数字化渭河流域地理特性研究．西安：西安建筑科技大学．

林祚顶．2008．水文现代化与水文新技术．北京：中国水利水电出版社．

刘昌明，孙睿．1999．水循环的生态学方面：土壤−植被−大气系统水分能量平衡研究进展．水科学进展，
　　(3)：251-259.

刘国伟．1997．水循环的大气过程．北京：科学出版社．

刘海隆，包安明，何新林，等．2010．玛纳斯河下游绿洲土地利用变化对水资源利用的影响．石河子大学
　　学报（自然科学版），(1)：96-100.

刘建立．2008．六盘山叠叠沟坡面生态水文过程与植被承载力研究．北京：中国林业科学研究院．

刘金鹏．2013．干旱区绿洲生态安全与水资源配置理论及应用．兰州：兰州大学出版社．

刘敏，甘枝茂．2004．黑河流域水资源开发对额济纳绿洲的影响及对策．中国沙漠，(2)：50-54.

刘佩．2020．集雨补灌种植对麦—玉二熟农田土壤水分及作物产量的影响．杨凌：西北农林科技大学．

刘时银，丁永建，李晶，等．2006．中国西部冰川对近期气候变暖的响应．第四纪研究，26(5)：
　　762-771.

刘时银，姚晓军，郭万钦，等．2015．基于第二次冰川编目的中国冰川现状．地理学报，70(1)：3-16.

刘时银，张勇，刘巧，等．2017．气候变化影响与风险：气候变化对冰川影响与风险研究．北京：科学出
　　版社．

刘彤，闫天池．2011．我国的主要气象灾害及其经济损失．自然灾害学报，20(2)：90-95.

刘蔚，王涛，高晓清，等．2004．黑河流域水体化学特征及其演变规律．中国沙漠，24(6)：755-762.

刘效东，张卫强，冯英杰，等．2022．森林生态系统水源涵养功能研究进展与展望．生态学杂志，41
　　(4)：784-791.

刘秀强，陈喜，刘琴，等．2021．西北干旱区尾闾湖过渡带陆面蒸发和潜水对土壤水影响的同位素分析．
　　干旱区资源与环境，35(6)：52-59.

刘煊章，田大伦，周志华．1995．杉木林生态系统净化水质功能的研究．林业科学，(3)：193-199.

刘亚传．1986．石羊河流域水文化学特征分布规律及演变．地理科学，6(4)：348-356.

刘艳伟．2008．浑善达克沙地天然羊草群落需水研究与GSPAC系统水分动态模拟．呼和浩特：内蒙古农
　　业大学．

刘燕华，李钜章，赵跃龙．1995．中国近期自然灾害程度的区域特征．地理研究，(3)：14-25.

刘洋，于恩涛，杨建军，等．2021．西北干旱区1960—2019年实际蒸散发时空变化特征．水土保持研究，
　　28(6)：75-80，89.

刘永强，廖柳文，龙花楼，等．2015．土地利用转型的生态系统服务价值效应分析：以湖南省为例．地理研
　　究．34(4)：691-700.

刘占敏，张弘．2016．论气候变化对水文资源影响．科技创新导报，(14)：56-57.

刘兆存，金生，韩丽华．2007．国内流域产汇流模型与应用分析．地球信息科学，(3)：96-103.

柳菲，陈沛源，于海超，等．2020．民勤绿洲不同土地利用类型下土壤水盐的空间分布特征分析．干旱区
　　地理，43(2)：406-414.

柳菲．2019．民勤绿洲土壤水盐特征及其与地下水的关系．兰州：兰州大学．

卢绿萍．2021．基于 TVDI 的黑龙江省农业干旱监测与时空特征分析．哈尔滨：东北农业大学．

鲁巧辉．2010．浅析我国水资源与水污染治理现状．中小企业管理与科技（上旬刊），(7)：198．

陆智，刘志辉，闫彦．2007．新疆融雪洪水特征分析及防洪措施研究．水土保持研究，(6)：216-218，222．

吕德斌．1994．产业配置与产业配置政策．南开经济研究，(8)：19-36．

吕玉娟．2013．坡耕地紫色土水力特性及其水分与产流动态研究．杨凌：西北农林科技大学．

栾巍．2006．面向生态的西北干旱区水资源合理配置研究．南京：河海大学．

马晶晶．2017．源头治污与加速沉淀的地表水治理方案研究．中国高新技术企业，10 (12)：119-120．

马岚．2009．石羊河下游民勤盆地地下水位动态模拟及其调控研究．杨凌：西北农林科技大学．

马双飞，毛伟，王森林，等．2008．青海省平安县退耕还林（草）的效应分析．农机化研究，(9)：49-52．

马琰，肖卓．2021．分布式水文模拟模型在流域水资源管理中的应用．中文科技期刊数据库（全文版）工程技术，(7)：150-151．

马宗晋，高庆华．2010．中国自然灾害综合研究 60 年的进展．中国人口·资源与环境，20 (5)：1-5．

买尔买提·萨依兰．2012．新疆农牧业现代化问题的初步研究．乌鲁木齐：新疆财经大学．

麦麦提吐逊·麦麦提．2021．基于遥感的绿洲灌区植被覆盖及蒸散发演变研究．乌鲁木齐：新疆农业大学．

满苏尔·沙比提，帕尔哈提·艾孜木，玉泰浦江·如．2004．渭干河一库车河三角洲绿洲近 50 年来生态环境变化特征及防治对策．干旱区资源与环境，18 (4)：13-18．

满苏尔·沙比提，努尔卡木里·玉素甫．2010．塔里木河流域绿洲耕地变化及其河流水文效应．地理研究，(12)：2251-2260．

梅荣．2007．干旱区绿洲湿地生态系统研究的意义和重点．内蒙古科技与经济，(9)：115-116．

孟林，毛培春，郑明利，等．2021．浅析林草复合种植模式下的草地生态功能．草学，(4)：1-5．

孟爽．2008．GIS 辅助下的 TOPMODEL 模型在流域径流模拟中的应用．武汉：华中科技大学．

孟阳阳，何志斌，刘冰，等．2020．干旱区绿洲湿地空间分布及生态系统服务价值变化——以三大典型内陆河流域为例．资源科学，42 (10)：2022-2034．

苗涛田．2013．三亚市供水管网系统分析研究．邯郸：河北工程大学．

明镜，效存德，杜振彩，等．2009．中国西部雪冰中的黑碳及其辐射强迫．气候变化研究进展，51 (6)：328-335．

穆艾塔尔·赛地，丁建丽，阿不都沙拉木，等．2016．乌鲁木齐河流域山区与平原干旱对比．气象科技，44 (4)：640-646．

倪红艳，周雯，赵彤堂．2006．草地与草业．吉林林业科技，(2)：45-47．

倪守增．2007．次生湿地景观——以杭州西溪湿地为例．园林，(12)：36-38．

牛竞飞，刘景时，王迪，等．2011．2009 年喀喇昆仑山叶尔羌河冰川阻塞湖及冰川跃动监测．山地学报，29 (3)，276-282．

欧君锋．2020．用循环经济理念创新水污染防治对策．湖南水利水电，(6)：72-73．

彭鸿嘉, 傅伯杰. 2004. 甘肃民勤荒漠区植被演替特征及驱动力研究——以民勤为例. 中国沙漠, 24 (5): 628-633.

彭文启. 2019. 新时期水生态系统保护与修复的新思路. 中国水利, (17): 25-30.

彭璇, 赵双权, 李晓初. 2007. 引嫩扩建骨干一期工程退水及耗排水分析. 黑龙江水利科技, (2): 97-98.

齐善忠, 王涛, 罗芳, 等. 2004. 黑河流域环境退化特征分析及防治研究. 地理科学进展, (1): 30-37.

祁宁, 宋心怡, 李孟. 2022. 机载激光雷达技术在沉降监测中的应用. 陕西煤炭, 41 (4): 186-189, 201.

钱晓黎, 赵珈淇, 张晓莹. 2021. 水文调查与水文遥感在水利工程中的应用. 北京: 2021 年建筑科技与管理学术交流会会议论文.

钱正安, 吴统文, 宋敏红, 等. 2001. 干旱灾害和我国西北干旱气候的研究进展及问题. 地球科学进展, (1): 28-38.

强泰, 毛伟, 赵青林, 等. 2008. 和县退耕还林（草）的效应及后续发展分析. 安徽农业科学, (35): 15601-15603.

乔子戎. 2020. 黑河流域荒漠绿洲面向生态稳定的地表水与地下水联合调控研究. 呼和浩特: 内蒙古农业大学.

秦大河, 周波涛, 效存德. 2014. 冰冻圈变化及其对中国气候的影响, 气象学报, 72 (5), 869-879.

秦大河. 2014. 气候变化科学与人类可持续发展. 地理科学进展, 33 (7): 874-883.

秦富仓. 2006. 黄土地区流域森林植被格局对侵蚀产沙过程的调控研究. 北京: 北京林业大学.

秦莲霞, 张庆阳, 郭家康. 2014. 国外气象灾害防灾减灾及其借鉴. 中国人口·资源与环境, 24 (S1): 349-354.

秦永胜. 2001. 北京密云水库集水区水源保护林土壤侵蚀控制机理与模拟研究. 北京: 北京林业大学.

任朝霞, 杨达源. 2006. 西北干旱区近 50a 旱涝时空变化及其防御措施研究. 干旱区资源与环境, (6): 118-121.

任晓旭. 2012. 荒漠生态系统服务功能监测与评估方法学研究. 北京: 中国林业科学研究院.

芮孝芳, 蒋成煜, 张金存. 2006. 流域水文模型的发展. 水文, (3): 22-26.

商建. 2017. 谈水利工程的渗流监测. 山西建筑, 43 (27): 207-208.

邵薇薇. 2011. 中国非湿润地区植被与流域水循环相互作用机理研究. 北京: 清华大学.

邵小路, 姚凤梅, 张佳华, 等. 2013. 基于蒸散干旱指数的华北地区干旱研究. 气象, 39 (9): 1154-1162.

沈贝蓓, 宋帅峰, 张丽娟, 等. 2021. 1981—2019 年全球气温变化特征. 地理学报, 76 (11): 2660-2672.

沈永平, 苏宏超, 王国亚, 等. 2013. 新疆冰川、积雪对气候变化的响应（Ⅰ）灾害效应. 冰川冻土, 3516): 1355-1370.

沈媛媛. 2006. 黑河流域地下水数值模拟模型及在水量调度管理中的应用研究. 长春: 吉林大学.

盛春蕾, 吕宪国, 尹晓敏, 等. 2012. 基于 Web of Science 的 1899 ~ 2010 年湿地研究文献计量分析. 湿地科学, 10 (1): 92-101.

施雅风, 孔昭宸, 王苏民, 等. 1993. 中国全新世大暖期鼎盛阶段的气候与环境. 中国科学（B 辑）, 23 (8): 865-873.

施雅风, 沈永平, 胡汝骥. 2002. 西北气候由暖干向暖湿转型的信号、影响和前景初步探讨. 冰川冻土,

（3）：219-226.

施雅风．1990. 山地冰川与湖泊萎缩指示的亚洲中部气候干暖化趋势与未来展望．地理学报，44（1）：1-11.

束龙仓，陶月赞．2009. 地下水水文学．北京：水利水电出版社．

宋萌勃，黄锦鑫．2007. 流域水文模型进展与展望．长江工程职业技术学院学报，（3）：26-28.

宋晓猛，占车生，孔凡哲，等．2011. 大尺度水循环模拟系统不确定性研究进展．地理学报，66（3）：396-406.

宋晓猛，占车生，夏军，等．2014. 流域水文模型参数不确定性量化理论方法与应用．北京：中国水利水电出版社．

宋晓猛，张建云，占车生，等．2013. 气候变化和人类活动对水循环影响研究进展．水利学报，44（7）：779-790.

宋晓猛，朱奎．2008. 城市化对水文影响的研究．水电能源科学，26（4）：33-35，46.

宋洋．2008. 基于水资源开发效益的饮马河流域水资源优化配置研究．长春：吉林大学．

苏日娜．2009. 内蒙古大兴安岭安落叶松林降水化学特征研究．呼和浩特：内蒙古农业大学．

孙栋元，李元红，胡想全，等．2014. 黑河流域水资源供需平衡与配置研究．水土保持研究，21（3）：217-221.

孙立新，汤洁，李娜，等．2011. 吉林松花湖流域水土流失评价．吉林农业大学学报，33（2）：199-203，209.

孙荣强．1994. 干旱定义及其指标评述．灾害学，（1）：17-21.

汤奇成，曲耀光，周聿超．1992. 中国干旱区水文及水资源利用．北京：科学出版社．

汤奇成．1996. 中国干旱区洪涝灾害的研究．干旱区资源与环境，（1）：38-45.

陶可．2019. 拉萨河中下游微生物群落对人类活动的响应．武汉：武汉大学．

田平．2007. 北京密云油松人工林降水化学性质研究．北京：北京林业大学．

万玉．2014. 地表水环境质量标准体系的构建探析．资源节约与环保，（1）：82.

汪利业．2021. 农田水利灌溉问题及节水措施探讨．山西农经，（9）：159-160.

王宝华，付强，谢永刚，等．2004. 国内外洪水灾害经济损失评估方法综述．灾害学，（3）：95-99.

王兵，崔向慧．2021. 民勤绿洲–荒漠过渡区水量平衡规律研究．生态学报，（2）：235-240.

王博知．2020. 人类活动对环境的影响．农村科学实验，（7）：51-52.

王殿双．2011. 浅谈湿地的利用与保护．黑龙江科技信息，（10）：203.

王刚．2014. 绿洲区域水盐运移规律遥感研究．乌鲁木齐：新疆大学．

王根绪．2020. 生态水文学概论．北京：科学出版社．

王国喜，刘彦辉，于景龙．2004. 地下水开发利用对环境的影响刍议．黑龙江水专学报，（1）：91-92.

王国亚，沈永平，苏宏超，等．2008. 1956—2006 年阿克苏河径流变化及其对区域水资源安全的可能影响．冰川冻土，30（4），562-568.

王浩，王建华，贾仰文，等．2017. 中国工程院院士文集 流域水循环模拟与调控．北京：中国电力出版社．

王劲松，郭江勇，周跃武，等．2007. 干旱指标研究的进展与展望．干旱区地理，（1）：60-65.

王劲松，李耀辉，王润元，等．2012. 我国气象干旱研究进展评述．干旱气象，30（4）：497-508.

王劲松.2007-07-05.干旱评估与预警监测的现实图景.中国水利报,(3).

王娟.2023.土地整治工程对生态环境的影响与生态文明建设策略.皮革制作与环保科技,(4):158-160.

王军,李和平,鹿海员,等.2013.典型草原地区蒸散发研究与分析.水土保持研究,(2):69-72,315.

王可壮,陈天林,丁爱强,等.2022.新时代河西走廊地区水土流失防治模式探讨.中国水土保持,(7):19-21.

王乐扬,李清洲,杜付然,等.2019.20年来中国河流水质变化特征及原因.华北水利水电大学学报(自然科学版),(3):84-88.

王蕾.2023.民勤绿洲不同生境优势种植物的水分利用及生态恢复研究.兰州:西北师范大学.

王理德,柴晓虹,姚拓,等.2015.石羊河下游绿洲边缘次生草地自然恢复过程及微生物特性的研究.草原与草坪,35(6):14-21.

王理德,姚拓,何芳兰,等.2014.石羊河下游退耕区次生草地自然恢复过程及土壤酶活性的变化.草业学报,23(4):253-261.

王力,邵明安,王全九.2005.林地土壤水分运动研究述评.林业科学,(2):147-153.

王丽娟.2020.基于大数据分析方法的汉江流域安康段洪水预报研究.昆明:云南师范大学.

王龙运.2011.新疆钢铁业"先建设再调整"不可为.中国投资,(6):44-46.

王密侠,马成军,蔡焕杰.1998.农业干旱指标研究与进展.干旱地区农业研究,(3):122-127.

王诗语,孙从建,陈伟,等.2023.典型西北山地-绿洲系统不同水体水化学特征及其水力关系分析.环境科学,44:1416-1428.

王水献.2008.开孔河流域绿洲水土资源开发及其生态环境效应研究.乌鲁木齐:新疆农业大学.

王涛.2016.荒漠化治理中生态系统、社会经济系统协调发展问题探析——以中国北方半干旱荒漠区沙漠化防治为例.生态学报,36(22):7045-7048.

王维,纪枚,苏亚楠.2012.水质评价研究进展及水质评价方法综述.科技情报开发与经济,22:129-131.

王维,王秀茹,关文彬,等.2008.辽西凤凰山自然保护区生态系统水分界面研究.水土保持研究,(4):192-195.

王兴菊,许士国,张奇.2006.湿地水文研究进展综述.水文,(4):1-5,9.

王雅婷.2019.陕西长武王东沟流域水质状况评价.杨凌:西北农林科技大学.

王亚兵.2023.敦煌市农田滴灌节水工程效益及对策分析.新农业,(16):81-83.

王焰新,马腾,郭清海,等.2005.地下水与环境变化研究.地学前缘,(S1):14-21.

王毅,张晓美,周宁芳,等.2021.1990—2019年全球气象水文灾害演变特征.大气科学学报,44(4):496-506.

王永明,韩国栋,赵萌莉,等.2007.草地生态水文过程研究若干进展.中国草地学报,(3):98-103.

王友贞,施国庆,王德胜.2005.区域水资源承载力评价指标体系的研究.自然资源学报,(4):597-604.

王宇.2021.农业用水现状及节水措施探讨.现代农业科技,(4):151-152.

王玉芳,任金刚,黄磊,等.2011.城市化对水文水资源的影响.海河水利,(2):11-13.

王中根,李宗礼,刘昌明,等.2011.河湖水系连通的理论探讨.自然资源学报,26(3):523-529.

王忠静.2000.浅谈干旱内陆河区的水资源利用与生态环境保护策略.中国水利,(8):58-60.

王宗涛.2012.地方政府间财税关系法治化研究——以地方政府间的财税合作为例.福建行政学院学报,

（3）：064-71.

王宗侠，刘苏峡.2023.1990—2020 年天山北坡地下水储量估算及其时空演变规律.地理学报，78（7）：1744-1763.

魏国英.2018.西北干旱区高山—绿洲湖泊近两千年来生态变化及可能机制.兰州：兰州大学.

温海燕.2007.南水北调东线区域水环境的水质模拟及泵站运行调度方案的研究.扬州：扬州大学.

吴锋，邓祥征.2020.内陆河流域水资源综合管理.北京：龙门书局.

吴伟，王雄宾，武会，等.2006.坡面产流机制研究刍议.水土保持研究，（4）：84-86.

吴险峰，刘昌明.2002.流域水文模型研究的若干进展.地理科学进展，（4）：341-348.

武靖源.1999.洪灾损失评估及防洪方案多指标综合评价理论与方法研究.天津：天津大学.

夏骋翔，李克娟.2012.虚拟水研究综述与展望.水利经济，30（2）：11-16，73.

夏军，谈戈.2002.全球变化与水文科学新的进展与挑战.资源科学，（3）：1-7.

夏军，朱一中.2002.水资源安全的度量：水资源承载力的研究与挑战.自然资源学报，（3）：262-269.

夏军，左其亭，王根绪.2020.生态水文学.北京：科学出版社.

向南，周秀，施媛媛，等.2019.基于 MEC 的网联自动驾驶高精度定位研究.信息通信，（8）：232-233.

肖华松.2023.探究生态文明视野下的水资源保护及利用.清洗世界，39（8）：106-108.

肖丽英.2004.海河流域地下水生态环境问题的研究.天津：天津大学.

肖玲，局拜莎.2005.西安市水资源供需平衡的趋势预测.干旱区研究，（2）：157-161.

肖尧.2023.森林生态系统水源涵养功能研究与展望.林业建设，（1）：37-40.

谢国琴.2006.干旱区水库防洪风险分析研究.石河子：石河子大学.

谢鹛，宋岭，冯波.2013.新疆与内蒙古煤炭工业发展比较研究.干旱区资源与环境，27（2）：18-23.

邢贞相.2007.确定性水文模型的贝叶斯概率预报方法研究.南京：河海大学.

徐存东，翟东辉，常周梅，等.2013.民勤绿洲农业发展对石羊河流下游水文过程及水质的影响.安徽农业科学，（9）：4190-4193.

徐存东.2010.景电灌区水盐运移对局域水土资源影响研究.兰州：兰州大学.

徐海量，陈亚宁.2000.洪水灾害等级划分的模糊聚类分析.干旱区地理，（4）：350-352.

徐靖，黄红明.2004.广东省水资源开发利用情况调查评价工作方法探讨.广东水利水电，（2）：61-63.

徐心诚，张红梅.2003.湿地保护与生物多样性.商丘职业技术学院学报，（3）：47-49.

徐永红，曹文筹，张晓丹.2023.甘肃省庆阳市 2022 年 7.15 特大暴雨淤地坝工程受灾及维修处理的研究.宁波：2022—2023 年度全国典型洪旱过程应对技术经验交流会会议论文.

徐宗学.2009.水文模型.北京：科学出版社.

徐宗学.2010.水文模型：回顾与展望.北京师范大学学报（自然科学版），46（3）：278-289.

徐宗学.2013.水文科学中的风险率与不确定性.北京：科学出版社.

徐宗学.2020.黑河流域中游地区生态水文过程及其分布式模拟.北京：科学出版社.

徐宗学，姜瑶.2022.化环境下的径流演变与影响研究：回顾与展望.水利水运工程学报，（1）：9-18.

许继军，杨大文，刘志雨，等.2007.长江上游大尺度分布式水文模型的构建及应用.水利学报，（2）：182-190.

许明祥，刘国彬，卜崇峰，等.2002.圆盘入渗仪法测定不同利用方式土壤渗透性试验研究.农业工程学报，（4）：54-58.

许钦．2019. 代表性单元流域尺度水文模拟方法研究．北京：科学出版社．

薛丽芳，谭海樵．2009. 城市化进程中的洪涝灾害与雨水水循环修复．安徽农业科学，37（23）：11058-11061.

薛丽芳．2009. 面向流域的城市化水文效应研究．徐州：中国矿业大学．

薛丽芳，谭海樵．2009. 城市的水循环与水文效应．城市问题，（1）：22-26，54.

薛文瑞，杨自辉，张永，等．2022. 民勤荒漠绿洲植被覆盖对地下水和降水变化的响应．中国农学通报，38（8）：102-109.

严登华．2014. 应用生态水文学．北京：科学出版社．

杨朝晖，谢新民，王浩，等．2017. 面向干旱区湖泊保护的水资源配置思路——以艾丁湖流域为例．水利水电技术，48（11）：31-35.

杨大文，李翀，倪广恒，等．2004. 分布式水文模型在黄河流域的应用．地理学报，（1）：143-154.

杨大文，杨汉波，雷慧闽．2014. 流域水文学．北京：清华大学出版社．

杨宏伟，周小虎，郑洁．2017. 干旱区旅游产业带景群开发与绿洲城镇群协同发展研究．新疆农垦经济，（5）：70-77.

杨军军．2013. 基于 SWAT 模型的湟水流域径流模拟研究．西宁：青海师范大学．

杨胜天，鱼京善，娄和震，等．2023. 遥感水文模型研究综述．地理学报，78（7）：1691-1702.

杨小玲．2012. 多属性决策分析及其在洪灾风险评价中的应用研究．武汉：华中科技大学．

杨晓宝，王红平，李锐，等．2024. 民勤荒漠绿洲过渡带天然白刺群落多样性及其对降雨的响应．防护林科技，（1）：1-5.

杨晓玲，李兴宇，郭丽梅，等．2023. 石羊河流域干旱特征及其灾度和危险度分析．沙漠与绿洲气象，17（1）：46-52.

杨针娘．1987. 中国冰川水资源．自然资源，（1）：46-55，68.

姚瑶．2014. 青海省东部农业区干旱指标应用研究．杨凌：西北农林科技大学．

姚永熙．2010. 地下水监测方法和仪器概述．水利水文自动化，（1）：6-13.

姚玉璧，张强，李耀辉，等．2013. 干旱灾害风险评估技术及其科学问题与展望．资源科学，35（9）：1884-1897.

姚月锋．2011. 小兴安岭森林流域气候和覆被变化对河川径流的影响．哈尔滨：东北林业大学．

英家栋，李小雁．2001. 黑河流域不同下垫面区域的气候变化特征口．冰川冻土，23（4）：423-431.

于宝忠，杜丽丽．2022. 进行"物质的检验"项目式学习，发展学生的核心素养．化学教与学，（16）：33-36.

于宏伟，王贵玲，黄晓辉．2003. 红崖山水库径流量减少与民勤绿洲水资源危机分析．中国沙漠，23（1）：84-89.

于静洁，吴凯．2008. 中国绿洲区农业生产的水热条件及可持续利用对策．干旱区研究，（2）：163-168.

于琳．2006. 新疆绿洲生态经济系统可持续发展研究．重庆：西南大学．

于维忠．1988. 水文学原理．北京：水利水电板社．

于岩．2019. 牙克石市水资源政府治理研究．长春：吉林财经大学．

于艺．2011．非对称 Archimedean Copulas 函数在干旱分析中的应用．咸阳：西北农林科技大学．

余根听，尤爱菊，周鑫妍，等．2023．基于鱼类完整性指数的瓯江干流（丽水段）水生态系统健康评价．环境污染与防治，45（9）：1259-1264，1270．

余睿，熊燕，闵洁，等．2016．分析人类活动和气候变化对水文水资源的影响．江西建材，（1）：139．

余卫东．2003．黄土高原地区水资源承载力研究——以山西省河津市为例．南京：南京气象学院．

余新晓，张建军，马岚，等．2016．水文与水资源学．北京：中国林业出版社．

余新晓．2013．森林生态水文研究进展与发展趋势．应用基础与工程科学学报，21（3）：391-402．

余新晓．2020．水文与水资源学（4 版）．北京：中国林业出版社．

袁弘任，罗小勇．2001．长江片水功能区划分方法与实践．人民长江，（7）：13-15．

袁记平．2004．我国饮用水保护立法问题研究．南京：河海大学．

袁文平，周广胜．2004．干旱指标的理论分析与研究展望．地球科学进展，（6）：982-991．

袁作新．1990．流域水文模型．北京：水利电力出版社．

苑韶峰，唐奕钰，申居楚宁．2019．土地利用转型时空演变及其生态环境效应：基于长江经济带 127 个地级市的实证研究．经济地理，39（9）：174-181．

张存杰，李跃清，王式功，等．2007．西北地区气象干旱监测指数的研究和应用．干旱气象，25（3）：1-8．

张存杰，王宝灵，刘德祥，等．1998．西北地区旱涝指标的研究．高原气象，（4）：381-389．

张国威，何文勤，商思臣．1998．我国干旱区洪水灾害基本特征——以新疆为例．干旱区地理，1（1）：40-48．

张和喜．2013．贵州区域干旱演变特征及预测模型研究．沈阳：沈阳农业大学．

张恒嘉，李云．2008．绿洲水资源开发利用产生的生态环境问题研究．现代农业科技，（22）：4．

张建霞．2019．农业节水现状及主要农艺节水措施探讨．南方农机，（2）：42-43．

张建云，宋晓猛，王国庆，等．2014．变化环境下城市水文学的发展与挑战——Ⅰ．城市水文效应．水科学进展，（4）：594-605．

张京，马金锋，马梅．2022．流域水文模型不确定性研究进展．人民黄河，44（7）：30-36，43．

张莉莉．2009．基于分布式水文模拟的汉江上游干旱评估研究．武汉：长江科学院．

张荔．2010．分布式水文模型构建及在渭河流域水环境解析中的应用研究．西安：西安建筑科技大学．

张萍．2018．祁连山及山前绿洲荒漠区生态水文研究．兰州：兰州大学出版社．

张强，张良，崔显成，等．2011．干旱监测与评价技术的发展及其科学挑战．地球科学进展，26（7）：763-778．

张淑敏．2012．基于森林作用的流域降雨径流模型研究．泰安：山东农业大学．

张腾，张玎，杨家豪，等．2023．无人智能物流小车控制系统设计．现代计算机，29（13）：117-120．

张万儒，杨承栋，屠星南．1991．山地森林土壤渗滤液化学组成用生物活力强度研究．林业科学，27（3）：261-266．

张薇薇，朱仲元．2010．天然植被蒸腾与其影响因子的关系分析．水利科技与经济，16（3）：314-316．

张应华，仵彦卿，温小虎，等．2006．环境同位素在水循环研究中的应用．水科学进展，（5）：738-747．

张颖．2011．浅谈我国地表水水质监测现状．科技信息，（26）：59，61．

张永秋．2002．干旱地区水资源的合理开发和利用．甘肃水利水电技术，（1）：28-29．

张瑜．2019．韶关南雄市观音崃自然保护区森林生态功能评价研究．长沙：中南林业科技大学．

张玉进，刘玉甫，吴健军，等．2004．新疆水资源分布及绿洲水资源开发利用探讨．水土保持研究，（3）：157-159．

张玉琪，梁婷，张德罡，等．2020．祁连山东段退化高寒草甸土壤水分入渗的变化及团聚体对水分入渗的影响．草地学报，28（2）：500-508．

张钰娴．2011．渭河流域产水产沙区域分异特征研究．杨凌：西北农林科技大学．

赵阿兴，马宗晋．1993．自然灾害损失评估指标体系的研究．自然灾害学报，（3）：1-7．

赵晨辉，吴耀国，孙庆义．2006．基于 GIS 的分布式流域水文模型．水资源与水工程学报，（1）：39-43．

赵明瑞，胡丽莉，刘蓉，等．2012．近 58 年民勤绿洲气温变化特征分析．现代农业科技，（24）：256-259，265．

赵文艳，李祥，种芬芬．2023．环保水质检测准确可靠性的保障研究．产品可靠性报告，（3）：42-43．

赵文智，程国栋．2001．干旱区生态水文过程研究若干问题评述．科学通报，46（22）：1851-1857．

赵文智，吉喜斌，刘鹄．2011．蒸散发观测研究进展及绿洲蒸散研究展望．干旱区研究，28（3）：463-470．

赵新风，王春芳，徐海量，等．2009．塔里木河下游地区新生林地滴灌后土壤水盐再分布特征．生态与农村环境学报，25（3）：49-54．

赵野．2011．同位素技术在水文研究中的应用．山西建筑，37（17）：197-199．

赵颖，刘冰，赵文智，等．2022．荒漠绿洲湿地水分来源及植物水分利用策略．中国沙漠，42（4）：151-162．

赵运林，董萌．2014．洞庭湖生态系统服务功能研究 绪论．长沙：湖南省洞庭湖区域经济社会发展研究会会议论文．

郑春成．2011．潜水蒸发研究进展．农业与技术，31（4）：98-102．

郑连生．2002．环境水利学科研究进展、应用与展望．上海：中国水利学会 2002 学术年会会议论文．

周邦炜．2007．河西走廊双塔灌区地下水均衡的研究．地下水，（2）：34-35，134．

周成林．2021．冰冻圈科学常见误用专业术语解析．冰川冻土，43（6）：1904-1911．

周国树，2016．宋政峰．水文测量．北京：中国水利水电出版社．

周璐，2015．唐仲华，陈敏知．基于 SWAT 模型的江汉—洞庭平原径流模拟研究．人民长江，46（S1）：1-5．

周旗．1990．西北地区绿洲气候及绿洲的演化．南都学坛，（3）：20-25．

周彦凯．2009．浅谈资源水利．河北水利，（6）：14．

朱炳瑗，谢金南，邓振镛．1998．西北干旱指标研究的综合评述．干旱气象，（1）：1-3．

朱党生，王晓红，张建永．2015．水生态系统保护与修复的方向和措施．中国水利，（22）：9-13．

朱道光．2006．人为经营方式对流域水文及水化学的影响．哈尔滨：东北林业大学．

朱国锋，何元庆，蒲焘，等．2011.1960—2009 年横断山区潜在蒸发量时空变化．地理学报，66（7）：905-916．

朱吉生，黄诗峰，李纪人，等．2015．水文模型尺度问题的若干探讨．人民黄河，37（5）：31-37．

朱显谟.1960. 黄土地区植被因子对于水土流失的影响.土壤学报，8（2）：110-121.

Jr R R，周跃武，冯建英.2006. 美国 20 世纪干旱指数评述.干旱气象，(1)：79-89.

Maidment D R. 2002. 水文学手册.张建云，李纪生，等，译.北京：科学出版社.

Agnew C T. 2000. Using the SPI to identify drought. Drought Network News, 12（1）：6-12.

Bourazanis G, Rizos S, Kerkides P. 2015. Soil water balance in the presence of a shallow water table. Istanbul, Turkey：Proceedings of 9th World Congress, 119-142.

Brutsaert W. 2023. Hydrology：An Introduction. Cambridge：Cambridge University Press.

Doesken N J, Garen D. 1991. Drought monitoring in the western United States using a surface water supply index. Fort Collins：Colorado State University, Department of Atmospheric Science.

Garen D C. 1993. Revised surface-water supply index for western United States. Journal of Water Resources Planning and Management, 119（4）：437-454.

Harden C P, Scruggs P D. 2003. Infiltration on mountain slopes：A comparison of three environments. Geomorphology, 55：5-24.

Heim R R. 2002. A review of twentieth-century drought indices used in the United States. Bulletin of the American Meteorological Society, 83（8）：1149-1166.

Huang F, Ochoa C G, Chen X, et al. 2021. Modeling oasis dynamics driven by ecological water diversion and implications for oasis restoration in arid endorheic basins. Journal of Hydrology, 593：125774.

Korzoun V I, Sokolov A A, Budykom I. 1978. World water balance and water resources of the earth. Water Development Supply & Management, 157：625-657.

Kulik M S. 1962. Agroclimatic indices of drought//Davidaya F F, Kulik M S. Compendium of Abridged Reports to the Second Session of CAgM（WMO）. Moscow：Hydrometeorological Publishing.

Li M, Du Y J, Zhang F C, et al. 2019. Simulation of cotton growth and soil water content under film-mulched drip irrigation using modified CSM-CROPGRO-cotton model. Agricultural Water Management, 218：124-138.

Li Z K, Liu H, Zhao W Z, et al. 2019. Quantification of soil water balance components based on continuous soil moisture measurement and the Richards equation in an irrigated agricultural field of a desert oasis. Hydrology and Earth System Sciences, 23（11）：4685-4706.

Liu Y H, Liu F D, Xu Z, et al. 2015. Variations of soil water isotopes and effective contribution times of precipitation and throughfall to alpine soil water, in Wolong Nature Reserve, China. Catena, 26：201-208.

Mckee T B, Doesken N J, Kleist J. 1993. The relationship of drought frequency and duration to time scales. Boston：American Meteorological Society.

Milliman J D, Farnsworth K L. 2011. River Discharge to the Coastal Ocean：A Global Synthesis. Cambridge：Cambridge University Press.

Nalbantis I, Tsakiris G. 2009. Assessment of hydrological drought revisited. Water Resources Management, 23（5）：881-897.

Ning S R, Zhou B B, Shi J C, et al. 2021. Soil water/salt balance and water productivity of typical irrigation schedules for cotton under film mulched drip irrigation in northern Xinjiang. Agricultural Water Management, 245：106651.

Qiu D D, Zhu G F, Bhat M A, et al. 2023. Water use strategy of nitraria tangutorum shrubs in ecological water delivery area of the lower inland river: Based on stable isotope data. Journal of Hydrology, 624: 129918.

Robichaud P R. 2000. Fire effects on infiltration rates after prescribed fire in Northern Rocky Mountain forests, USA. Journal of Hydrology, 231-232: 220-229.

Sarr M, Agbogbaa C, Russell-Smith A, et al. 2001. Effects of soil faunal activity and woody shrubs on water infiltration rates in a semi-arid fallow of Senegal. Applied Soil Ecology, 16: 283-290.

Smith D I. 1994. Flood damage estimation: A review of urban stage-damage curves and loss functions. Water SA, 20 (3): 231-238.

Wang Y J, Liu Z H, Yao J Q, et al. 2017. Effect of climate and land use change in Ebinur Lake Basin during the past five decades on hydrology and water resources. Water Resources, 44: 204-215.

Wilhite D A, Glantz M H. 1985. Understanding: the drought phenomenon: the role of definitions. Water International, 10 (3): 111-120.

Yin X W, Feng Q, Zheng X J, et al. 2021. Assessing the impacts of irrigated agriculture on hydrological regimes in an oasis-desert system. Journal of Hydrology, 594: 125976.

Zhang Z, Hu H P, Tian F Q, et al. 2014. Groundwater dynamics under water-saving irrigation and implications for sustainable water management in an oasis: Tarim River basin of western China. Hydrology and Earth System Sciences, 18 (10): 3951-3967.

Zhu G E, Yong L L, Zhang Z X, et al. 2021. Infiltration process of irrigation water in oasis farmland and its enlightenment to optimization of irrigation mode: Based on stable isotope data. Agricultural Water Management, 258: 107173.

Zhu G F, Yong L L, Zhang Z X, et al. 2021. Effects of plastic mulch on soil water migration in arid oasis farmland: Evidence of stable isotopes. Catena, 207: 105580.

参考文献

附录

附表 1 疏勒河流域中游绿洲区不同设计年供水过程

（单位：万 m³）

水平年	项目		1月	2月	3月	4月	5月	6月	7月	8月	9月	10月	11月	12月	（年）总水量
2013年	地表水	50%	3 774.52	4 015.44	5 189.96	6 474.9	6 886.49	10 013.51	21 833.98	23 515.44	9 541.7	5 109.65	4 999.23	3 945.17	105 299.99
		75%	3 548.69	3 775.2	4 879.45	6 087.52	6 474.47	9 414.41	20 527.67	22 108.54	8 970.83	4 803.95	4 700.13	3 709.14	99 000
	地下水		3 050	3 050	3 050	3 050	3 050	3 050	3 050	3 050	3 050	3 050	3 050	3 050	36 600
	其他		83.33	83.33	83.33	83.33	83.33	83.33	83.33	83.33	83.33	83.33	83.33	83.33	999.96
	总供水量	50%	6 907.85	7 148.77	8 323.29	9 608.23	10 019.82	13 146.84	24 967.31	26 648.77	12 675.03	8 242.98	8 132.56	7 078.5	142 899.95
		75%	6 682.02	6 908.53	8 012.78	9 220.85	9 607.8	12 547.74	23 661	25 241.87	12 104.16	7 937.28	7 833.46	6 842.47	136 599.96
2020年	地表水	50%	3 774.52	4 015.44	5 189.96	6 474.90	6 886.49	10 013.51	21 833.98	23 515.44	9 541.70	5 109.65	4 999.23	3 945.17	105 299.99
		75%	3 548.69	3 775.2	4 879.45	6 087.52	6 474.47	9 414.41	20 527.67	22 108.54	8 970.83	4 803.95	4 700.13	3 709.14	99 000
	地下水		3 050	3 050	3 050	3 050	3 050	3 050	3 050	3 050	3 050	3 050	3 050	3 050	36 600
	其他		133.33	133.33	133.33	133.33	133.33	133.33	133.33	133.33	133.33	133.33	133.33	133.33	1 599.96
	总供水量	50%	6 957.85	7 198.77	8 373.29	9 658.23	10 069.82	13 196.84	25 017.31	26 698.77	12 725.03	8 292.98	8 182.56	7 128.5	143 499.95
		75%	6 732.02	6 958.53	8 062.78	9 270.85	9 657.8	12 597.74	23 711	25 291.87	12 154.16	7 987.28	7 883.46	6 892.47	137 199.96
2030年	地表水	50%	3 774.52	4 015.44	5 189.96	6 474.90	6 886.49	10 013.51	21 833.98	23 515.44	9 541.70	5 109.65	4 999.23	3 945.17	105 299.99
		75%	3 548.69	3 775.2	4 879.45	6 087.52	6 474.47	9 414.41	20 527.67	22 108.54	8 970.83	4 803.95	4 700.13	3 709.14	99 000
	地下水		3 050	3 050	3 050	3 050	3 050	3 050	3 050	3 050	3 050	3 050	3 050	3 050	36 600
	其他		208.33	208.33	208.33	208.33	208.33	208.33	208.33	208.33	208.33	208.33	208.33	208.33	2 499.96
	总供水量	50%	7 032.85	7 273.77	8 448.29	9 733.23	10 144.82	13 271.84	25 092.31	26 773.77	12 800.03	8 367.98	8 257.56	7 203.5	144 399.95
		75%	6 807.02	7 033.53	8 137.78	9 345.85	9 732.8	12 672.74	23 786	25 366.87	12 229.16	8 062.28	7 958.46	6 967.47	138 099.96

附表2　疏勒河流域中游绿洲区水资源供需平衡计算表（P=50%）

水平年	分项		1月	2月	3月	4月	5月	6月	7月	8月	9月	10月	11月	12月	全年
2013年	供水量/万 m³	地表水	3 774.52	4 015.44	5 189.96	6 474.9	6 886.49	10 013.51	21 833.98	23 515.44	9 541.7	5 109.65	4 999.23	3 945.17	105 299.99
		地下水	3 050	3 050	3 050	3 050	3 050	3 050	3 050	3 050	3 050	3 050	3 050	3 050	36 600
		其他	83.33	83.33	83.33	83.33	83.33	83.33	83.33	83.33	83.33	83.33	83.33	83.33	999.96
		小计	6 907.85	7 148.77	8 323.29	9 608.23	10 019.82	13 146.84	24 967.31	26 648.77	12 675.03	8 242.98	8 132.56	7 078.5	142 899.95
	需水量/万 m³		1 627.52	1 900.02	3 058.43	13 360.46	15 956.95	20 377.4	32 411.26	34 231.34	19 079.69	11 862.04	12 735.32	1 865.58	168 466.01
	余缺量/万 m³		5 280.33	5 248.75	5 264.86	-3 752.23	-5 937.13	-7 230.56	-7 443.95	-7 582.57	-6 404.66	-3 619.06	-4 602.76	5 212.92	-25 566.06
	缺水率/%					28.08	37.33	35.48	22.97	22.15	33.57	30.51	36.14		15.19
2020年	供水量/万 m³	地表水	3 774.52	4 015.44	5 189.96	6 474.90	6 886.49	10 013.51	21 833.98	23 515.44	9 541.70	5 109.65	4 999.23	3 945.17	105 299.99
		地下水	3 050	3 050	3 050	3 050	3 050	3 050	3 050	3 050	3 050	3 050	3 050	3 050	36 600
		其他	133.33	133.33	133.33	133.33	133.33	133.33	133.33	133.33	133.33	133.33	133.33	133.33	1 599.96
		小计	6 957.85	7 198.77	8 373.29	9 658.23	10 069.82	13 196.84	25 017.31	26 698.77	12 725.03	8 292.98	8 182.56	7 128.5	143 499.95
	需水量/万 m³		2 019.19	2 291.69	3 450.09	12 891.61	15 378.74	19 440.33	30 513.24	32 072.68	18 090.56	11 419.65	12 069.96	2 257.25	161 894.99
	余缺量/万 m³		4 938.66	4 907.08	4 923.2	-3 233.38	-5 308.92	-6 243.49	-5 495.93	-5 373.91	-5 365.53	-3 126.67	-3 887.4	4 871.25	-18 395.04
	缺水率/%					25.08	34.52	32.12	18.01	16.76	29.66	27.38	32.21		11.36
2030年	供水量/万 m³	地表水	3 774.52	4 015.44	5 189.96	6 474.90	6 886.49	10 013.51	21 833.98	23 515.44	9 541.70	5 109.65	4 999.23	3 945.17	105 299.99
		地下水	3 050	3 050	3 050	3 050	3 050	3 050	3 050	3 050	3 050	3 050	3 050	3 050	36 600
		其他	208.33	208.33	208.33	208.33	208.33	208.33	208.33	208.33	208.33	208.33	208.33	208.33	2 499.96
		小计	7 032.85	7 273.77	8 448.29	9 733.23	10 144.82	13 271.84	25 092.31	26 773.77	12 800.03	8 367.98	8 257.56	7 203.5	144 399.95
	需水量/万 m³		2 702.52	2 975.02	4 133.43	12 197.48	14 461.55	17 996.83	27 531.57	28 673.91	16 563.79	10 767.85	11 064.47	2 940.58	152 009
	余缺量/万 m³		4 330.33	4 298.75	4 314.86	-2 464.25	-4 316.73	-4 724.99	-2 439.26	-1 900.14	-3 763.76	-2 399.87	-2 806.91	4 262.92	-7 609.05
	缺水率/%					20.20	29.85	26.25	8.86	6.63	22.72	22.29	25.37		5.01

附　录

附表3 疏勒河流域中游绿洲区水资源供需平衡计算表 (P=75%)

水平年	分项		1月	2月	3月	4月	5月	6月	7月	8月	9月	10月	11月	12月	全年
2013年	供水量/万 m³	地表水	3 548.69	3 775.2	4 879.45	6 087.52	6 474.47	9 414.41	20 527.67	22 108.54	8 970.83	4 803.95	4 700.13	3 709.14	99 000
		地下水	3 050	3 050	3 050	3 050	3 050	3 050	3 050	3 050	3 050	3 050	3 050	3 050	36 600
		其他	83.33	83.33	83.33	83.33	83.33	83.33	83.33	83.33	83.33	83.33	83.33	83.33	999.96
		小计	6 682.02	6 908.53	8 012.78	9 220.85	9 607.8	12 547.74	23 661	25 241.87	12 104.16	7 937.28	7 833.46	6 842.47	136 599.96
	需水量/万 m³		1 627.52	1 900.02	3 058.43	13 360.46	15 956.95	20 377.4	32 411.26	34 231.34	19 079.69	11 862.04	12 735.32	18 65.58	168 466.01
	余缺量/万 m³		5 054.5	5 008.51	4 954.35	−4 139.61	−6 349.15	−7 829.66	−8 750.26	−8 989.47	−6 975.53	−3 924.76	−4 901.86	4 976.89	−31 866.05
	缺水率/%					30.98	39.9	38.42	27	26.26	36.56	33.09	38.49		18.93
2020年	供水量/万 m³	地表水	3 548.69	3 775.2	4 879.45	6 087.52	6 474.47	9 414.41	20 527.67	22 108.54	8 970.83	4 803.95	4 700.13	3 709.14	99 000
		地下水	3 050	3 050	3 050	3 050	3 050	3 050	3 050	3 050	3 050	3 050	3 050	3 050	36 600
		其他	133.33	133.33	133.33	133.33	133.33	133.33	133.33	133.33	133.33	133.33	133.33	133.33	1 599.96
		小计	6 732.02	6 958.53	8 062.78	9 270.85	9 657.8	12 597.74	23 711	25 291.87	12 154.16	7 987.28	7 883.46	6 892.47	137 199.96
	需水量/万 m³		2 019.19	2 291.69	3 450.09	12 891.61	15 378.74	19 440.33	30 513.24	32 072.68	18 090.56	11 419.65	12 069.96	2 257.25	161 894.99
	余缺量/万 m³		4 712.83	4 666.84	4 612.69	−3 620.76	−5 720.94	−6 842.59	−6 802.24	−6 780.81	−5 936.4	−3 432.37	−4 186.5	4 635.22	−24 695.03
	缺水率/%					23.09	37.3	35.20	22.29	22.14	32.81	30.06	34.69		15.25
2030年	供水量/万 m³	地表水	3 548.69	3 775.2	4 879.45	6 087.52	6 474.47	9 414.41	20 527.67	22 108.54	8 970.83	4 803.95	4 700.13	3 709.14	99 000
		地下水	3 050	3 050	3 050	3 050	3 050	3 050	3 050	3 050	3 050	3 050	3 050	3 050	36 600
		其他	208.33	208.33	208.33	208.33	208.33	208.33	208.33	208.33	208.33	208.33	208.33	208.33	2 499.96
		小计	6 807.02	7 033.53	8 137.78	9 345.85	9 732.8	12 672.74	23 786	25 366.87	12 229.16	8 062.28	7 958.46	6 967.47	138 099.96
	需水量/万 m³		2 702.52	2 975.02	4 133.43	12 197.48	14 461.55	17 996.83	27 531.57	28 673.91	16 563.79	10 767.85	11 064.47	2 940.58	152 009
	余缺量/万 m³		4 104.5	4 058.51	4 004.35	−2 851.63	−4 728.75	−5 324.09	−3 745.57	−3 307.04	−4 334.63	−2 705.57	−3 106.01	4 026.89	−13 909.04
	缺水率/%					23.38	32.7	29.58	13.6	11.53	26.17	25.13	28.07		9.15